KB060756

지능의 탄생

BIRTH OF INTELLIGENCE

이대열 지음

지능의 탄생

RNA에서 인공지능까지

바다출판사

차례

추천의 글 6
개정판 서문 10
서문 13

1부 지능이란 무엇인가

1장 지능의 조건 25

지능이란 무엇인가 | 뇌가 없는 지능 : 박테리아부터 식물까지 | 신경계는 어떻게 작동하는가 | 가장 기본적인 행동, 반사 | 반사 행동의 한계 : 바퀴벌레의 반사 | 뇌의 커넥톰 | 근육을 제어하는 다양한 장치들 | 안구 운동의 예

2장 뇌와 지능 59

효용 이론 | 의사결정에 영향을 주는 요인들 | 부리단의 당나귀 | 효용 이론의 한계 | 의사결정은 행복을 위한 것인가 | 효용 이론과 뇌 | 뇌를 직접 들여다보는 방법 | 효용의 진화

3장 인공지능 89

뇌와 컴퓨터 | 컴퓨터는 뇌와 같아질 수 있나 | 시냅스와 트랜지스터 | 하드웨어와 소프트웨어 | 화성으로 간 인공지능 | 망부석이 된 소저너 호 | 자율적 인공지능 | 인공지능과 효용 | 로봇 팀과 집단지능

2부 지능의 진화

4장 지능과 자기 복제 기계 123

자기 복제 기계란? | 자기 복제 기계의 진화사 | 만능 재주꾼 단백질 | 다세포 생명체의 출현 | 뇌의 진화 | 진화와 발달

5장 뇌와 유전자 151

분업과 위임 | 본인-대리인의 문제 | 유전자가 뇌에게 제시한 장려책 : 학습

3부 지능과 학습

6장 왜 학습하는가? 173

학습의 다양성 | 고전적 조건화 : 개와 버저 | 결과의 법칙과 조작적 학습 : 호기심 많은 고양이 | 고전적 조건화와 기구적 조건화의 결합 | 지식 : 잠재적 학습과 장소 학습

7장 학습하는 뇌 199

신경세포와 학습 | 엔그램을 찾아서 | 해마와 기저핵 | 강화 학습 이론 | 쾌락의 화학 물질 : 도파민 | 강화 학습과 지식 | 후회와 안와전두피질 | 후회와 신경세포

8장 학습하는 기계 235

앨릭스넷의 조상 : 퍼셉트론 | 심층 학습 : 앨릭스넷 | 심층 강화 학습 : 알파고 | 인공지능의 미래

9장 사회적 지능과 이타성 251

게임 이론의 등장 | 게임 이론의 사망? | 반복적 죄수의 딜레마 | 파블로프 전략 | 협동하는 사회 | 이타성의 어두운 면들 | 상대방의 선택을 예측할 수 있는가 | 재귀적 추론 | 사회적인, 너무나 사회적인 뇌

10장 지능과 자아 291

자기 인식의 역설 | 메타인지와 메타선택 | 지능의 대가

맺음말 311

주 317

참고문헌 326

찾아보기 337

추천의 글

지능. IQ로는 결코 부분적으로라도 설명될 수 없는 광활한 우주가 인간의 지능이다. 그러기에 심리학자라는 말을 듣는 나 역시 참으로 많이 받는 질문이다. 하지만 지능에 관한 입을 열어야 할 때마다 그 시작점에서부터 그저 난감할 따름이었다. 이제야 한 시름을 놓을 수 있다. 특정한 한 분야의 학문에 가두기에는 너무나도 그 관점과 통찰이 폭넓은 선배 학자 한 분이 이제 그 대답을 우리에게 들려주고 있기 때문이다. 읽는 내내 부러웠다. 내가 어렴풋이나마 느끼던 인간 지능에 대한 거의 모든 것을 잔잔하면서도 정확하게 말해주고 있지 않은가. 어찌 감히 추천이라고 말씀드리겠는가. 무언가 더 큰 말이 필요하다. 아! 큰 감사를 드린다. 이 책을 통해 인간의 지적능력에 대한 모든 것을 배우고 깨달으며 또 무엇을 미래에 준비해야 하는가를 모두 깨달을 수 있으니 말이다.

—김경일 아주대 심리학과 교수

최근 지식계의 가장 두드러진 흐름은 전문 연구자들이 직접 글을 쓰고 마이크를 잡는다는 점일 것이다. 그들의 이런 도전 덕분에 우리는 최고급의 지식을 맛볼 수 있다. '의사결정의 뇌과학' 분야를 국제적으로 이끌고 있는 한국인 저자의 책을 우리가 처음 만나게 된 것은 정말 큰 행운이다. '본인-대리인'의 관계를 통해 지능의 출현을 이야기하고, 사회적 지능과 메타인지 능력를 통해 인간 지능의 독특성을 설명하는 부분에서는 진정한 대가의 지적 통찰이 느껴진다. 감히, 인공지능 시대의 문턱을 넘기 위한 필독서라 할 수 있겠다. 지능의 본질을 이렇게 독창적이고 명쾌하게 설명한 책을 나는 읽어본 적이 없다. 고마운 책이다.

—장대익 서울대 자유전공학부 교수

세계적으로 저명한 뇌과학자인 이대열 박사는 뇌과학뿐 아니라 인접 학문분야인 생물학, 심리학, 경제학, 인공지능 등 다양한 학문분야에 대해 넓고 또 깊은 지식을 가진 학자로 잘 알려져 있다. 이대열 박사는 약 30년간 뇌의 신비를 규명하는 주옥같은 논문을 전문학술지에 발표해왔다. 이제 이대열 박사가 일반인들을 위해 지능의 진화에 대한 통찰을 진화론, 효용 이론, 게임이론, 학습이론 등 다양한 이론을 섭렵하면서 친절하게 설명한다. 우리의 유전자는 왜 지능을 가진 뇌를 발달시키도록 진화했는가? 인간의 뇌는 다른 동물의 뇌와 어떻게 다른가? 인간의 지능은 인공지능과 어떻게 구별되는가? 우리는 왜 이타적 행동을 하도록 진화했는가? 이런 문제에 관심 있는 독자라면 필독을 권한다.

—정민환 KAIST 생명과학과 교수

인간의 뇌는 다른 동물들과 무엇이 다른가? 우리를 인간이게 만드는 것은 과연 뇌 속 무엇일까? 예일대 이대열 교수는 뇌의 본질을 지능으로 보고, 감각에서부터 판단과 의사결정, 그리고 이를 바탕으로 한 학습에 이르기까지, 뇌의 구조와 기능을 놀라우리만치 잘 짜여진 이야기로 서술한다. 분자생물학에서 경제학, 최근 신경과학에서 인공지능까지, 인간의 지적 유산을 종횡무진 넘나들면서도, 그의 목소리는 낮고 담담하다. 의사결정 신경과학의 최전선에서 탐구하는 학자답게, 그는 침착하게 뇌의 경이로움을 서술하고 있지만 그 울림은 크다.

—정재승 KAIST 바이오및뇌공학과 교수

이 책은 지능이란 무엇이고, 그것이 왜 생물학적 시스템에 중요한지 두 가지 근본적인 질문을 제기한다. 신경과학, 컴퓨터과학, 심리학, 생물학, 경제학의 주요 발견을 바탕으로 이대열 교수는 예상하지 못한 상황에 대처할 수 있는 유연한 능력이 지능의 중심이며, 이런 능력이 생명체의 번식 및 복제와 불가분의 관계에 있다고 설명한다. 지능과 뇌에 대한 내용은 물론이고 화성 탐사 로봇, 트랜지스터, 행위자 딜레마 등을 이렇게도 멋지게 설명한 유일한 책이라고 할 수 있다.

—매슈 러시워스Matthew Rushworth 옥스퍼드대 인지신경과학 교수

저명한 신경과학자인 이대열 교수는 이 흥미로운 책에서 뇌와 마음에 대한 과학의 핵심을 권위 있으면서도 접근성 높게 소개하고 있다. 이를 바탕으로 그는 생명체의 지능과 인공지능의 차이점에 대해 통찰력 있는 새로운 주장을 제시한다. 이 책은 우리 시대의 가장 중요한 논쟁 중 하나인 인공지능의 문제에 대한 요점을 제공할 뿐만 아니라 비전문가 역시 이 토론에 참여할 기회를 제공한다. 이를 통해 우리 기술의 미래와 그 관계에 대한 건설적인 토론의 장을 마련하고 있다.

—매슈 보트비닉Matthew Botvinick
런던대 신경과학연구소 교수 및 딥마인드 신경과학 연구 책임자

지능이라는 복잡한 주제를 다루고 있는 이 책에서 신경과학과 심리학에서 선도적인 역할을 하고 있는 이대열 교수는 진화에서 지능의 역할이 무엇이었는지 새로운 시각을 제시하고 있다. 그는 의사결정이라는 광범위한 주제를 다루며 심리학, 신경과학, 수학, 확률 이론, 경제학, 진화, 철학, 인공지능 등 광범위한 분야를 섭렵한다. 논리적으로 짜여 있는 이 책은 지능의 신경학적 기초에 대한 새로운 통찰력을 제공하는 매력적인 서술로 가득 차 있다.

—고든 M. 셰퍼드Gordon M. Shepherd 예일대 의과대학 신경과학부 석좌교수

개정판 서문

가속화되는 인공지능 시대

《지능의 탄생》을 쓰겠다고 결심한 2015년 여름과 원고를 탈고한 2016년 가을 사이에 이 책의 주제와 관련 있는 중요한 사건이 하나 일어났다. 그건 바로 이세돌 기사가 많은 이의 예상과 달리 구글 딥마인드DeepMind의 알파고Alphago에게 4대 1로 패한 사건이었다. 당시 미국에 있던 나는 한국 시간으로 낮에 진행되는 대국을 시청하기 위해 매번 밤을 새웠다. 이 사건은 수십 년 동안 인간의 지능을 따라잡기 위해 노력해온 인공지능 연구의 성과를 대중이 피부로 느끼고 인공지능의 미래에 대해 호기심을 갖게 되는 계기가 되었다. 한편으로 알파고의 압도적인 모습 때문에 인공지능이 얼마나 빨리 인간을 대체하게 될지, 미래에서 인간의 지위는 어떻게 될지 걱정을 불러일으키기도 했다. 내가《지능의 탄생》을 통해 전하고 싶었던 핵심 메시지는 인공지능을 제대로 이해하려면 우선 인간의 지능이 무엇이고, 어떻게 진화해왔으며, 그 강점과 약점이 무엇인지 이해해야 한다는 것이었다.

인간의 지능은 별로 달라진 게 없지만, 이 책의 초판이 출판된 2017년 이후에도 인공지능의 성능은 계속 향상되었다. 그사이 우리가 목격한 인공지능의 가장 놀라운 성과 중 하나로 2019년 초 딥마인드가 알파고에 이어 만들어낸 알파스타AlphaStar를 들 수 있다. 알파스타는 한국인들이 강세를 보이는 게임 스타크래프트StarCraft를 위해서 개발된 인공지능 프로그램으로, 알파고처럼 한국과 인연이 깊다. 다양한 이미지에서 사물을 식별하는 능력과 바둑과 같은 게임에서 인공지능이 인간을 앞서기 시작한 것은 부정할 수 없는 사실이다. 하지만 전쟁터 이곳저곳을 이동하며 수집한 정보를 이용해서 실시간으로 전략적인 결정을 내려야 하는 스타크래프트 같은 게임에서 인간을 능가하는 인공지능이 그렇게도 빠르게 등장한 것은 매우 놀라운 일이었다. 단지 두 종류의 돌로 400칸 정도의 자리를 놓고 싸우는 바둑에 비하면 스타크래프트는 우리가 살고 있는 실생활과 훨씬 더 유사했기에 그 충격은 더 크다고 할 수 있다. 알파스타와 알파고에 사용된 심층 강화 학습deep reinforcement learning과 같은 최첨단 알고리듬은 이제 자동차의 자율 주행을 포함한 다양한 분야에 적용되고 있다. 앞으로 이처럼 놀라운 능력을 가진 인공지능은 계속 우리에게 그 모습을 드러낼 것이다.

이와 더불어 또 하나의 큰 사건으로 코로나19의 대유행을 들 수 있다. 바이러스로 인해 사회적 거리두기가 강화되면서 사람 사이의 물리적인 상호작용이 급격히 감소하고, 가상공간을 통한 상호작용이 폭발적으로 증가했다. 예전에는 사람이 하던 일을 부분적으로 혹은 완전히 인공지능에게 위임하는 기회가 더 많아지면서 인공지능이 인간 사회에 침투하는 속도가 더욱 증가하고 있다.

이렇듯 급격하게 일어나고 있는 변화의 본질을 올바로 인식하고 최선의 대응 방식을 고민하기 위해서는 인공지능과 인간의 관계를 이해하는 일이 무엇보다도 중요하다. 그래서 이번 개정판에서는 초판에서는 깊이 다루지 않았던 인공지능 연구의 역사와 현주소를 좀 더 자세하게 살펴보기 위해 기계의 학습에 관한 내용을 새롭게 추가했다(8장 '학습하는 기계'). 이 새로운 장을 통해 수학이나 컴퓨터를 잘 알지 못하는 독자도 인공지능이 어떻게 다양한 문제를 해결할 수 있는지 쉽게 이해하기를 바라는 마음이다.

영광스럽게도《지능의 탄생》이 2020년에 미국과 중국에서 출간되었다. 특히 옥스퍼드대 출판부에서 'Birth of Intelligence'라는 제목으로 출판된 영문판을 진행하며 한국어판을 다시 전면적으로 검토할 수 있는 기회를 얻었다. 또한 이번 개정판에는 출간 이후 개발된 슈퍼컴퓨터나 최근 발사된 화성 탐사선들에 관한 이야기도 추가하였다. 실제로 지난 수년간 인공지능과 관련된 기술들이 발전하는 속도를 실감할 수 있는 좋은 기회가 될 것 같다고 생각했기 때문이다.

끝으로 이 모든 일은 결국 독자들의 응원이 있었기에 가능했다.《지능의 탄생》초판에 관심을 가져준 독자들에게 감사의 뜻을 전하고 싶다.

서문

왜 지능을 이해해야 하는가

이 책은 많은 질문으로 이루어져 있지만 그중에서도 내가 가장 중요하게 생각하는 질문은 '인간은 왜 생각을 하며, 뇌는 어떤 방법으로 그 생각을 구성하는가?'이다.

물론 이러한 질문은 고대 그리스 시절부터 제기되어온 것이다. 수많은 학자들이 이 문제에 명확한 답을 내리기 위해 도전했다. 고대 그리스인들과 근대의 이성주의자들은 인간의 사고 능력의 본질이 이성에 놓여 있다고 생각했다. 또 다른 한편에서는 그 본질이 경험에 있다고 봤으며, 최근에 들어서 심리학이나 인지과학에서는 직관이나 감정을 중요한 요소로 보고 있다. 이성, 감성, 추론, 예측, 직관, 통찰과 같은 개념들은 분명 사고 과정의 중요한 측면들을 묘사하고 있다. 하지만 그 어떤 것도 사고 능력의 본질이라고 할 만큼 독보적인 지위를 차지하고 있지는 않다. 인간의 사고 과정은 하나의 개념으로 간단히 요약되지 않으며, 지금도 계속해서 새로운 복잡한 사실이 밝혀지고 있다.

내가 이 책에서 강조하고자 하는 '지능Intelligence' 또한 인간의 사고 과정의 한 부분으로서, 특히 문제 해결 능력에 초점을 맞추는 개념이다. 보통 사람들의 인식에서 지능은 측정 가능하며 쉽게 정의될 수 있는 개념으로 여겨진다. 가령 옆자리에 있는 사람에게 자신이 얼마나 이성적인(또는 감성적인) 사람인지 물어보면 모호한 대답밖에 들을 수 없지만, 지능 지수를 물어보면 명확한 하나의 숫자를 들을 수 있다. 이후 1장에서 좀 더 자세히 설명하겠지만, 이런 경향은 지능과 지능 지수를 혼동한 것이다. 지능 지수가 높다 해서 더 '지능적'으로 행동하는 것은 아니다. 즉 지능은 수와 도형을 조작하는 능력 이상의 전반적인 문제 해결 능력을 일컫는다.

사전적인 의미에서의 지능은 새로운 대상이나 상황에 부딪혔을 때, 그 의미를 이해하고 합리적인 적응 방법을 알아내는 능력이다. 그런 능력이 물론 인간만의 전유물은 아니다. 다른 동물들도 생존과 번식을 위해서 각자 자신의 환경에 따라 현명하게 행동을 선택하는 능력을 갖고 있다. 그럼에도 불구하고, 대부분의 사람들은 지구상에 존재하는 생명체들 중에 자신의 지능을 가장 성공적으로 사용한 동물은 우리 인간이라고 자부할 것이다. 그와 같은 주장에는 상당한 신빙성이 있다. 특히 과학기술을 이용해서 인간이 이룩한 업적들은 같은 인간이 보기에도 경이롭기만 하다. 한 가지 예를 들어 지구상에 있는 생명체 중에서는 오로지 인간만이 우주선을 만들어서 지구를 떠났다가 다시 돌아올 수 있는 능력을 갖고 있다. 과학기술이 발전하는 속도는 더욱 놀랍다. 대표적인 예로는 스마트폰의 보편화를 들 수 있겠다. 1969년 인류 최초로 달 탐사에 성공한 아폴로 11호에 장착되어 있던 컴퓨터는 당시 인간이 보유한 가장 뛰어난 성능의 컴퓨터였다. 하지만 2016년 현재는 인구의 4분의 1 정도가 아폴로 11호에 장착되어 있었던 것보다 수십만 배나 성능이 뛰어난 컴퓨터를 자기 주머니에 넣고 다닌다.

인간이 다른 동물과 구별되는 특징 중 하나는 유별난 호기심이다. 물론 동물들도 약간의 호기심은 가지고 있지만 인간처럼 대상을 가리지 않고 삼라만상에 호기심을 품는 것은 아니다. 특히 인간은 그 호기심을 가능하게 한 자신의 지능에 대해서도 호기심을 품는다. 아마도 이 책을 읽는 많은 독자들도 그런 호기심을 가지고 있을 것이다. 그런데 인간의 지능은 단순한 지적 유희의 대상에 그치지 않는다. 복잡한 인간 사회에서 마주치게 되는 다양한 문제들을 원만하게 해결하기 위해서는 인간의 지능이 내포하고 있는 잠재적인 약점들을 파악하고 있어야 한다. 따라서 나는 이 책이 지능의 본질을 탐구하고자 하는 학구적인 독자들뿐만 아니라 인간 사회의 다양한 문제를 해결하기 위해 노력하는 사람들에게도 도움이 되길 희망한다.

*

나 또한 처음부터 인간의 뇌와 지능에 관심을 가지고 있었던 것은 아니다. 중고등학교 때는 물리학 책을 더 즐겨 읽었으며, 대학에서는 경제학을 전공했다. 하지만 대학에 진학하고 난 뒤 경제학은 물론, 인문학이나 사회과학의 모든 분야에서 가장 중요한 문제는 바로 인간의 본성과 행동을 정확하게 이해하는 일이라는 것을 깨닫게 되었다. 당시에는 심리학, 특히 정신분석학psychoanalysis이 인간의 의식에 대해 많은 설명을 해줄 것이라고 기대했다. 그중에서도 칼 융Carl Jung의 저서들과 그가 인간의 심리 현상을 설명하기 위해 사용했던 '아니무스animus'나 '아니마anima'와 같은 원형archetype들은 매우 매력적이었다. 하지만 실망스럽게도 자연과학이나 실험심리학과는 달리 융의 이론을 포함한 정신분석학의 이론들은 경험적인 관찰을 통해서 옳고 그름을 가리기가 어려웠다. 결국 인간의 마음과 행동을 과학적으로 이해하기 위해서는 인간의 뇌를 이해해야 한다는 것을 깨닫고 대학원에서 신경과학을 공부하기 시작했다.

대학원에서는 고양이의 뇌에서 시각 정보가 처리되는 과정을 연구하여 박사 학위를 받았으며, 박사 후 연구원 시절에는 원숭이의 대뇌피질을 연구했다. 그 이후 교수가 된 뒤에도 주로 원숭이의 뇌가 의사결정과 관련된 기능을 어떻게 수행하는지 연구해왔다. 이처럼 뇌의 매력에 빠져 신경과학에 뛰어든 지도 이제 30년이 넘었다. 그동안 뇌만을 지치지 않고 연구할 수 있었던 이유는 뇌라는 대상 그 자체가 가지는 매력 때문이기도 하지만, 뇌와 관련된 연구 결과들이 인간의 본성에 관해서 함축하는 바가 많기 때문이다. 실제로 신경과학은 지금까지 눈부신 발전을 이루었고 인간의 사고와 행동을 설명하는 데 그 역할이 점점 더 커지고 있다. 신경과학의 연구를 토대로 설명할 수 있는 인간 행동의 범위도 늘어났고, 종교와 예술 같은 인간의 가장 정교한 정신 활동까지 그 범위를 확장해왔다. 현재는 신경과학에서 얻은 지식을 이용해 인공신경망을 구축할 수 있는 수준에 이르렀다.

이러한 신경과학의 비약적인 발전과는 달리 뇌에 대한 대중의 인식은 여전히 피상적인 수준에 머물고 있다. 이러한 측면은 특히 최근 인공지능에 대한 논의에서 두드러지게 나타난다. 사람들은 인공지능을 고도화된 '뇌'로 여긴다. 발전이 거듭함에 따라 결국 인간의 자리를 대체할 것으로 말이다. 하지만 이러한 주장은 우리의 뇌에 대한 매우 편협한 시각에 근거하고 있다. 이들에 따르면 뇌란 연산이나 추론을 하는 기계다. 하지만 앞에서 말했듯 뇌는 하나의 기능으로 국한할 수 없는 다채로운 기능을 가진다.

대중들의 이러한 단편적인 시각은 뇌라는 것이 그 주체인 인간의 생존을 위한 기관이라는 점을 간과한 것이다. 인간의 뇌가 행하는 모든 사고 작용은 그 주체, 즉 인간(유전자)의 생존과 번영을 위해 마련되었다. 뇌는 그 목적을 효율적으로 달성할 수 있도록 최적화된 것이다. 그렇기에 뇌의 기능은 주체인 생명(유전자)과 떼려야 뗄 수 없는 관계를 맺고 있다. 이러한 관계의 필연적인 결과로 뇌의 작용은 일정 부분 제한되기도 한다.

뇌가 그것의 주체인 생명과 맺는 관계에서 나타난 다채로운 사고 작용이 바로 '지능'이다. 본 책의 목적은 생명의 관점에서 바로 이러한 지능의 근원과 한계를 설명하는 것이다.

*

인간의 지능은 수많은 사회적인 문제를 해결하는 데 사용된다. 우리가 매일 먹고 마시는 음식과 물이 조달되는 과정이나 다른 사람들과 정보를 공유하는 데 사용되는 도구들(가령 스마트폰)은 모두 인간 지능의 산물이다. 하지만, 그와 동시에 인간의 지능은 수많은 문제의 원인이 되기도 한다. 특히 과학기술의 발달에 따라 인간의 지능으로 인해 발생하는 문제의 비중이 높아지는 경향이 있다. 자연재해와 질병 같이 과거에 인간을 괴롭혔던 문제들을 해결해가는 과정에서 배분 방식에 대한 의견의 차이가 등장하기 때문이다. 그와 같은 사회적 갈등을 평화적으로 해결하기 위해서는 무엇보다 인간의 지능이 문제를 해결하는 방식을 이해해야 한다. 특정한 사회적인 문제를 놓고도 개개인이 서로 다른 해결 방법을 주장하는 이유는 크게 두 가지다. 하나는 여러 사람의 이해관계가 일치하지 않는 것이고, 다른 하나는 여러 사람이 동일한 결과를 원하면서도 최선의 방법이 무엇인지에 관한 의견이 일치하지 않는 것이다. 그중 어느 경우든 문제를 해결하는 데 있어서 최대의 걸림돌은 인간의 지능에 대한 올바른 이해가 결여되어 있다는 것이다. 사회적 갈등을 경험하는 당사자들이 자신의 해결 방법에 문제점이나 오류가 존재한다는 것을 알게 된다면 그와 같은 갈등 상황을 벗어날 수 있는 방법을 더욱 쉽게 찾을 수 있을 것이다. 자신은 단지 문제를 해결하기 위해서 노력할 뿐이라고 생각하지만, 그런 자신이 문제를 더욱 심각하게 만들고 있는 경우들이 특히 그렇다.

현대 사회에서 인간 지능의 근원과 한계에 대한 통찰이 필요한 이유는 또 있다. 점차 영향력을 넓혀가고 있는 인공지능의 역할을 예측하기 위해서는 인간의 지능에 관한 통찰이 선행되어야 하기 때문이다. 지능의 역사는 생명 그 자체의 역사와 크게 다르지 않다. 모든 생명체가 당면하는 생존과 번식의 문제를 해결하기 위해서는 그 정도가 아무리 미약하더라도 어떤 형태로든 지능이 요구되기 때문이다. 그러나 생명의 긴 역사에 비해 인공지능의 역사는 100년이 채 되지 않는다. 그동안 인간의 지능은 크게 변하지 않은 반면 인공지능은 혁명적인 변화를 거듭해왔으며 향후 변화 양상은 더 심화될 것으로 보인다. 이러한 변화가 인간의 삶에 어떤 영향을 미칠지를 예측하고 적절한 대책을 마련하기 위해서는 인간의 지능과 인공지능의 차이를 이해하고 인간 지능의 약점을 이해하는 것이 필수적이다.

*

한 권의 책으로 인간의 지능에 관한 모든 것을 이야기하는 것은 불가능하다. 지능을 포괄적으로 이해하기 위해서는 생물학 전반에 대한 광범위한 지식이 요구되기 때문이다. 또한 지능은 눈에 보이지도 않고, 물리적인 계기를 써서 쉽게 측정할 수 있는 것도 아니다. 인간의 지능은 인간의 행동을 관찰하고 그 결과를 특정한 이론적 관점에서 해석해서 추측해야만 이해 가능한 추상적인 대상이다. 따라서 인간의 지능을 과학적으로 정확하게 이해하려면 인간의 행동뿐만 아니라 그것을 제어하는 뇌의 구조와 기능, 그리고 뇌가 진화해온 과정에 관한 지식이 필요하다. 지난 수십 년 동안 밝혀진 뇌에 관한 많은 정보들은 인간의 지능에 대해 많은 통찰을 제공해왔다. 이 책의 목표는 뇌과학을 전공하지 않은 사람도 그와 같은 통찰을 가질 수 있도록 돕는 일이다.

비록 특정한 분야의 전문적 지식을 전제하지는 않더라도, 지능의 본질을 이해하기 위해서는 여러 분야의 이해를 필요로 한다. 그중에는 인간과 동물의 행동을 실험적으로 분석하는 방법을 다루는 심리학과 동물의 뇌를 다루는 신경과학은 물론, 동물의 뇌가 진화해온 과정을 이해하기 위한 유전학과 비교생물학도 포함된다. 또한 생명체가 가장 적절한 행동을 선택하게 되는 의사결정 과정을 이해하기 위해 경제학의 이론적인 틀도 다루게 되고, 인간의 지능을 인공지능과 비교하기 위해서는 당연히 컴퓨터의 작동 원리도 살펴보게 된다. 나에게 비교적 익숙한 분야는 신경과학과 심리학 그리고 경제학 정도다. 그 나머지 분야는 사실 많이 낯설다. 하지만 지능에 관한 전반적인 이야기를 하려다보니 외람되게 내가 잘 모르는 분야에 대해서도 나의 얇은 지식을 드러내야만 했다. 이 점에 대해 독자들이 너그럽게 이해해주길 바라고, 크게 잘못된 것이 있다면 가르침을 기다린다.

이 책에서 주장하고 싶은 내용을 간략하게 말하자면 이렇다. 지능은 생명체의 기능이다. 생명체는 자기 스스로를 복제하는 능력을 갖고 있지만 그 복제 과정이 완벽하지는 않기 때문에 복사본은 가끔 원본과 작은 차이점을 보이게 되고, 그 결과로 원본보다 더욱 능률적으로 자기 복제를 할 수 있는 복사본들이 진화 과정에서 등장하게 된다. 지능이란, 이렇게 진화를 통해서 생명체가 획득하게 되는 능력들 중의 하나로서, 자기 자신을 보존하고 복제하는 과정에서 발생하는 다양한 문제를 해결하는 능력을 말한다. 이러한 관점에서 볼 때 지금까지 개발된 인공지능은 인간이 선택한 문제를 인간 대신 해결하는 기능을 수행하는 데 그치고 말기 때문에 참다운 의미의 지능이라고 할 수 없다.

지능은 진화의 산물이다. 다양한 생명체는 각기 다른 방식으로 지능적인 행동을 보여주게 된다. 그렇기 때문에 이 책에서는 생명체들이 각각 어떤 방식으로 문제들을 해결해왔는지 그 의사결정 과정을 살펴볼 것이다. 비록 초점은 인간의 의사결정에 맞추고 있지만, 복잡하기만 한 인간의 행동과 의사결정에 매달리는 대신, 보다 단순한 삶을 사는 동물의 행동이나 인간의 행동 중에서도 안구 운동과 같이 비교적 단순한 행동을 예로 들어 지능의 속성을 살펴볼 것이다.

인간의 행동을 제어하는 것은 뇌의 기능이기 때문에, 뇌를 무시하고는 지능을 제대로 이해할 수가 없다. 특히, 모든 동물의 뇌가 그러하듯이, 인간의 뇌도 유전자의 복제라는 생명체의 기능을 돕기 위해서 등장했고 진화해왔다는 것을 명심해야 한다. 동물의 의사결정 과정은 뇌와 같은 신경계의 기능이기 때문에 과연 신경계는 어떻게 진화해왔는지 살펴본 후, 그 과정에서 유전자와 뇌 사이에 미묘한 갈등 관계가 생겨났다는 점에 주목할 것이다. 뇌는 유전자가 해결할 수 없는 문제를 대신 해결하기 위해서 등장한 일종의 대리인이다. 그리고 그와 같은 대리인은 유전자가 미리 예상하지 못했던 환경 속에서 유전자를 무사히 복제할 수 있도록 여러 가지 학습 방법을 개발하게 된다. 즉 지능이란 다양한 학습 방법이 서로 유연하게 결합되는 과정을 말한다. 이 책의 3부에서 그 과정을 자세히 살펴볼 것이다.

인간과 다른 동물의 지능을 비교할 때 가장 눈에 띄는 차이점은 인간에게는 사회적 지능이 유달리 발달했다는 점이다. 인간은 다른 사람들과 언어를 통해서 다양한 정보를 주고받을 수 있을 뿐 아니라 다른 사람의 선호도와 사고 과정을 이해하고 그를 바탕으로 복잡한 집단에서 사회적으로 원만하게 받아들여질 수 있는 행동을 선택할 수 있다. 이 책에서는 이와 같은 사회적 지능을 바탕으로 인간이 자아에 관한 통찰을 하게 되는 과정과 그에 따르는 문제점 또한 살펴볼 것이다. 끝으로 인간의 지능이 반드시 지불해야 하는 대가에 대해서 살펴볼 것인데, 그 과정에서 우리가 간혹 의문을 가졌을지도 모르는 영문 모를 혼란과 고민이 조금이라도 해결되길 바라는 마음이다.

이 책이 나오기까지 많은 분들에게서 도움을 받았다. 우선 2015년 한국고등교육재단의 박인국 총장이 조직했던 TEDx 행사에서 강의했던 내용이 이 책의 씨앗이 되었다. 예일대의 고든 셰퍼드Gordon Shepherd 교수와 서울대의 장대익 교수가 내게 뇌와 지능에 관한 책을 쓸 수 있을 것이라는 용기를 심어 주었다. 이 모든 분들에게 감사드린다.

1부

지능이란 무엇인가

1장

지능의 조건

인간은 지구상의 다른 생명체와는 구별되는 특별한 존재인가? 만일 그렇다면, 인간은 어떻게 그런 지위에 오를 수 있었을까? 다른 동물과 어떤 차이점이 있는가? 무엇이 인간을 '인간'으로 만드는가?

이 질문은 고대 그리스에서부터 현재에 이르기까지 서구 철학의 유구한 전통 속에서 꾸준히 이어져 내려왔다. 호기심 많은 인간은 자연 세계를 탐구하는 동시에 자기 자신에 대해서도 궁금증을 가졌던 것이다. 그러다 인간은 자신이 저 밖의 자연 세계의 어떠한 존재와도 다르다는, 인간과 인간 외의 자연 세계를 나누는 근본적인 차이점이 있는 것 같다는 직관에 이르렀다. 그 차이점을 표현하고자 철학자들은 인간에게 '생각하는 동물' 혹은 '사회적 동물'과 같은 표현을 부여하곤 했다.

오늘날 이 질문에 대한 답을 찾는 일은 생물학자에게 넘어온 것 같다. 세포생물학에서 영장류학까지, 여러 분야의 생물학자가 인간이 어떤 점에서 다른 동물과 같은지, 그리고 어떤 점에서 독특한지에 답하기 위해 연구에 매진하고 있다. 사실 지구상에 존재하는 수많은 생명체를 객관적인 방법으로 관찰해보면, 인간에게만 존재하는 독특한 성질은 거의 없는 것 같다. 오히려 인간이 다른 생명체와 공유하는 성질들이 더 쉽게 발견된다. 신체가 수많은 세포로 구성되어 있다는 점이나, DNA라는 유전 물질에 의해 대부분의 신체적 형질이 유전된다는 점, 근육이나 신경을 구성하는 세포들의 구조와 기능 등은 인간이 대부분의 생명체와 공유하는 부분이다. 즉 '재료'만 보면 인간은 다른 생명체와 큰 차이가 없다. 그럼에도 인간은 손도끼와 바퀴, 무기, 농기구를 만들어 자신의 생명을 위협하는 맹수를 제압하고 자연 환경을 개척했으며 우주 공간으로 로켓을 쏘아 올렸다. 이것은 지난 45억 년간 지구에 출현했던 그 어떤 생명체도 성취하지 못했던 일이며, 앞으로도 인간 이외의 생명체가 이런 일들을 해낼지는 알 수 없다. 무엇이 인간에게 이런 능력을 줄 수 있었을까? 바로 '지능'이다. 인간은 지능을 통해 복잡한 과학적 지식과 기술을 발전시켜 왔으며, 다른 동물과는 전혀 다른 인간만의 생존 방식을 마련할 수 있었다.

물론 인간이 아닌 다른 동물에게(그리고 식물에게도) 지능이 없다고는 말할 수 없다. 그들도 그들만의 방식으로 주위 환경을 개척하기 위해 지능을 사용하고 있다. 이 점에 착안하여 영장류학자는 동물의 지능을 연구함으로써 인간 지능에 대한 힌트를 얻기도 한다. 따라서 이 장에서는 인간만의 고유한 지적 능력에 대해 논하기 전에 먼저 박테리아에서 바퀴벌레까지 식물이나 동물이 가진 지능을 살펴보면서 보다 근본적으로 지능이 무엇인지 알아보고자 한다. 여기서는 '지능'이란 용어뿐만 아니라 '행동', '반사'와 같은 심리학적인 용어에 대해서도 새롭게 조명해볼 것이다. 이 단어들은 우리의 일상적인 언어 생활에서도 자주 사용되기 때문에 그 단어들이 학문적으로 어떻게 정의되는지 정확히 짚고 가지 않으면 글을 읽어가는 동안 혼란을 초래할 수 있다. 그 밖에도 신경계의 구조와 커넥톰 등 지능을 이해하기 위한 기본적인 생물학 지식도 다룰 것이다. '축삭'이나 '활동전압' 같은 용어들에 익숙해지면, 이 책의 후반부를 읽어나가는 데 훨씬 수월할 것이다.

지능이란 무엇인가

흔히 우리는 매우 영리한 사람을 가리켜 '지능이 높다'고 말한다. 이처럼 우리는 일상적인 언어 생활에서 '지능'이란 단어를 추론력이나 계산력 등 특정한 지적 능력에 한정시켜서 사용하는 경향이 있다. 하지만 지능은 보다 보편적이고 일반적인 인지 능력 전반에 적용될 수 있다. 즉 지능이란 생각하고 공감하고 꿈꾸고 개념을 생산하는 전반적인 지적 능력을 포괄하는 개념이다.

먼저 짚고 넘어가야 할 것은 지능과 지능 지수intelligence quotient는 다르다는 점이다. 흔히 '아이큐IQ'라고 부르는 지능 지수는 지능 검사의 결과로서 한낱 시험 점수에 지나지 않는다. 물론 지능 검사는 역사라든지 물리학 같은 특정한 주제를 공부한 후 치르는 보통의 시험과는 다르다. 지능 검사는 인간의 지능에 관한 심리학적 연구 결과에 기반해서 인간의 기억력이나 추리 능력 같은 몇 가지의 특정한 인지 능력을 측정하기 위해 고안된 특별한 시험이다. 하지만 지능 검사가 인간의 인지 능력을 포괄적으로 반영한다고 볼 수는 없다. 또한 지능 검사는 전적으로 언어를 이해할 수 있는 인간을 대상으로 만들어졌으므로 다른 동물에게는 적용할 수 없다. 즉 지능의 본질을 이해하는 데 지능 검사는 아무런 도움이 되지 않는다.

비록 인간과 동물의 인지 능력을 모두 반영하지는 않지만 지능 검사는 심리학에서 두 가지 중요한 측면을 갖고 있다. 먼저 지능 검사는 과학적으로 인간의 정신적 능력을 지능 지수라는 하나의 숫자로 나타낼 수 있는가라는 문제를 제기한다. 사람의 키와 몸무게가 항상 일정한 관계를 유지한다고 해보자. 이 경우 우리는 키와 몸무게를 따로 잴 필요가 없다. 누군가의 키나 몸무게 중 하나를 알면 그저 정해진 공식에 따라 계산하면 그만이기 때문이다. 하지만 실제 사람들은 비만도가 다르기 때문에 하나의 숫자로 한 사람의 키와 몸무게를 동시에 정확히 표현할 수 없다. 이와 같이 개인에 따라 달라질 수 있는 인간의 여러 인지 능력을 하나의 숫자로 나타내는 것이 가능한지는 오랫동안 매우 논쟁적으로 다뤄진 중요한 문제였다. 예를 들어 찰스 다윈의 사촌이자 19세기 말에 활동한 프랜시스 골턴Francis Galton은 지능이 대부분 선천적으로 결정된다고 믿었고 후에 우생학 이론에 큰 영향을 미쳤다. 또한 그는 지능이 인지적인 능력뿐만이 아니라 반사나 근력과 같은 생리적인 과정과도 관련이 있다고 믿었다. 물론 골턴은 자신의 주장을 입증하는 엄밀한 과학적 근거를 제시하지는 못했다. 20세기 초반에는 프랑스에서 알프레드 비네Alfred Binet가 지적 장애가 있는 아동을 구별하기 위한 목적으로 보다 체계적인 지능 검사를 개발했다. 비네는 주로 아동의 지능에 관심이 있었기 때문에 지능을 학문적 지식과 구별하려고 했다. 비네의 지능 검사에는 신체의 특정 부분이나 그림 안에서 특정한 사물을 구별할 수 있는 능력 또는 특정한 도형을 복사할 수 있는 능력 등을 평가하는 항목들이 포함되어 있다. 비네는 자신의 지능 검사를 나이가 다른 여러 아동에게 적용해서 얻은 결과를 바탕으로 정신 연령이라는 개념을 발전시켰다. 또한 비네와 같은 시대에 영국에 살았던 찰스 스피어먼Charles Spearman은 여러 종류의 학업 성적이 서로 상관관계를 보인다는 중요한 사실을 관찰하였으며, 인자 분석이라는 중요한 통계적 분석 방법을 개발하고 이를 통해 일반적 지능을 나타내는 g-요인 또는 g-상수라는 개념을 도출하기도 하였다. 하지만 스피어먼 자신도 g-요인이 지능의 개인적인 차이를 완전히 기술할 수 있다고 믿지는 않았다.

지능 검사 연구가 중요한 두 번째 이유는 지능 지수가 현실 사회에서 발생하는 문제를 해결하는 데 실용적으로 이용된다는 점이다. 지금도 많은 학교와 회사에서 학생과 사원을 평가하기 위해 많은 시험을 치르고 있는데, 그중 상당 부분이 전문적인 지식이나 경험을 평가하기 보다는 지능이 높은 사람을 구별하고자 지능 검사를 하고 있다. 사실 지능 검사가 보편화되기 시작한 것은 20세기에 들어와 고도의 산업화로 인한 사회적 갈등 상황에서 특정한 문제를 해결할 수 있는 개인을 선발하기 위해서였다. 그 대표적인 예로 1차 세계대전 중에 미군에서 사용한 '아미 알파Army Alpha'를 들 수 있다. 아미 알파는 미군이 신병의 부서 배치를 위해 개발한 지능 검사 프로그램으로, 병사들의 산술 및 언어 능력을 평가한 것이다. 물론 그 당시에도 이와 같은 지능 검사가 신병들의 모든 능력을 정확하게 측정할 수 있다고 생각했던 것은 아니다.

지능 검사가 지능을 완전히 포착할 수 없다면, 과연 지능이란 무엇일까? 지능은 학자에 따라 다르게 정의되지만, 결국 인간의 지적 능력을 어떻게 세분화할 것인지의 문제와 결부되어 있다. '이해하다'라는 뜻의 라틴어 '*intelligere*'에서 유래한 '지능'이란 단어는, 현재 옥스퍼드 영어사전에서는 '특정 지식이나 기술을 획득하여 적용할 수 있는 능력'으로, 메리엄 웹스터 영어사전에서는 '이해하고 학습해 새롭고 어려운 상황에 적응하는 능력'으로 정의되고 있다. 교육학이나 심리학에서는 보다 구체적인 의미로 사용된다. 예를 들어 미국의 발달심리학자 하워드 가드너Howard Gardner는 지능을 '여러 문화적 상황에서 중요시 되는 문제를 해결하고, 그 결과물을 창조하는 능력'이라고 정의했다. 반면 마빈 민스키Marvin Minstky와 레이 커즈와일Ray Kurzweil 같은 인공지능 연구자는 지능을 '목표를 달성하기 위해서 시간을 포함한 자원을 최적으로 사용하는 능력' 또는 '어려운 문제를 푸는 능력'이라고 정의하였다. 이와 같은 70여 가지의 지능에 대한 다양한 정의들을 분석해 셰인 레그Shane Legg와 마르쿠스 허터Marcus Hutter는 지능을 '다양한 환경에서 목표를 달성하는 능력'이라고 정의하게 되었다.

이렇게 지능의 정의들은 공통적으로 지능을 문제 해결 능력과 연관시키고 있다. 특히 해결해야 하는 문제가 더 복잡할수록 고도의 지능을 요구하는 것은 명백하다. 즉 단순한 산술 문제보다는 복잡한 미분 방정식을 푸는 것이, 오목보다는 바둑을 잘 두는 것이 더욱 높은 지능을 필요로 한다고 할 수 있다. 하지만 특정한 문제 한 가지를 잘 푸는 것만으로는 높은 수준의 지능을 갖추었다고 볼 수 없다. 예컨대 전자 계산기는 복잡한 연산을 눈 깜짝할 사이에 끝내버리지만 계산기가 높은 지능을 가졌다고 말하지는 않는다. 산술 이외의 다른 문제는 전혀 풀지 못하기 때문이다. 계산기가 제아무리 성능이 뛰어난들 오목을 두지는 못할 것이고 저녁 메뉴를 결정하지도 못할 것이다. 즉 고도의 지능을 소유한 자라면 단지 수학 연산에만 능할 것이 아니라 바둑이나 체스도 잘 두고, 오늘의 기상을 바탕으로 내일의 날씨를 예측할 수도 있으며, 전시에 적군의 작전을 파악해 최적의 전략을 수립하는 등 여러 상황에서 주어지는 복잡한 문제들을 비교적 쉽게 해결할 수 있어야 한다.

실제로 생명체가 자연 세계에서 접하는 문제들은 시시각각 변화하기 마련이라, 어느 순간에 어떤 문제가 주어질지 확실하지 않고 어떤 지식이나 기술을 써야 그 문제를 해결할 수 있을지 모르는 경우도 많다. 해결책도 한 가지가 아니라 여러 가지가 있을 수 있다. 그중에서 가장 효율적인 해결책을 찾아 신속하고 정확하게 문제를 해결할 수 있는 생명체가 더 잘 살아남는다. 즉 지능은 환경의 변화에 대응하여 주어진 상황에 따라 변화하는 다양한 문제들을 해결하는 능력이다. 하지만 이것만으로는 지능을 정의하기엔 여전히 부족하다. 우리가 현실에서 마주치게 되는 많은 문제들에는 (수학 문제와는 달리) 객관적인 정답이 존재하지 않는 경우가 많기 때문이다. 예컨대 오늘 저녁 메뉴로는 무엇이 좋을지를 결정해야 하는 상황일 때, 그에 대한 결론은 저녁을 준비할 사람이나 먹게 되는 사람의 기준에 따라 달라질 것이다. 다시 말해 지능은 단순히 수학적인 또는 논리적인 문제를 푸는 능력이 아니라 지능을 가진 주체에게 가장 이로운 결과를 가져올 수 있는 여러 행동 중 하나를 선택하는 능력, 즉 의사결정의 능력이다. 결국 지능이란 **다양한 환경에서 복잡한 의사결정의 문제를 해결하는 능력**이라고 정의할 수 있다.

지능의 높고 낮음을 결정하고자 할 때 간과해서는 안 될 것이 하나 더 있다. 지능은 주체의 선호도를 전제로 한다는 점이다. 일단 지능의 주체를 분명히 밝히지 않고는 특정 행동이 과연 지능적인 행동인지 아닌지를 구별하기 어려운 경우가 있다. 바이러스나 기생충이 우리 몸에 침입해서 인간의 정상적인 행동을 방해하는 경우들이 그렇다. 예를 들어 감기에 걸리면 콧물이 많이 나오는 이유는 바이러스를 물리칠 수 있는 숙주의 면역 반응이 완성되기 전에 바이러스가 다음번 희생양이 될 새로운 숙주에게로 옮겨가기 위한 준비를 하기 때문이다. 따라서 인간의 입장에서는 콧물을 흘리는 것이 지능적인 행동이 아니지만, 바이러스의 입장에서는 인간으로 하여금 콧물을 흘리게 만드는 것이 지적인 행동이다. 물론 바이러스는 숙주 없이는 아무것도 할 수 없다는 이유로 생명체로 여기지 않는 것이 정설이므로, 생명체가 아닌 바이러스가 선호도를 가지고 있다고 보는 것은 무리일지도 모른다. 그럼에도 불구하고 자신의 목적을 위해 숙주의 행동을 변경시키는 것은, 어쩌면 가장 낮은 수준의 지능이나 지능의 시발점이라고도 볼 수 있다.

마지막으로 지능의 주체가 선택할 수 있는 행동의 범위를 파악하는 것도 지능을 이해함에 있어서 꼭 필요하다. 삶이란 여러 가능한 행동 중에서 한 가지 행동을 선택하는 끊임없는 의사결정의 연속이다. 간단한 목적을 이루기 위해서도 우리가 선택할 수 있는 행동은 매우 많다. 예컨대 먹을 수 있는 많은 음식 중에 저녁 식사로는 무엇을 먹을지, 저녁 식사 후에는 영화를 볼지 책을 읽을지, 영화를 본다면 무슨 영화를 볼지, 극장에서 볼지 DVD로 볼지 등등, 이 모든 각각의 상황에서 어떤 행동을 선택하는가, 즉 어떤 의사결정을 내리는지가 결국 지능의 높고 낮음을 결정한다.

모든 생명체는 자신의 생존과 번식을 위해서 다양한 의사결정을 한다. 때로는 인간이 만들어낸 기계와 컴퓨터 프로그램도 의사결정을 할 수 있다. 이와 같은 다양한 의사결정의 과정을, 그리고 궁극적으로는 의사결정을 통해서 표현되는 지능의 본질을 이해하는 것이 바로 이 책의 목표다. 그 모든 의사결정 과정의 최종적 산물은 결국 행동의 다양성으로 나타나므로 먼저 행동이 무엇인지 알아보는 것에서부터 시작해보자. 그와 동시에 행동의 다양성이 뇌를 포함한 신경계의 진화 과정과 어떤 관련이 있는지도 살펴볼 것이다.

뇌가 없는 지능: 박테리아부터 식물까지

'행동behavior'이란 무엇인가? 일반적으로 행동은 어떠한 체계system가 특정한 사건event에 대해서 반응하는 것을 말한다. 행동은 동물의 전유물이고 그 밖의 것(예컨대 식물)은 행동할 수 없다고 생각하는 경향이 있는데, 이것은 잘못된 생각이다. 모든 생명체는 나름대로 외부의 자극에 대해서 특정한 방식으로 반응한다. 물론, 행동이 생명체에만 제한되어 있는 것은 아니다. 온도 조절 장치와 같은 간단한 기계가 주위 온도의 변화에 따라 에어컨이나 난방기를 작동시키는 것도 일종의 행동이라고 볼 수 있다. 기계의 행동에 관한 이야기는 3장에서 다시 하기로 하고, 일단 생명체의 행동에는 어떤 것들이 있는지를 살펴보겠다.

생명체가 외부 자극에 반응하기 위해서 사용하는 방법은 실로 다양하다. 일단 행동을 위해서 반드시 신경세포와 같이 정보 처리를 전문으로 하는 특별한 세포가 필요한 것은 아니다. 박테리아와 같은 단세포 생명체들도 외부 자극에 따라 자신의 행동을 변화시키는 능력을 갖고 있기 때문이다. 예를 들어 박테리아의 한 종류인 대장균은 먹이가 되는 화학 물질의 농도가 높은 쪽으로 움직여가는 능력을 가지고 있다. 이와 같은 능력을 주화성chemotaxis이라고 한다. 대장균이 이동하는 방식은 주로 두 가지다. 그중 하나는 같은 방향으로 지속적으로 수영해가는 것이고, 나머지 하나는 뒹구르기tumbling를 통해서 새로운 진행 방향을 무작위로 선택하는 것이다. 대장균이 수영하는 동안 자신이 원하는 화학 물질의 농도가 증가하면 수영하는 시간을 늘리고, 반대로 자신이 원하는 화학 물질의 농도가 감소하고 있거나 자신에게 해가 되는 화학 물질의 농도가 증가하는 것을 발견하면 뒹구르기를 하는 시간을 늘리는 방식으로 자신의 이동 방향을 결정한다. 여기서 수영하는 동안에 화학 물질의 농도가 증가 또는 감소하는지를 감지할 수 있다는 것은, 자신이 과거에 감지했던 화학 물질의 농도를 기억하고 그것을 현재의 화학 물질의 농도와 비교할 수 있다는 것을 의미한다. 이 두 가지 능력, 즉 과거에 있었던 사건의 내용을 기억하고 서로 다른 사건들 간의 내용을 비교할 수 있는 것이야말로 지능의 가장 기본적인 요구 조건이다. 따라서 비록 대장균의 행동은 포유류처럼 복잡한 뇌를 가진 동물과 비교해서 지극히 단순하지만, 대장균에게도 나름대로 생존을 위한 지능이 있다는 점을 부정할 수 없다.

행동의 또 다른 단순한 사례로 식물의 주화성에 대해 알아보자(다시 한번 언급하지만 분명 식물도 행동할 수 있고, 따라서 지능을 가질 수 있다). 앞서 이야기한 대장균의 주화성은 주성taxis의 한 종류이다. 주성이란 생명체가 외부에서 받는 자극에 의해 나타내는 방향성 있는 운동을 뜻한다. 주성에는 주화성 외에도 생명체가 반응하는 자극의 종류에 따라, 빛에 반응하는 경우를 일컫는 주광성phototaxis, 온도의 차이에 반응하는 경우를 일컫는 주열성thermotaxis 등이 포함된다. 이와 유사한 행동은 단세포 생물과 동물만이 아니라 식물에도 존재한다. 물론 식물들에게는 이곳저곳으로 이동하는 능력이 없지만 빛이 들어오는 방향이나 땅속 영양분의 분포에 따라 줄기나 뿌리가 자라나는 방향을 조절할 수 있는 능력을 갖고 있다. 이처럼 식물이 주위의 자극에 따라 현재의 방향을 바꾸거나 성장하는 방향을 바꾸는 것을 향성 또는 굴성tropism이라고 한다. 특히 식물은 광합성을 위해 빛의 방향에 따라 반응하는 경우가 많은데, 이것을 향광성 또는 굴광성phototropism이라고 한다. 빛에 반응하는 행동이 만들어지는 과정은 비교적 단순하다. 그 핵심에는 옥신auxin이라는 호르몬이 있는데, 옥신은 세포벽을 신장시켜 세포를 생장시키는 역할을 한다. 또한 옥신은 빛이 없는 쪽으로 몰리는 경향이 있어 식물에 빛을 비추면 빛이

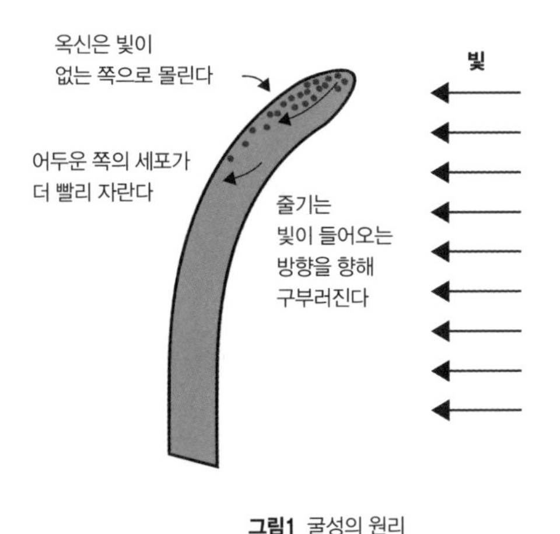

그림1 굴성의 원리

들어오지 않은 쪽의 세포가 빛이 들어온 쪽의 세포에 비해 더 성장하게 된다. 그 결과 식물은 빛이 들어오는 방향을 향해 구부러진다. 이는 마치 자동차의 바퀴 하나가 빨리 돌면 차가 그 반대 방향으로 회전하는 것과 같은 이치다.

이처럼 단세포 생물과 식물의 행동은 주성이나 향성과 같이 자극에 대한 단순한 반응 수준에 그친다. 하지만 동물은 근육세포와 그것을 신속하게 통제하는 신경세포가 있으므로 취할 수 있는 행동의 종류도 훨씬 많으며, 따라서 그와 관련된 의사결정의 내용도 복잡해진다. 물론 동물의 행동 대부분은 신경계에 의해 제어된다. 따라서 동물의 행동과 의사결정 과정을 정확하게 이해하기 위해서는 먼저 신경계가 작동하는 방식을 이해할 필요가 있다.

신경계는 어떻게 작동하는가

신경계의 작용을 한마디로 요약하면 감각 정보와 기억을 이용해서 근육을 통제하는 일이다. 이처럼 신경계를 이용해 현재와 과거의 경험으로부터 유용한 정보를 추출하여 의사결정에 활용하는 일이야말로 동물이 가지고 있는 지능의 핵심이라고 할 수 있다. 과연 신경계는 어떻게 그와 같은 일들을 수행할 수 있는지를 이해하기 위해서, 먼저 간략하게 신경세포의 구조와 기능부터 알아보자.

신경계를 구성하는 단위인 신경세포neuron는 전기적인 신호와 화학적인 신호를 이용해서 외부로부터 받은 정보들을 종합해 그 결과를 다른 신경세포나 근육세포에 전달하는 역할을 한다. 신경세포가 만들어

내는 전기적인 신호는 세포막을 경계로 형성되어 있는 전위가 변화할 때 발생한다. 동식물을 망라하고 대부분의 세포들은 세포 안팎으로 100mV 미만의 전압을 유지하고 있는데, 이를 막 전위membrane potential라고 한다. 신경세포가 다른 세포와 다른 점은 외부에서 신경세포로 자극이 가해지면 막 전위에 일시적인 변화가 일어나고 이것이 신경세포의 다른 부분으로 퍼져나가게 되는 것이다.

신경세포는 그 종류에 따라 다양한 모양을 하고 있지만, 여기에서는 신경세포 대부분이 갖고 있는 공통적인 특징들을 살펴보기로 하자. 우선 신경세포에서 나뭇가지 같은 모양을 하고 있는 곳을 수상돌기dendrite라고 부르는데, 이곳은 신경세포가 다른 신경세포로부터 화학적 신호를 받아들이거나 외부 환경으로부터 물리적인 자극을 받아들이는 곳이다. 수상돌기의 여러 부위에 도착한 신호들이 만들어낸 막 전위의 변화가 신경세포의 중심에 해당하는 세포체soma에서 합쳐졌을 때 어떤 한계점 또는 역치threshold를 넘게 되면 세포막의 전압이 일시적으로 음전하에서 양전하로 변하는데, 이를 활동전압action potential이라고 한다. 일단 신경

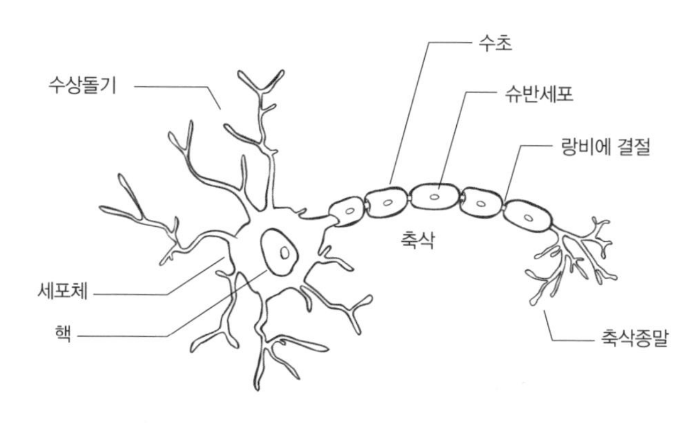

그림2 신경세포의 구조

세포의 세포체 부근에서 활동전압이 생기면, 이는 축삭axon이라는 가느다란 신경 섬유를 따라 전송되어 축삭종말axon terminal에 도착하게 되고, 그곳에서 신경전달물질neurotransmitter을 분비해 화학적인 신호로 전환된다. 신경전달물질은 신경세포들 사이에 존재하는 시냅스synapse라는 좁은 틈을 건너 다른 신경세포에 도착하고, 그때 신경전달물질과 그것을 받아들이는 수용체의 종류에 따라 그 다음 신경세포의 막 전위에 서로 다른 영향을 미치게 된다. 신경전달물질은 크게 두 종류로 나눌 수 있는데, 다음번 신경세포의 막 전위를 역치에 좀 더 가까워지도록 변화시켜 활동전압이 일어날 가능성을 증가시키는 흥분excitatory 신경전달물질과 그 반대의 작용을 하는 억제inhibitory 신경전달물질이 있다.

신경세포는 크게 세 종류로 나눌 수 있다. 첫째 감각신경세포sensory neuron는 빛이나 화학 물질 같은 외부 자극을 신경세포가 처리할 수 있는 전기적 신호로 변환시킨다. 감각신경세포의 대표적인 예로 망막에 있는 광수용 세포photoreceptor를 들 수 있다. 둘째 운동신경세포motor neuron는 축삭종말이 근육에 맞닿아 있어 근육의 수축 내지 이완을 위해 전기적 신호를 전달하는 역할을 한다. 여기서 잠깐, 신경세포 없이 오로지 근육세포만 가지고 있는 생명체를 상상해보자. 그와 같은 생명체는 근육세포를 이용해 자신의 위치를 바꾸 것과 같은 운동을 할 수 있겠지만, 주위 환경의 변화에 따라 그 운동을 효율적으로 바꾸지는 못할 것이다. 반면 적절한 감각신경세포가 근육세포와 연결되면, 감각신경세포를 자극 또는 억제하는 물리적 자극이 발생했을 때 원하는 운동을 할 수 있게 된다. 물론 여기에 운동신경세포까지 추가된다면, 좀 더 복잡한 의사결정을 할 수 있게 될 것이다. 따라서 이론적으로는 이 두 가지 종류의 신경

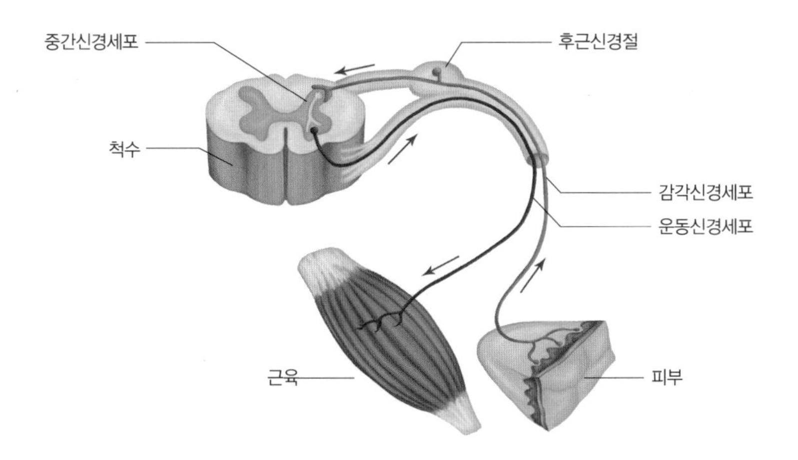

그림3 신경세포의 작동 메커니즘

세포들만으로도 의사결정이 가능하지만, 동물 대부분은 세 번째 종류의 신경세포를 갖고 있다. 바로 감각신경세포와 운동신경세포를 연결해주는 중간신경세포interneuron다. 실제로 뇌와 척수 같은 중추신경계를 구성하고 있는 신경세포의 절대 다수는 중간신경세포라고 볼 수 있다. 결국, 인간을 포함한 모든 동물의 의사결정이란 이렇게 세 가지 종류의 신경세포를 조합함으로써 외부로부터 들어오는 자극에 대해서 적절한 형태의 행동을 유도하는 과정이라고 볼 수 있다.

이렇듯 신경세포는 동물의 지능을 구성하는 결정적인 요소지만, 그 작동 원리를 정확하게 이해하게 된 것은 그리 오래되지 않았다. 예를 들어 18세기 말 루이지 갈바니Luigi Galvani는 동물의 신경계가 전기적 신호를 사용한다는 점을 최초로 발견했다. 하지만 그는 그 전기적인 신호의 정체가 무엇인지는 자세히 알 수 없었다. 활동전압을 발견한 사람은 1848년 에밀 뒤 부아레몽Emil du Bois-Reymond이다. 흥미롭게도 대부분의 사람들은 활동전압은 신경세포에서만 발생하는 것으로 여기고 당연히 동물의 전유물로만 생각한다. 하지만 활동전압은 신경세포가 없는 식물에도 존재한다. 예를 들어 파리지옥 같이 곤충을 잡아먹고 사는 식충식물들은 신경세포가 없지만 활동전압을 이용해 먹이를 잡는다. 파리지옥풀은 잎 안으로 곤충이 들어오면 잎을 닫고 잎 주위에 난 가시로 곤충을 포획한 후, 소화액을 분비하여 소화한다. 잎에 기계적인 자극이 가해지면 활동전압이 발생해 입을 닫도록 작용하는 것이다. 이와 같은 사실은 이미 1872년에 존 버든-샌더슨John Burdon-Sanderson에 의해서 보고된 바 있다(버든-샌더슨은 '페니실륨Penicillium'이라는 곰팡이가 세균의 성장을 저지한다는 사실을 발견하여 후일 알렉산더 플레밍Alexander Fleming이 페니실린을 발명하는 데 중요한 공헌을 하기도 했다).

이처럼 잎 사이로 곤충이 들어왔다는 것을 감지하고 잎을 닫아서 사냥감을 잡는 것으로 볼 때, 식충식물이 동물과 마찬가지로 모종의 의사결정을 한다는 사실을 알 수 있다. 물론 파리지옥은 동물들처럼 복잡한 신경계가 없기 때문에, 잎 속으로 자신이 먹이로 삼을 만한 곤충이 들어왔는지를 판단하기 위해서는 전적으로 잎 안에 가해지는 기계적 자극에 의존할 수밖에 없다. 하지만 그와 같은 자극이 감지될 때마다 잎을 닫고 소화액을 분비하는 것은 비효율적이다. 왜냐하면 곤충이 잎 안으로 완전히 들어오지도 않았는데 잎을 닫기 시작하면 곤충이 달아날 가능성도 있기 때문이다. 실제로 파리지옥의 잎이 닫히기 위해서는 수십 초 안에 기계적인 자극이 두 번 이상 가해져야 한다. 마치 낚시꾼이 찌가 조금 움직이는 것만으로는 섣불리 낚싯대를 낚아채지 않고 찌가 반복적으로 움직이기를 기다리는 것처럼 말이다. 이와 같은 사실은 파리

그림4 파리지옥, 《커티스 식물학 잡지(Curtis's Botanical Magazine)》 중에서

지옥 잎이 최근의 경험을 기억하고 그 내용에 따라서 동일한 자극에 대한 반응을 변화시킬 수 있는 능력을 보유하고 있다는 것을 의미한다. 즉 식물도 지능을 갖고 있는 것이다.

가장 기본적인 행동, 반사

비록 파리지옥과 같은 식충식물이 외부 자극에 대한 반응으로 잎을 여닫을 수 있다고는 하지만, 근육세포를 갖고 있는 동물에 비하면 그 반응 속도가 매우 느리다. 아닌게 아니라 근육세포야말로 동물을 동물답게 만든다고 할 수 있다. 지구상에 최초의 근육세포가 나타난 것은 동물이 처음 등장한 시기인 약 6억 년 전이라고 추정하고 있다. 신속하게 수축하거나 이완할 수 있는 근육 덕분에 동물은 자신의 현재 위치가 생존에 적합하지 않다고 판단되면 박테리아보다 빠르게 다른 곳으로 움직여갈 수 있었을 뿐 아니라 다른 생명체를 잡아먹음으로써 한꺼번에 대량의 에너지를 획득할 수 있게 되었다.

하지만 근육세포만으로는 동물에게 항상 도움이 되는 행동을 만들어낼 수 없다. 주위 환경에 어떤 일들이 벌어지고 있는지 감시하여 그에 따라 적절한 행동을 만들어내는 대신 마구잡이로 아무 곳이나 돌아다니면 오히려 다른 동물에게 잡아먹히기 십상일 것이다. 따라서 신경계가 근육세포를 적절하게 제어하는 일을 담당하게 된다. 이렇게 신경계가 만들어낼 수 있는 행동은 크게 반사reflex와 학습된 행동으로 구별할 수 있다. 여기서 반사란 주어진 자극에 따라 반응 양태가 미리 결정되어 있는 행동을 말하며, 학습된 행동이란 경험의 결과로 수정되어 지속적으로 나타나는 행동을 말한다. 인간의 행동 대부분이 학습의 결과로 나타나는 것이지만, 동물의 행동과 지능을 포괄적으로 이해하기 위해서는 반사의 중요성을 간과해서는 안 된다(학습의 다양성과 그에 따른 뇌의 다양한 기능은 이 책의 후반부에서 중점적으로 다루게 된다).

근육과 신경계의 구조는 동물이 진화하는 동안 여러 차례 변화를 겪었다. 현존하는 동물들의 신경계 구조를 비교해보면 동물마다 많은 차이가 있는 것을 발견할 수 있기 때문이다. 인간을 포함한 척추동물의 신경계에는 뇌brain가 포함된다. 하지만 모든 동물이 뇌를 갖고 있는 것은 아니다. 고도로 발달한 뇌가 없는 무척추동물의 신경계는 척추동물의 신경계와는 매우 다른 모습을 하고 있다. 따라서 여러 동물의 신경계의 구조와 기능을 이해하는 것은 지능이 진화해온 과정에 관한 통찰을 얻는 데 있어서 꼭 필요한 일이다. 실제로 인간의 뇌보다 단순한 신경계를 갖고 있는 다른 동물에게서 얻은 연구 결과가 인간의 뇌를 이해하는 데 중요한 단서를 제공하는 경우는 수없이 많다. 그 대표적인 예가 예쁜꼬마선충*Caenorhabditis elegans*이다.

예쁜꼬마선충은 신경계가 지극히 단순하고 비교적 획일적이기 때문에 신경과학자들에게 매우 사랑받는 실험동물이다. 예쁜꼬마선충은 길이 1밀리미터 정도의 선형동물*Nermatoda*로 주로 흙 속에서 서식한다. 예쁜꼬마선충 한 마리를 이루고 있는 세포의 수는 다 합쳐서 3,000개 정도밖에 되지 않는데, 그중의 절반은 생식세포가, 나머지 절반은 체세포가 차지하고 있다. 체세포 중에서도 근육세포는 채 100개도 되지 않지만, 그것만으로도 예쁜꼬마선충이 살아가는 데 반드시 필요한 동작—예컨대 먹을 것을 찾기 위해 머리를 좌우로 움직이는 것과 앞뒤로 방향을 바꿔가며 수영을 하는 것—을 수행하기에는 충분하다.

예쁜꼬마선충의 신경계 역시 비교적 간단하다. 다른 동물처럼 예쁜꼬마선충의 신경계에도 약간의 성차가 존재한다. 예쁜꼬마선충 중에서 수컷은 385개의 신경세포를, 자웅동체인 암컷은 302개의 신경세포

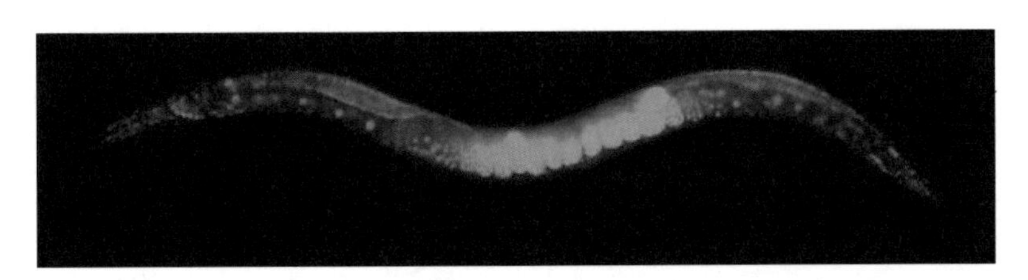

그림5 예쁜꼬마선충

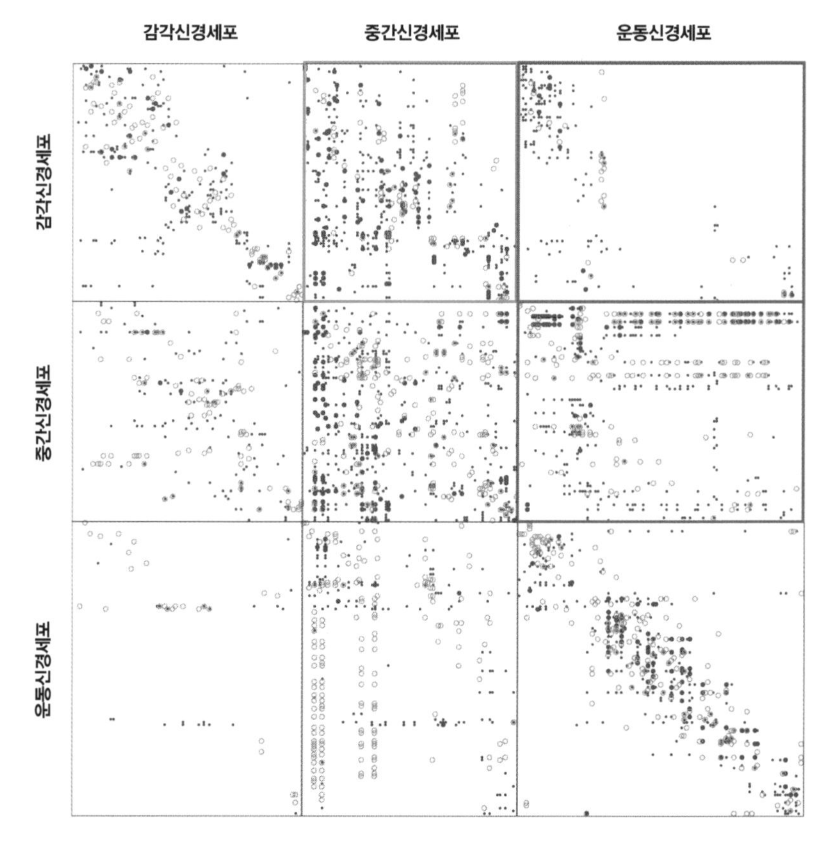

그림6 자웅동체 예쁜꼬마선충의 신경세포 간의 연결도. 세로축 신경세포로부터 가로축 신경세포로 연결되는 화학적 시냅스가 존재할 경우 빨간색 점으로, 전기적 시냅스가 존재할 경우 회색 점으로 표시했다. 크기가 큰 빨간색 점은 두 신경세포 사이에 최소한 5개의 화학적 시냅스가 있음을 나타낸다(Varshney et al., 2011). 이 그림을 보면 알 수 있듯이 감각신경세포는 중간신경세포에 정보를 전달하고(녹색 상자), 운동신경세포는 감각신경세포와 중간신경세포로부터 정보를 받는다(파란색 상자).

를 가지고 있다. 성이 같은 예쁜꼬마선충들은 모두 똑같은 숫자의 신경세포를 가지며 시냅스의 수조차(대략 5,600개) 개체 간에 큰 차이를 보이지 않는 것으로 알려져 있다.[1] 예쁜꼬마선충의 신경세포가 연결되어 있는 모양에서도 알 수 있듯이, 예쁜꼬마선충의 행동 대부분은 그때그때

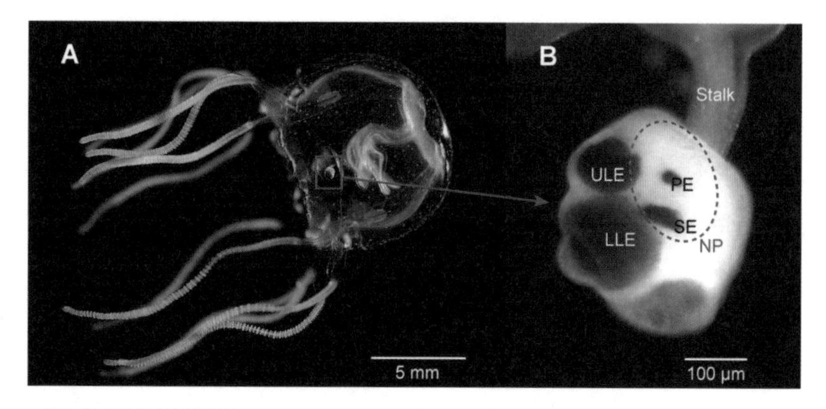

그림7 상자해파리의 일종인 *Tripedalia cystophora*의 감각 기관에 해당하는 로팔륨(rhopalium)을 확대한 것. 로팔륨에는 상안(upper lense eye: ULE) 및 하안(lower lense eye: LLE)과 감광신경망(light sensitive neuropil: LP)이 장착되어 있다(Bielecki et al., 2014).

주어지는 자극에 의해서 전적으로 결정되는 반사 행동이라고 볼 수 있다. 즉 예쁜꼬마선충은 오른쪽에 먹을 것이 있으면 오른쪽으로 수영해 가고, 만일 그곳에 해로운 화학 물질이 있다면 반대쪽으로 회전한다.

예쁜꼬마선충보다는 실험실에서 키우면서 연구하기에 훨씬 까다롭지만, 우리에게 비교적 친근한 무척추동물 중에 특이한 신경계를 가지고 있어서 연구자들의 관심을 끄는 동물로 해파리가 있다. 해파리도 당연히 신경계를 갖고 있는데, 해파리 중에서도 가장 고등한 신경계를 가지고 있는 상자해파리box jellyfish는 렌즈를 장착한 눈을 여럿 갖고 있어 비교적 복잡한 시각 정보도 분석할 수 있으며, 적절한 염분을 찾아서 이동할 수 있는 능력, 해의 위치를 기준으로 특정한 방향으로 수영하는 능력, 포식동물을 피하는 능력, 다른 해파리들과 무리를 짓는 능력도 갖고 있다. 해파리의 지능이 어느 정도인지는 아직 알려지지 않았다. 툭하면 사람에게 독침을 쏘아대기 때문에 그들의 행동을 자세히 관찰하기가 어려운 것이 큰 이유다. 하지만 예쁜꼬마선충과 마찬가지로, 해파리의 행동 대부분도 반사 행동이라고 추측하고 있다.

반사 행동의 한계: 바퀴벌레의 반사

비록 예쁜꼬마선충이 신경과학자들 사이에서 실험동물로 인기가 높고 해파리가 마치 외계인과 같은 신경계를 갖고 있다고는 하나, 우리가 일상에서 더욱 자주 관찰하는 동물은 바퀴벌레 같은 곤충이다. 곤충의 신경계는 예쁜꼬마선충이나 해파리의 신경계보다 척추동물의 신경계와 훨씬 더 비슷하기 때문에 곤충의 신경계를 연구해서 얻는 결과들은 인간의 뇌에 관한 더욱 많은 통찰을 제공한다.

바퀴벌레와 같이 크기가 작은 곤충들에게 가장 무서운 일은 자신보다 더 큰 다른 동물에게 잡아먹히는 일이다. 따라서 바퀴벌레는 자신을 음식으로 생각하고 덤벼드는 동물들을 가능한 한 빨리 발견하고 그로부터 빨리 도망칠 수 있도록 신경계를 작동시켜야 한다. 이러한 기능은 밤낮 상관없이 작동해야 한다. 예컨대 바퀴벌레가 다른 동물의 움직임을 시각적으로 감지하는 신경계에만 전적으로 의존한다면, 아마 어두운 밤중에 다 잡아먹혔을 것이다. 실제로 바퀴벌레는 주위의 미세한 공기의 움직임을 감지하는 쌍꼬리cercus를 가지고 있다. 만일 당신이 바퀴벌레를 잡기 위해 빗자루를 휘두른다면, 바퀴벌레는 빗자루에서 일어나는 공기의 움직임을 감지하는 즉시 반대 방향으로 도망가기 시작한다. 바퀴벌레의 감각세포가 공기의 움직임이 변하는 것을 감지한 후 탈출을 시작하기까지 소요되는 시간은 겨우 14밀리초, 즉 70분의 1초에

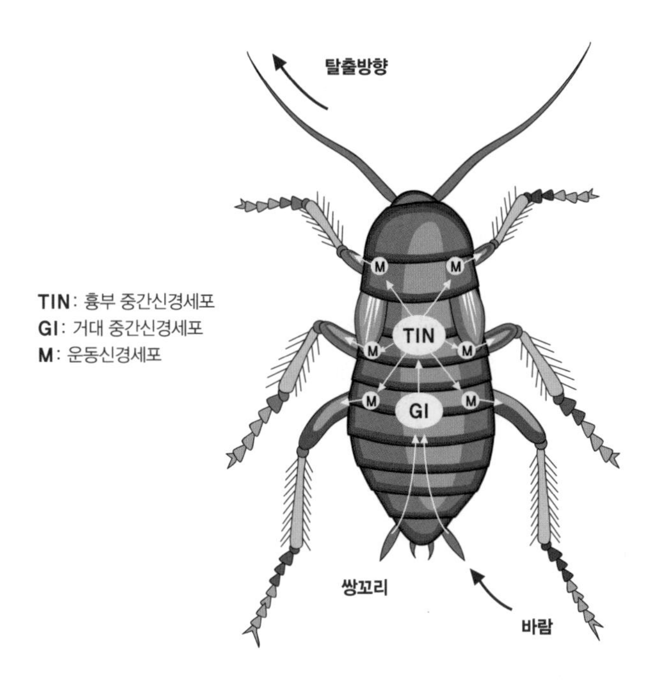

그림8 바퀴벌레의 탈출 반응에 관련된 신경회로

지나지 않는다. 따라서 탈출에 소요되는 시간이 70분의 1초 이상 소요되는 게으른 바퀴벌레는 보다 잽싸게 탈출할 수 있는 바퀴벌레들에 비해 잘 살아남지 못했을 것이다. 먹을 것을 찾는 배고픈 동물들은 동작이 느린 바퀴벌레부터 잡아먹었을 테니 말이다.[2]

실제로 바퀴벌레의 배를 열어보면 탈출 기능을 위한 신경계를 쉽게 찾을 수 있다. 우선, 바퀴벌레의 꽁무니 주위의 쌍꼬리 안에는 주변 공기의 움직임에 민감하게 반응하는 감각세포들이 존재하고 있다. 이 감각세포들은 신경세포들이 밀집되어 있는 배신경절abdominal ganglion 안의 거대 중간신경세포giant interneuron: GI와 연결되어 있어서, 감각세포에서 GI

로 전달된 신호들은 흉부 신경절의 또 다른 중간신경세포thoracic interneuron: TIN를 거쳐 바퀴벌레의 다리근육을 통제하는 운동신경세포에 전달된다. 공기 흐름의 갑작스러운 변화가 감지되면 그 정보는 이와 같은 비교적 간단한 신경 회로를 거쳐 탈출 반응을 유발하기 때문에 탈출 반응을 시작하기까지 아주 짧은 시간이 소요되는 것이다. 인간들에게 사랑 받지 못하면서도 바퀴벌레가 멸종되지 않은 이유 중의 하나가 탈출 반응에 있어 이렇게 놀라운 성능을 자랑하는 신경계 때문이다. 인간도 바퀴벌레처럼 단순한 신경계를 이용해 반사로 모든 문제를 해결할 수 있었다면 복잡한 신경계나 커다란 뇌를 가질 필요가 없었을 것이다. 하지만 반사에는 몇 가지 한계점이 있다.

바퀴벌레의 탈출 반응과 같은 반사 행동은 신체 특정 부위에서 생기는 공기의 움직임같이 특정한 자극이 발생했을 때 신경세포들 간의 연결 구조에 의해 미리 정해진 다리 근육의 움직임을 유발함으로써 일어난다. 이 과정은 공기의 움직임이 발생한 정확한 이유가 무엇인지, 그러한 자극을 받기 전에 바퀴벌레가 무엇을 계획하고 있었는지 등, 경우에 따라서 중요할 수도 있는 기타 요인에 영향을 받지 않는다. 그저 쌍꼬리 언저리에 바람이 불면 무조건 탈출 반응으로 연결되는 것이다. 만일 당신이 바퀴벌레를 어여삐 여겨 애완동물로 키우면서 돌보려 한다고 해보자. 당신이 아무리 바퀴벌레에게 호의를 품고 먹이를 주며 귀여워하려 해도, 바퀴벌레는 쌍꼬리에 바람이 불면 도망치기를 그치지 않을 것이다. 바퀴벌레의 신경계는 자기를 잡아먹으려는 포식자들이 접근하고 있다면 가장 적합한 탈출 반응을 가능한 한 신속하게 만들어낼 수 있는 장점이 있는 반면, 그렇게 도망치는 것이 필요 없는 경우에도 여전히 불필요한 탈출 반응을 유발시킨다는 단점을 가지고 있다. 즉 반사는 경직된 행동이다. 동일한 자극에 대해서 주위의 상황에 따라 그때그때 서로 다른 행동을 선택해야 한다면, 반사는 적합한 의사결정 방식이 아닌 것이다. 반면 특정한 자극에 대해서 어떤 상황에서라도 동일한 행동을 유발해야 한다면 인간의 뇌처럼 복잡한 신경계를 가지고 있는 동물에게도 반사는 아주 적합한 행동이다. 대표적인 예로 음식물이 잘못해서 기도로 내려갔을 때 질식사를 피할 수 있게 해주는 구토 반사를 들 수 있다.

뇌의 커넥톰

신경계의 크기와 구조는 지구상에 존재하는 동물의 종류만큼이나 다양하다. 일반적으로 곤충이나 갑각류와 같은 무척추동물에 비해서, 포유류, 조류, 파충류, 양서류, 어류를 포함하는 척추동물의 신경계는 훨씬 더 많은 신경세포를 가지고 있다. 하지만 신경세포의 수보다 더 중요한 것은 그것의 위치와 연결 상태다. 대부분의 동물은 이동 시에 신체의 특정 부위가 앞서 나가는 경향이 있다. 그렇게 되면 주위 환경으로부터 유용한 감각 정보 대부분이 신체의 전면을 통해서 들어오기 때문에, 정보의 효율적 처리를 위해서 신경세포들 또한 신체의 앞부분에 집중적으로 분포하게 된다. 따라서 많은 동물에서 신경세포는 대부분 머리 안에 존재한다. 특히 척추동물의 신경세포는 머리 속에 더욱 집중되어 있으며, 뇌라는 복잡한 구조를 이룬다. 무척추동물의 경우는 뇌가 그 외의 신경계와 확실히 구별되지 않는 경우도 많이 있고, 해파리나 예쁜꼬마선충같이 신경계가 단순한 동물은 아예 뇌가 없다고 볼 수 있지만, 척추동물의 뇌는 척추뼈 안에 들어 있는 척수spinal cord와 분명히 구별된다. 인간을 포함한 척추동물의 경우, 복잡한 행동의 대부분은 뇌의 제어를 받는다.

신경세포들의 상호작용의 결과로 동물이 행동을 선택하게 된다는 것은, 동물의 지능이 신경계의 구조에 의해서 결정된다는 것을 의미한다. 만일 우리가 어느 특정한 동물의 신경계의 구조와 기능을 완전히 파악할 수 있다면, 그 동물의 행동과 의사결정의 방식에 대한 모든 것을 이해할 수 있을 것이다. 예를 들어 감각신경세포 하나와 운동신경세포 하나로 구성되어 있는 지극히 단순한 신경계를 가진 가상의 동물을 생각해보자. 그와 같은 동물의 행동과 지능을 이해하려면, 우선 감각신경세포가 어떤 자극에 대해서 반응하는지를 알아내야 할 것이다. 그리고 운동신경세포가 흥분했을 때 어떤 행동을 유발하는지, 이 두 신경세포 사이에 존재하는 시냅스가 흥분적인지 억압적인지를 알아내야 할 것이다. 만일 그와 같은 동물의 감각신경세포가 빛에 반응하고, 운동신경세포가 흥분하면 동물의 입 주위의 근육을 수축시켜 입을 열리게 하고, 그 두 개의 신경세포 사이에는 흥분적 시냅스가 존재한다는 사실을 알아냈다고 해보자. 그러면 우리는 빛을 비추었을 때 이 가상의 동물이 어떻게 반응할지 예측할 수 있다. 당연히 이 동물은 입을 벌릴 것이다. 또한 유전자 조작을 통해서 감각신경세포와 운동신경세포 사이의 시냅스를 억압적인 시냅스로 교체한다고 해보자. 그러면 이 동물은 빛을 비출 때마다 입을 다무는 행동을 보이게 될 것이다.

감각신경세포의 수와 종류가 늘어나면 동물은 더욱 다양한 종류의 자극에 반응할 것이다. 또한 운동신경세포와 그것이 제어할 수 있는 근육이 늘어나면 동물이 취할 수 있는 행동의 종류도 늘어날 것이다. 하지만 동물의 행동을 이해함에 있어서 더 중요한 것은, 과연 감각신경세포와 운동신경세포들이 서로 어떻게 연결되어 있는가 하는 것이다. 만일 동물의 신경계에 포함되어 있는 신경세포와 시냅스의 수가 그리 많지 않다면, 신경세포들이 연결되어 있는 배선도 또는 회로도만 보고도 그 동물의 행동을 완전히 예상할 수 있을지도 모른다. 이렇게 특정한 동물의 신경계 전체를 회로도로 그린 것을 '커넥톰connectome'이라고 한다. 동물의 전체 신경계를 조사해 커넥톰을 완성하고 그로부터 동물의 행동을 예측하는 일이 이론적으로는 가능할지 모르지만, 현실적으로는 지극히 어려운 일이다. 신경세포의 수가 300여 개에 불과하고 시냅스는 5,000여 개 정도인 예쁜꼬마선충의 경우는 커넥톰이 완성되었음에도 행동을 예측하는 것이 아직은 불가능하다. 그렇다면 그보다 더 복잡한 신경계를 가지는 곤충이나 척추동물의 커넥톰으로부터 그들의 행동을 과연 얼마만큼 정확하게 예측할 수 있을지는 몹시 흥미로운 질문이다.

근육을 제어하는 다양한 장치들

인간과 같이 발달된 뇌를 가진 동물은 반사 행동보다 더 복잡하고 다양한 행동을 만들어 환경 변화에 유연하게 대처할 수 있다. 하지만 행동이 복잡해질수록 그 행동을 연구하기는 물론 더 어려워진다. 특히, 의사결정의 문제를 해결하는 과정을 이해하기 위해서는 대상의 행동을 관찰하여 왜 그런 의사결정을 내렸는가(의도)와 그 결과로 나타나는 행동 사이의 상관관계를 검증할 수 있어야 하는데, 의도와 행동은 일대일로 대응되지 않는 경우가 많다. 의도가 다를 때도 겉으로 나타나는 행동(즉, 근육의 움직임)은 동일할 수 있다. 간단한 예로 눈을 깜박이는 행동을 생각해보자. 만일 어떤 사람이 나를 향해서 한쪽 눈을 깜박거렸다면, 그것은 그 사람이 나에 대한 관심의 표현으로 윙크를 한 것일 수도 있지만, 눈에 들어간 불순물을 제거하기 위한 반사적 눈깜박임일 수도 있다. 눈을 깜박이게 되는 것은 그 의도가 무엇이든지 상관없이 뇌 안의 안면신경핵facial nucleus에 있는 신경세포들이 흥분한 결과, 눈가를 이루는 근육인 안륜근orbicularis oculi muscle이 수축을 하기 때문이다. 따라서 누군가가 눈을 깜박인 진정한 이유를 알기 위해서는 안륜근의 활동이나 운동신경세포의 활동을 측정하는 것만으로는 부족하다. 그보다 더 깊은 곳에서 일어나는 뇌의 활동을 측정해야 한다.

물론 뇌 안에 있는 수많은 신경세포의 활동을 측정하고 그 의미를 완벽하게 해석할 수 있다면 인간의 모든 행동이 무슨 목적으로 이루어졌는지 이해할 수 있겠지만, 그와 같은 일은 당분간 불가능의 영역에 속한다. 우리가 할 수 있는 일은 그보다 훨씬 적은 양의 제한된 정보를 이용해서 인간의 행동과 지능에 관한 통찰을 얻는 것이다. 뇌가 근육으로 보내는 신호들이 그 행동의 목적과 상관없이 공통적으로 반드시 통과해야 하는 부위를 최종 공통 경로final common pathway라고 한다. 예를 들어 피아노를 연주할 때와 기타를 연주할 때 같은 손가락을 사용한다면, 손가락을 움직이는 데 필요한 근육을 제어하는 운동신경세포가 바로 최종 공통 경로에 속하게 된다. 따라서 특정한 행동의 목적을 파악하기 위해서는 최종 공통 경로에 도착하는 신호들이 어디서부터 오는지를 알아야 한다. 앞으로 더 자세하게 살펴보겠지만 인간의 뇌에는 근육을 제어하는 많은 제어 장치가 존재한다.

안구 운동의 예

그와 같은 여러가지 종류의 제어 장치가 어떻게 복잡한 행동을 만들어 내는지를 좀 더 자세하게 살펴보기 위해서 안구 운동에 대해 알아보고자 한다. 안구 운동은 시지각 정보를 정확하게 받아들이기 위해 눈 주위의 근육(안근ocular muscle)으로 눈동자를 움직이는 운동으로, 당신이 의식하고 있든 그렇지 않든 지금도 활발히 일어나고 있다. 인간은 다른 영장류와 마찬가지로 시각을 통해서 자신의 환경에 관한 많은 정보를 수집한다. 그런데 인간의 망막에 맺히는 영상은 컴퓨터의 화면에 영상이 투사되는 것처럼 모든 영역이 균일하게 분석되는 것은 아니다. 영장류의 눈은 망막의 중심와fovea에 맺히는 영상이 가장 고화질로 처리되도록 설계되어 있기 때문에, 우리가 책을 읽는다든지 다른 사람의 얼굴 표정을 파악하려고 할 때 특정 물체를 정확하게 인식하기 위해서는 눈동자를 원하는 곳으로 회전시키는 등 안구를 정확하게 제어하는 것이 필수적이다. 분명 안구 회전은 다른 신체 부위를 제어하는 것보다는 상당히 단순한 일이다. 그럼에도 불구하고 안구를 회전하는 방식에는 최소한 네 가지가 있다.

전정안반사

전정안반사vestibulo-ocular reflex는 동물의 눈이 부착되어 있는 머리가 움직이더라도 망막에 맺히는 영상이 흔들리지 않도록 고정시키는 안구 운동을 말한다. 사진을 찍을 때 카메라가 흔들리면 사진이 뿌옇게 나오는 것처럼, 동물의 눈도 머리를 따라 흔들리면 사물이 또렷이 보이지 않게 된다. 이 문제를 해결하는 것이 바로 전정안반사인 것이다. 전정안반사는 뇌가 흔들리는 것을 감지하는 전정기관vestibular organ에서 받아들인 신호에 따라 안구 근육을 제어함으로써 머리가 움직이는 반대방향으로 눈동자를 움직이는 역할을 한다.

전정안반사는 안구 운동 중에서 가장 단순한 운동이며, 진화 과정에서 가장 먼저 등장했을 것으로 추측된다. 전정안반사를 담당하는 신경회로도 매우 간단해, 전정기관의 감각신경세포들과 안구 근육을 수축시키는 안구 운동 신경들 사이에는 오로지 단 한 층의 중간신경세포만이 존재할 뿐이다. 실제로 전정안반사가 시작되는 데 걸리는 시간은 100분의 1초밖에 되지 않는다. 이처럼 전정안반사는 그 속도가 매우 빨라서 망막에 맺힌 영상이 심하게 흔들리기 전에 안구를 머리와 반대 방향으로 움직여 시야를 고정시킬 수 있도록 한다.

시운동반사

시운동반사optokinetic reflex도 전정안반사처럼 망막에 영상을 고정시키는 안구 운동으로, 시야 전체가 특정한 방향으로 움직일 때 자동으로 그 움직임을 따라잡는 반사 행동이다. 극장에서 영화를 보다가 화면 전체가 서서히 이동하게 되면, 눈동자를 움직여 이를 따라잡게 되는데 이것이 바로 시운동반사다.[3]

같은 반사 운동이라도 전정안반사는 전정기관으로 들어오는 정보를 이용하는 반면, 시운동반사는 눈을 통해 들어오는 시각 정보를 이용한

다는 점에서 차이가 있다.[4]

도약안구 운동

도약안구 운동saccade은 주변 시야에 들어온 영상을 포착하기 위해 한 지점에서 다른 지점으로 시선을 신속하게 이동하는 운동으로 '사카드 saccade'라고도 한다. 도약안구 운동은 평균적으로 1초당 서너 번 일어나며 수면 중에도 계속된다. 이처럼 속도가 빠름에도 불구하고 도약안구 운동은 반사에 의한 행동이 아니다. 즉, 주위의 자극에 의해서 자동적으로 결정되는 것이 아니라, 우리가 원하는 물체를 선택해서 자발적으로 만들어내는 운동이다.

사람들은 1초에도 서너 번씩 도약안구 운동을 통해서 시선을 어디로 옮길지에 대한 의사결정을 하고 있다. 지금 이 책을 읽고 있는 독자가 가장 최근에 내린 의사결정 또한 지금 막 읽은 단어를 선택해서 도약안구 운동을 시행한 것일 테다. 영장류의 뇌에는 도약안구 운동을 전담하는 특수한 회로들이 존재한다. 예를 들어 인간의 뒤통수 아래쪽에 위치

그림9 앨프리드 야부스(Alfred Yarbus)가 분석한 도약안구 운동이 일어나는 궤적. 자료가 된 그림(왼쪽)은 일리야 레핀(Ilya Repin)의 〈불청객(Unexpected visitor)〉이다. 중간 그림과 오른쪽 그림에 표시된 안구 운동은 관찰자가 자유롭게 그림을 관찰하거나 그림 속에 있는 가족의 경제적 상태를 짐작하려고 했을 때 발생한 것이다.

한 소뇌cerebellum의 안쪽에 있는 상구superior colliculus라는 부위가 바로 도약안구 운동에 관한 명령을 내리는 곳이다.

추적안구 운동

추적안구 운동smooth pursuit eye movement은 움직이는 물체를 따라가며 응시하는 자발적 안구 운동이다. 추적안구 운동을 만들기 위해서는 망막에 맺힌 영상 정보를 대뇌에서 분석하여 우리가 파악하려고 하는 물체가 움직이는 속도를 계산한 후, 그 물체가 중심와에 계속 머물도록 안구 근육을 수축 또는 이완해야 한다.

추적안구 운동 중 안구가 움직이는 방식과 안구 근육이 수축하거나 이완하는 방식은 시운동반사가 일어날 때와 동일하다. 하지만 이 두 가지 안구 운동은 담당하는 뇌의 부위도 다를 뿐더러 여러 면에서 차이가 있다. 가장 중요한 차이점은 추적안구 운동은 도약안구 운동과 마찬가지로 우리가 응시하고자 하는 물체를 선택한 결과로 나타난다는 것이다. 즉, 추적안구 운동은 시야의 대부분이 고정되어 있는 상태에서 우리가 응시하는 물체가 이동할 때 나타나는 것이다. 반면 시운동반사는 시야 전체가 움직일 때 우리의 의사와는 상관없이 자동으로 발생하는 반사 행동이다

*

인간의 경우에는 단지 물체를 관찰하기 위해서 뿐만 아니라 사회적 의사소통을 위해서 안구 운동을 하기도 한다. 가령 자신보다 위계가 높은

상대방 앞에서는 시선을 아래로 내리깐다거나(이 행동은 인간에서만이 아니라 집단 생활을 하는 영장류에서도 발견된다) 상대방의 의견에 동의하지 않는다는 의미로 눈알을 위쪽으로 향하기도 한다. 이처럼 안구 운동에는 여러 가지 종류가 있을 뿐 아니라, 그 각각의 안구 운동을 만들어내는 뇌의 구조도 다양하다. 그중에는 전정안반사와 시운동반사와 같은 반사도 포함되어 있지만, 도약안구 운동이나 추적안구 운동처럼 자발적인 의사결정의 결과물도 있다. 안구 운동 대부분의 본래 목적은 중요한 시각 정보를 정확하게 받아들이는 것이지만, 개개의 안구 운동은 뇌의 여러 부위에 위치한 다양한 제어 장치 간의 협업의 결과로 만들어진다. 예컨대 우리 눈동자는 머리의 움직임에 반해 눈앞의 영상을 고정시키려면 어느 방향으로 눈을 굴려야 할지, 어떤 물체를 집중적으로 볼 것인지, 심지어 사회적 관계를 고려해 어디는 보면 안 되는지 등의 여러 의사결정을 거친 후 한곳으로 움직이는 것이다. 비교적 목표가 명확하고 원리가 단순한 안구 운동조차 여러 가지 의도와 다양한 제어 방식이 개입된 결과로 나타나는 것이라면, 그보다 더 복잡한 행동을 분석하기는 얼마나 힘들지 더 말할 필요가 없다. 요지는 겉으로 드러난 결과가 동일해 보이는 행동이라도 그것을 만들어낸 목적이나 작동 방식은 상이할 수 있으니 동물의 행동을 분석할 때는 이와 같은 변수들을 제어하기 위해 주의를 기울여야 한다는 점이다.

지금까지 지능의 정의와 그것이 동물의 행동으로 나타나는 양상에 대해 살펴보았다. 지능은 생명체가 주위 환경에서 맞닥뜨리는 문제들을 해결하기 위해 마련된 일종의 도구로, 그것은 자연 세계에서 결국 '행동'이란 형태로 나타난다. 하지만 뇌구조가 발달된 동물일수록 그 행동을 분석하기는 더욱 어려우므로, 단지 행동을 분석하는 것만으로 지능의 본질을 탐구하기 어렵다. 그렇다면 지능을 연구하기 위해서 과학자들은 어떤 방법을 사용해왔는가? 다음 장에서는 지능을 연구하는 방법들에 대해 알아보겠다.

2장

뇌와 지능

인간은 그때 그때 주어진 상황에 따라 각기 다른 행동을 선택할 수 있다. 예쁜꼬마선충이나 바퀴벌레처럼 자극에 따라 정해진 반사적인 행동만을 할 수 있는 것이 아니라, 큰 뇌를 이용해 어떤 행동이 주어진 상황에서 가장 자신의 생존과 번영에 이득이 되는지 판단한 후 그 행동을 취할 수 있는 것이다. 이처럼 융통성 있게 행동을 선택할 수 있는 능력, 즉 의사결정 능력은 아마도 뇌를 가진 생명체의 특권이다. 뇌가 있음으로 해서 생명체는 행동에 다양한 선택지가 있음을 인지하고, 수집된 정보를 이용해 여러 행동들의 비교 우위를 따질 수 있으며, 그중에서 최적의 행동을 선택할 수 있는 것이다. 앞 장에서 이러한 과정 전반을 일컬어 지능이라고 정의했다. 다시 말해 지능을 이해하는 것은 곧 의사결정에 있어서 뇌의 역할을 이해하는 것이라고 할 수 있다.

하지만 의사결정이 일어나는 과정을 과학적으로 분석하는 작업은 결코 쉬운 일이 아니다. 뇌를 연구하는 데 있어서도, 단순히 유전학, 생화학 또는 신경생리학 같은 단일한 분야의 방법론에 의존해서는 지능을 완전히 이해하기 어렵다. 그 이유는 지능이 많은 차원을 갖고 있기 때문이다. 우선 지능은 생명체가 당면하는 환경에 적응한 결과로 생겨난 것이기에 지능의 복잡도와 성능을 평가하는 일은 생명체의 환경과 연관해서 행해져야 한다. 일단 개체가 처해온 환경을 비교하는 것부터가 문제가 된다. 물론 하루 종일 집에서 텔레비전만 본 사람과 복잡한 도시 곳곳을 돌아다닌 사람 중 누가 더 다양한 환경에 노출되었는지는 쉽게 알 수 있다. 그러나 대부분의 상황에서는 이러한 단순 비교가 불가능하다. 개미가 자기 몸무게의 10배가 넘는 먹이를 들고 10미터 떨어진 곳에 있는 둥지에 돌아가는 것과 인간이 저녁 식사를 준비하기 위해 시장에 들러 찬거리를 사서 집에 돌아오는 것 중 어느 쪽이 더 다양하고 도전적인 환경을 접했다고 말할 수 있는가? 이렇듯 서로 다른 종의 동물이나 여러 사람이 경험하는 환경 중 어떤 것이 더 복잡하고 단순한지 분명하게 판단내리긴 어렵다. 현실 세계에서 인간이나 동물이 경험하는 환경은 잘 설계된 심리학 실험과는 달리 매우 불규칙하게 변화하기 때문에 더더욱 어려움을 가중시킨다.

마찬가지로, 의사결정이 얼마나 복잡한지를 수량화하는 것도 간단한 문제가 아니다. 사람이 인위적으로 만들어낸 게임들 중에서도 오목이나 바둑같이 선수들이 선택할 수 있는 행동의 수가 분명하게 정해져 있는 경우에는 게임의 규칙과 경우의 수를 가지고 게임의 복잡도를 직접 비교하는 것이 가능하다. 하지만 대부분의 스포츠 경기들처럼, 각 선수가 선택할 수 있는 전략이나 행동의 내용이 복잡한 경우에는 게임의 복잡도를 쉽게 정의할 수 없다. 예를 들어 축구와 야구 중에 어떤 종목이 더 복잡한 의사결정을 요구하는가는 연구자의 관점에 따라서 달라질 수 있다.

이렇듯 의사결정을 정량화하는 문제를 해결하기 위해 신경과학자들은 경제학의 효용 이론을 도입하게 되었다. 효용이란 선택 가능한 대상(여기서는 행동)의 가치값을 일컫는 용어로, 서로 다른 행동들 간의 비교우위를 정량화하여 인간의 경제 활동 중에 내려지는 의사결정의 특성을 이해할 수 있도록 돕는다. 여기서도 효용 이론을 도입하여 의사결정 중에 뇌에서 일어나는 일을 효용으로 설명해보고자 한다. 의사결정과 관련된 뇌의 기능을 연구하는 신경과학의 한 분야를 신경경제학neuroeco-nomics이라고 한다. 이와 같이 경제학과 신경과학의 만남을 통해 우리는 지능의 본질에 한 걸음 더 다가갈 수 있을 것이다.

효용 이론

인간은 선택의 기로에서 자신이 원하는 특정한 물체나 행동을 어떻게 고르는 것일까? 의사결정에 관한 이론의 대부분은 효용utility, 효용함수utility function 또는 그와 유사한 가치value와 같은 개념들에 기반을 두고 있다. 경제학에서 말하는 효용에는 크게 두 가지가 있다. 그중 서수적 효용ordinal utility은 서로 다른 대상들 중에 어느 것이 더 선호되는가의 순서만을 다루는 반면, 기수적 효용cardinal utility은 선호도의 높고 낮음을 실수로 표현한다(실수는 3/4 같은 유리수나 π 같은 무리수를 포함한다). 서수적 효용에 비해서 기수적 효용은 다른 실수들과 마찬가지로 다양한 연산을 적용할 수 있기 때문에 편리한 면이 있다. 따라서 이 책에서는 기수적 효용만을 다룰 것이다. 이렇게 각 대상에 효용이 부여되면 그중 효용이 가장 높은 대상이 선택된다. 예를 들어 빨간색, 노란색, 파란색의 서로 색이 다른 우산이 있다고 하자. 만일 빨간색, 노란색, 파란색 우산의 효용값이 각각 1, 2, 3으로 주어졌다고 하면, 이는 파란색 우산을 택하는 것이 최선의 선택이라는 의미다. 마찬가지로, 누군가가 파란색 우산을 선택했다면 이것은 파란색 우산의 효용이 빨간색이나 노란색 우산의 효용보다 크다는 것을 의미한다.

선택 가능한 모든 대상에 효용처럼 특정한 값을 할당하여 정량화할 수 있다는 것은 이 대상들을 선호도에 따라 순서대로 나열할 수 있다는 것을 뜻한다. 이런 경우, 우리는 선호도가 '이행성transitivity'을 충족한다고 말한다. 예를 들어, 사과보다 배를 좋아하고 배보다 귤을 좋아하는 사람이 있다고 하자. 만일 이 사람의 과일에 대한 선호도가 이행성을 따른다면, 이 사람은 사과보다 귤을 더 좋아할 수밖에 없다. 이렇게 효용값이 이행성을 충족하는 이유는 실수들의 대소 관계 또한 이행성을 준수하기 때문이다. 세 개의 실수 a, b, c 사이에서 a > b와 b > c가 성립한다면 a > c도 성립한다. 효용값도 실수이므로, 선호도가 효용값의 대소 관계에 의해서 결정된다는 것은 선호도가 이행성을 준수한다는 것을 의미한다.

의사결정에 관한 연구에서 효용 이론이 중요한 역할을 하는 이유는, 효용이 선택의 문제를 쉽게 해결하는 방법을 제시하기 때문이다. 사실 선택의 대상이 되는 모든 행동이나 물체의 효용값을 알고 있다는 것은 의사결정의 문제를 해결했다는 것과 마찬가지다. 의사결정 과정이 아무리 복잡하더라도 가장 큰 효용값을 가지는 대상을 선택하기만 하면 문제는 해결되기 때문이다. 또한 효용값을 알고 있다면 선택 가능한 모든 대상 중 일부분만 주어진 경우에도 손쉽게 문제를 해결할 수 있다. 예를 들어 내가 사는 동네에 10개의 식당이 존재한다고 해보자. 그런데 이 식당들이 매일 문을 여는 것이 아니라 어떤 식당은 문을 닫을 수도 있다. 그렇다면 같은 날 두 곳 이상의 식당이 문을 열게 되는 경우의 수는 1,013개에 달한다. 만일 이 식당들 각각에 효용값이 정해져 있지 않다면, 그날 문을 연 식당의 조합이 바뀔 때마다 의사결정의 문제는 매번 달라질 것이다. 즉, 어떤 날엔 1번에서 5번까지의 식당 중에서 하나를 선택해야 하고, 그 다음날에는 3번에서 9번까지의 식당 중에서 하나를 선택해야 하듯이 말이다. 반면에 모든 식당의 효용값이 정해져 있다면, 식당의 조합에 상관없이 그중에서 가장 큰 효용값을 갖는 식당을 선택하면 문제는 해결된다.

효용이 의사결정에서 중요한 역할을 하는 또 한 가지 이유는, 의사결정 과정에 항상 동반되는 불확실성과 시간 지연 등의 문제들을 효용값을 이용하면 비교적 손쉽게 다룰 수 있기 때문이다. 행동의 결과를 완벽하게 예측할 수 있다면, 많은 경우 큰 고민 없이 의사결정을 내릴 수 있다. 원하지 않는 사고들을 미연에 방지할 수 있는 것은 물론이고, 상금을 탈 수 있는 복권을 골라서 사는 것도 가능할 것이다. 하지만 현실에서 우리가 선택할 수 있는 모든 행동의 결과에는 항상 불확실성이 존재한다. 더욱이 대부분의 경우 우리가 선택한 행동의 결과는 바로 나타나지 않는다. 어떤 경우에는 원하는 결과가 나왔는지 확인하기 위해서 여러 해를 기다려야 하는 경우도 있다. 이와 같이 원하는 결과가 불확실하거나 지연된다면 우리가 그와 같은 결과를 가져올 수 있는 행동을 선택할 가능성은 대부분 줄어들게 된다. 이처럼 사람들의 의사결정이 예상되는 결과의 확률에 따라서 어떻게 달라지는가를 연구하는 데 효용 이론이 중요한 역할을 한다.

의사결정에 영향을 주는 요인들

의사결정은 단순히 가장 좋은 결과를 가져다 주는 선택이 아니다. 여러 변수와 요소를 고려해 대상들 간의 비교 우위를 결정하는 역동적인 과정이다. 효용 이론은 이러한 의사결정의 역동성을 설명하는 데 매우 유용하다.

단순히 생각하면 어떤 사건이 일어날지 불확실한 상황에서 그 사건이 일어날 확률과 그때 얻어지는 결과량을 곱한 값인 기댓값이 그 사건의 효용값이라고 생각할 수도 있다. 하지만 기댓값과 효용값이 항상 일치하는 것은 아니다. 예를 들어, 상금이 100만 원인 복권의 가격이 만 원이라고 해보자. 당신은 이 복권을 사겠는가? 당연히 그 대답은 복권이 당첨될 확률이 얼마인가에 달려 있을 것이다. 복권의 상금과 그 상금을 탈 확률을 알면, 그 둘을 곱해서 기댓값을 계산할 수 있다. 예컨대 복권에 당첨될 확률이 10%라면, 그 복권의 기댓값은 10만 원이 된다. 만일 기댓값을 효용으로 삼아서 의사결정을 하는 사람이 있다면, 그 사람은 복권의 가격이 10만 원 미만일 경우에만 그 복권을 구입할 것이다. 하지만 기댓값보다 낮은 가격에 살 수 있는 복권은 복권을 파는 사람에게 손해가 되므로 극히 드물다. 사실 없다고 봐도 좋다. 모든 복권의 가격은 기댓값보다 높게 매겨진다. 그럼에도 불구하고 수많은 사람이 복권을 산다는 사실은 사람들이 의사결정을 할 때 사용하는 복권의 효용값과 복권의 기댓값이 다르다는 것을 의미한다.

복권에 대한 결정뿐 아니라 불확실성이 존재하는 많은 종류의 의사결정에서 효용값과 기댓값은 일치하지 않는다. 그 이유는 크게 두 가지다. 하나는 기댓값을 계산할 때 사용되는 객관적인 지표와 효용이 반드시 비례하지 않기 때문이다. 돈의 액수나 음식의 양처럼 정량화할 수 있는 지표도 항상 효용값과 일치하지는 않는다. 특히 음식의 맛, 삶의 질처럼 수치로 객관화하기 어려운 지표들은 효용값과 비례하지 않을 가능성이 더 많다. 또 다른 이유로는 효용을 계산할 때 필요한 정확한 확률값을 구하기 어렵다는 점이다. 예를 들어 하루 동안 전기가 끊길 확률이나 교통사고를 당할 확률 같은 값들은 정확하게 측정하기 위해서는 한평생 수행할 수 있는 것보다 더 많은 관찰이 필요하다. 따라서 살아가는 동안 필요한 의사결정에 사용할 수 있는 값들은 부정확한 것들이 대부분이다. 하지만 기댓값을 효용으로 사용하든 그렇지 않든 확실한 것은, 원하는 결과를 얻게 될 확률이 낮아지면 그에 따라 효용값도 낮아지게 된다는 사실이다.

마찬가지로 원하는 결과를 얻을 때까지 기다려야 하는 시간이 늘어날수록 보통 효용값은 줄어든다. 이렇게 원하는 결과가 지연될 것이 예상됨에 따라 그에 대한 효용값이 줄어드는 것을 '시간 할인temporal discounting'이라고 한다. 당연히 시간 할인의 정도가 커질수록 미래에 얻을 수 있는 보상보다는 지금 당장 얻을 수 있는 보상에 치중하게 된다. 예를 들어 어떤 사람이 당신에게 지금 당장 10만 원을 받거나 일주일 후에 20

만 원을 받는 것 중 하나를 택하라고 한다면 당신은 어떻게 하겠는가? 아마 지금 바로 10만 원이 절실한 상황이 아니라면 많은 사람이 일주일을 기다린 후 20만 원을 받기를 선택할 것이다. 이렇게 보상이 주어지는 시간이 다른 경우들을 놓고 선택하는 것을 시간 간 선택intertemporal choice이라 한다. 시간 간 선택 과제는 연령이나 지능, 그 밖의 여러 가지 심리학적 변수에 따라 사람들이 어떻게 행동하는가를 연구하는 데 많이 사용되어 왔다.

그중에서도 가장 잘 알려진 연구는 마시멜로 실험이다. 월터 미셸Walter Mischel 교수에 의해 1960년대에 처음 시작된 이 실험에서는 5세 내지 6세의 아이에게 비교적 간단한 의사결정의 문제가 주어진다. 아이들은 지금 당장 과자(또는 마시멜로) 하나를 먹고 그냥 집에 갈 것인지, 아니면 실험자가 잠시 외출했다가 돌아올 때까지 기다린 다음 과자 두 개를 먹을 것인지 결정해야 했다. 실험자는 과자 하나를 아이의 바로 앞에다 두고 방을 나간 후, 과연 이 아이가 얼마나 기다릴 수 있는지 측정했다. 실험 결과는 아이들의 반응에 상당한 개인차가 있다는 것을 보여주었다. 어떤 아이는 실험자가 방을 나가는 즉시 과자를 먹어버리는 반면, 어떤 아이들은 실험자가 돌아올 때까지 인내심을 갖고 기다렸다. 미셸 교수와 그의 동료들은 자신의 실험에 참가했던 아이들이 자라서 어른이 된 현재 모습을 조사하여, 과자 하나를 더 먹기 위해서 기다릴 수 있는 능력이 그 아이들의 인생에 어떤 역할을 했는지를 연구했다. 그 결과 아이가 5살이나 6살 때 보여주었던 인내심의 정도가 수십 년이 지나 어른이 된 후에도 삶의 다양한 면에서 영향을 미치는 것으로 나타났다. 어렸을 때 인내심이 강했던 아이는 지능 지수와 수능 점수도 높았고, 의사나 변호사가 될 가능성도 높았으며, 경제적으로 수입이 많았다. 반면 여러 가지 질병에 걸릴 확률이나 범죄를 저지를 확률은 낮았다.

미셸의 연구는 시간 간 선택과 만족을 지연시킬 수 있는 능력의 중요성을 잘 보여준다. 이처럼 현재의 작은 보상을 마다하고 더 큰 보상을 받기 위해서 기다릴 수 있는 능력이야말로 인간만이 가진 중요한 특징이라고 할 수 있다. 실제로 다양한 동물을 대상으로 원하는 먹이를 두 배 더 많이 얻기 위해서 얼마나 기다릴 수 있는가를 측정해보면, 비둘기 같은 조류보다는 쥐와 같은 포유류가 인내심이 더 큰 것을 알 수 있다. 같은 영장류들 간에도 원숭이보다는 침팬지 같은 유인원이 더욱 인내심이 많다. 물론 우리가 아는 동물 중에서 가장 인내심이 강한 동물은 바로 인간이다. 심지어 어떤 사람은 가장 좋아하는 일을 마지막까지 남겨두기도 한다. 예를 들어 모듬 초밥을 먹을 때 가장 좋아하는 초밥을 남겨두었다가 마지막에 먹는 경우가 그렇다. 이와 같은 행동은 원하는 결과가 지연되었을 때 효용이 오히려 증가한다는 것을 의미하기 때문에 음적 시간 할인negative temporal discounting 또는 음적 시간 선호negative time preference라고 한다.

미래에 얻을 수 있는 더 큰 보상을 위해서 현재의 작은 보상을 포기할 수 있는 능력은 사회적인 측면에서도 중요한 의미를 갖는다. 왜냐하면 협동이나 규칙을 지키는 것처럼 사회적으로 바람직한 행동들은 많은 경우에 즉각적으로 보상이 따르지 않기 때문이다. 이 책의 후반부에서 더욱 자세히 알아보겠지만, 인간들이 서로 돕고 경우에 따라 이타적인 행동을 하는 이유는 자신의 명성을 유지하기 위한 경우가 적지 않다. 좋은 명성을 유지하는 데 따르는 혜택은 불확실할 뿐 아니라 대부분의 경우에는 오랜 시간이 지난 후에 돌아오게 되므로, 그와 같은 혜택은 인내심이 강한 사람에게 더욱 큰 의미를 지닌다는 것을 알 수 있다.

부리단의 당나귀

경제학적인 관점에서 볼 때 모든 선택의 배후에는 효용값이 존재하고, 선택이란 단순히 가장 큰 효용값을 갖는 대상을 파악하는 과정이라고 할 수 있다. 그렇다면 만일 두 가지의 선택 가능한 대상이 똑같은 효용값을 갖는다면 어떻게 될까? 예를 들어서, 고된 노동으로 목이 마르고 배도 고픈 당나귀에게 물과 음식을 동시에 제공하였다고 하자. 만일 물과 음식의 효용값이 완전히 일치한다면, 효용값이 더 큰 대상을 찾으려는 당나귀의 노력은 수포로 돌아갈 것이고, 불쌍한 당나귀는 영원히 선택을 하지 못한 채 결국 탈진하고 말 것이다! 이 이야기는 14세기 프랑스 철학자의 이름을 빌려 '부리단의 당나귀Buridan's ass'라는 이름으로 불리고 있다.

과연 부리단의 당나귀와 같은 일이 실제로 발생할 수 있을까? 살다 보면 별로 차이가 나지 않는 대상들 중에서 하나를 선택해야 하는 경우가 자주 발생한다. 만일 대상들 사이에 큰 차이가 있는 경우라면 쉽게 결정을 내릴 수 있지만, 그렇지 않은 경우에는 선택을 하기 위해 많은 시간과 노력을 들이게 되는 경우가 종종 있다. 바로 부리단의 당나귀가 혼령이 되어 돌아온 것이다. 물론 시간이 많이 걸린다 하더라도 사람들은 결국에는 선택을 하게 된다. 그 이유는, 아무리 비슷한 물건이라 하더라도 완벽하게 동일한 두 물체가 물리적으로 존재하지 않기 때문이기도 하지만, 설사 그런 물체가 존재한다고 해도 효용값을 계산하고 처리하는 신경 과정이 불완전하기 때문이다.

중요한 선택이란 무엇을 선택하는가에 따라 그 결과에 큰 차이가 나는 경우를 말한다. 이를 볼 때 중요한 선택과 어려운 선택은 반드시 일치하지 않음을 알 수 있다. '부리단의 당나귀'처럼, 중요하진 않으나 어려운 선택이 많이 있다. 가게에서 많은 음료수 중 하나를 고르는 일이나 식당에서 무엇을 먹을지를 결정하는 일도 그렇다. 현대 사회를 사는 인간이 잘 아는 식당에 가서 이미 선택된 좋은 재료와 요리법에 따라 조리한 음식들 중에서 하나를 고르는 일은 대부분 생명이나 건강에 큰 영향을 미칠 정도로 중요한 결정이 아니다. 예를 들어 중식당에 가면 우리는 흔히 짜장면과 짬뽕 중에서 무엇을 시킬지 고민을 한다. 이와 같은 선택이 늘 어렵게 느껴지는 한 가지 이유는 미각의 적응 현상 때문이다. 짜장면이 우리에게 주는 맛의 즐거움은 짜장면이 입안에 들어오는 순간부터 급속도로 감소하기 때문에, 짜장면을 시키고 나면 짬뽕이 더 먹고 싶어지는 것이다.

효용 이론의 한계

효용이 의사결정의 문제에서 중요한 역할을 하는 것은 사실이지만, 그렇다고 해서 인간이나 동물이 의사결정을 할 때마다 효용값을 계산하고 그에 따라 선택을 하리라는 보장은 없다. 아닌 게 아니라, 사람이나 동물의 행동은 효용 이론의 기본이 되는 이행성을 준수하지 않는 경우가 많다. 특히 의사결정 과정에서 여러 가지 기준을 고려해야만 하는 경우에는 이행성이 자주 위배된다. 예를 들어서, 가격과 성능에서 모두 차이가 나는 세 대의 차 A, B, C가 있다고 생각해보자. 가격 면에서는 A차보다는 B차가, B차보다는 C차가 우월하지만(A차＜B차＜C차), 성능 면에서는 반대로 A차＞B차＞C차의 순이라고 하자. 어떤 사람이 차 전시장에 들어와 이 차들을 비교해보고 있다. 그 사람은 가격보다는 성능이 중요하다고 말한다. 그래서 세일즈맨이 그 사람에게 B차와 C차를 보여주자 그는 성능이 우수한 B차를 선호했다. 세일즈맨이 A차도 보여주자 그 사람은 B차보다는 A차를 선호했다. 그런데 갑자기 다른 사람이 들어와 B차를 사서 가져가버렸다. 이제 선택 가능한 차는 A차와 C차뿐이다. 이때 그 사람은 어떤 선택을 할까? 만일 그가 이행성을 따르는 소비자라면 여전히 A차를 선택할 것이다. 하지만 B차가 사라지고 나자 A차와 C차 사이에 존재하는 가격차가 더욱 선명하게 부각되어 이제 그는 A차의 높은 가격에 불만을 품고 C차를 선호할 수도 있다! 이처럼 선택 가능한 대상의 조합이 달라질 때 선택의 기준이 달라지면 이행성이 쉽게 위배될 수 있다. 이행성이 위배된다는 것은 소비자의 행동을 간결하게 설명할 수 있는 효용이 존재하지 않는다는 것을 의미한다. 효용 이론에 의존하는 경제학자에게는 치명적인 결과이다. 하지만 사람들의 선택이 이행성을 위배한다는 것이 꼭 효용 이론을 완전히 무용지물로 만드는 것은 아니다. 각 소비자들이 선택할 수 있는 대상의 조합이 바뀔 때마다 효용값을 새로 계산한다고 가정하면, 선택의 기준이 달라짐으로 인해 이행성이 위배되는 것을 설명할 수 있기 때문이다. 그러나 이와 같은 방식으로 문제를 해결하는 것은 간명하지 않기 때문에 바람직하지는 않다. 누가 어떤 방식으로 의사결정을 하더라도 거기에 따른 효용값을 만들어내는 것이 가능하기 때문이다.

효용 이론의 또 다른 문제점은 이행성이 만족된다고 하더라도 효용값이 모든 의사결정 과정에 항상 사용되는 것은 아니라는 점이다. 의사결정 과정에서 효용값이 전혀 고려되지 않았더라도 효용에 따라 내려진 의사결정과 동일한 결과가 나올 수 있다. 예를 들어 해바라기의 줄기는 마치 성장 가능한 각각의 방향에 대해서 효용을 계산하고 그중에서 가장 높은 효용값을 갖는 방향(즉, 해를 바라보는 방향)으로 성장하는 것처럼 보일 수도 있지만, 정말로 해바라기에 그와 같은 효용값을 계산하는 기관이나 세포가 존재해서 효용을 계산한 결과로 성장 방향을 정한 것인지, 아니면 효용과는 관계없는 다른 메커니즘이 해를 바라보는 방향을 정한 것인지는 알 수 없다. 예를 들어 해바라기는 매일 아침 해가 뜨는 동쪽을 향하고 있다가 해를 따라 서서히 서쪽으로 방향을 바꾼다. 이런 해바라기의 고갯짓은 광합성의 효용을 극대화하는 행동처럼 보이지만 실제로는 그렇지 않다. 실제로 아침에 해바라기를 심어 놓은 화분을 180도 돌려서 해바라기가 서쪽을 향하게 해놓으면, 해바라기는 그날 하루 동안 해를 따라가는 대신 점점 동쪽으로 방향을 바꾼다. 이와 같은 결과는 해바라기의 반응이 태양광을 추적하기 위해서 효용을 극대화한 것이 아니라 미리 설정된 기계적 반응이었음을 의미한다. 이렇듯 효용 이론만으로는 이 두 경우를 구별하지 못한다.

실제로 경제학자들은 '효용이 정말 존재하는가'라는 질문에 대한 대답을 거의 포기했다. 하지만 효용 이론은 이미 수많은 경제학 이론의 기반을 제공하고 있기 때문에, 경제학에서 효용 이론을 완전히 배척할 수는 없었다. 따라서 경제학자들은 효용 이론이 우리가 관찰할 수 있는 인간의 의사결정과 경제적 현상을 설명할 수 있다면, 인간의 뇌가 실제로 효용을 계산해 의사결정을 하든 하지 않든 상관없이, 효용에 관한 이론은 실용적 가치를 갖고 있다고 주장한다. 효용 이론처럼 실제로 존재하지 않더라도 마치 존재하는 것처럼 가정해 현상을 설명할 수 있는 이론을 흔히 '마치 이론as-if theory'이라고 부르곤 한다.

대다수의 경제학자들이 효용이 정말 존재하는지의 문제를 별로 중요하게 생각하지 않는 또 다른 이유는, 실제로 효용이 존재하더라도 그와 같은 효용을 계산하고 그 결과를 이용해서 행동을 선택하는 뇌의 기능을 이해할 수 있는 방법이 존재하지 않았기 때문이다. 하지만 지난 수십 년 동안 신경과학은 눈부신 발전을 거듭했다. 특히 인간이 의사결정을 하는 동안 뇌에서 효용과 관련된 신호를 측정할 수 있게 됨으로써, 의사결정과 관련된 뇌의 기능을 연구하는 학문 분야인 신경경제학이 새롭게 도래한 것이다. 신경경제학의 대두로 이제 뇌의 활동을 측정함으로써 개인이 어떤 선택을 할지 예측할 수 있게 되었을 뿐만 아니라, 더 나아가 효용이 정말로 존재하는지를 실험적으로 검증하여 기존의 효용 이론을 보완할 수 있게 되었다.

신경경제학의 성과들은 매우 다양한 분야에서 응용될 수 있다. 예를 들어 특정 상품에 관한 소비자의 효용을 뇌로부터 직접 측정할 수 있다면 어떨까? 예전에는 신제품을 개발하고 광고 방법을 마련하기 위해 설문이나 소비자 인터뷰를 진행했다. 하지만 이 방법은 참가자들이 조사자의 예측이나 의도에 신경을 쓸 경우 응답 결과에 편향이 나타날 수 있으므로 참가자들의 선호도에 대한 정확한 정보를 얻기 힘들다는 한계가 있다. 하지만 뇌의 활동을 직접 측정할 경우에는 참가자들의 취향에 대해 참가자 자신도 모르고 있던 정보까지 알아낼 수 있을지도 모른다. 실제로 이 방법은 '신경마케팅neuro-marketing'이란 이름으로 연구되고 있다.[1]

신경경제학의 연구 결과 중에서 가장 도발적인 것은 효용을 인위적으로 조작하는 것도 가능하다는 주장이다. 이미 1950년대에 제임스 올즈James Olds와 피터 밀너Peter Milner는 쥐를 대상으로 레버를 누르면 쥐의 뇌에서 쾌락과 관련된 부위에 전기적 자극이 가해지는 장치를 고안해 실험한 결과, 쥐들은 전기적 자극을 받기 위해 탈진할 때까지 레버를 누르기를 반복한다는 사실을 발견했다. 비슷한 결과를 사람에게서도 관찰할 수 있다. 예를 들어 로버트 히스Robert Heath는 중격핵septal nuclei을 전기적으로 자극하면 피험자가 오르가즘을 경험하는 것을 입증했다. 신경외과 의사와 환자에게 그럴 의도만 있다면, 뇌 안에 전극을 삽입하여 환자가 원할 때 강력한 쾌감을 경험토록 하는 것이 가능한 것이다. 만일 이와 같은 일이 수술보다 간단한 시술을 통해서도 가능해진다면 어떻게 될까? 뇌 자극을 통해서 효용값을 변화시키는 일이 가능해진다면, 당신은 어떤 선택을 할 것인가? 그와 같은 뇌 자극을 사용할 것인가? 이를 선택하기 위해 당신의 뇌는 뇌 자극의 효용을 계산하려고 할 것이다. 그런데 과연 효용을 마음대로 변화시킬 수 있는 절차 그 자체의 효용을 계산하는 것이 가능할까? 설사 그와 같은 기술이 도래한다고 해도, 섣불리 뇌에 전극을 부착하기 전에 이 문제에 대해 진지하게 고려해봐야 할 것이다.

의사결정은 행복을 위한 것인가

신경경제학의 연구 결과는 인간 사회의 여러 분야에 중대한 영향을 미칠 수 있다. 특히 효용과 행복이 밀접한 관련이 있다는 점을 감안하면, 신경경제학이 삶의 질을 개선하는 데 얼마나 큰 영향을 줄 수 있을지 분명해진다. 행복 추구는 대한민국의 헌법이나 미국의 독립선언문에도 언급될 만큼 보편적으로 인정받는 인간의 권리다. 하지만 행복을 정의하기란 쉽지 않으며, 과연 행복을 과학적으로 정의하고 연구할 수 있는가에 대해서도 학자들 간에 의견이 다르다. 그럼에도 여기서 행복을 언급하는 것은 행복과 효용 간에 존재하는 유사점과 차이점을 살펴보기 위함이다. 그러기 위해서 우선 행복이라는 말에는 크게 두 가지 의미가 있다는 점을 분명히 해두어야 한다.

행복의 한 가지 의미는 자신의 현재 상태에 만족하고 있다는 것이다. 누군가 자신이 "행복하다"라고 말한다든지 다른 사람에게 얼마나 행복한지 질문을 할 때, 행복은 바로 그런 의미로 사용된다. 이러한 의미의 행복을 '경험 행복experienced happiness'이라고 부를 수 있다. 한 개인의 경험 행복을 측정하기 위해서는 그 사람에게 직접 얼마나 행복한지 물어보는 것밖에 방법이 없다. 하지만 인간이 항상 자신의 경험이나 기분 상태를 객관적으로 정확하게 보고한다고 믿을 수는 없기 때문에, 언어적 보고에만 의존해서는 경험 행복을 객관적으로 연구하기 어렵다. 이 방법에는 또한 인간 이외의 동물에게서 언어적 보고를 얻을 수 없다는 한계도 있다. 하지만 신경경제학에서는 경험 행복이 뇌의 기능이라고 가정한다. 따라서 뇌의 활동을 통해서 경험 행복을 측정할 수 있다면, 경험 행복이 결정되는 과정을 과학적으로 연구하는 일이 가능해질 것이다.

행복은 미래에 특정한 조건이 충족되었을 때 얼마나 큰 만족을 얻을 것인가에 대한 예측의 의미로도 사용될 수 있다. 그와 같은 의미의 행복을 '예상 행복anticipated happiness'이라고 부른다. 예상 행복은 실제로 경험하는 행복이 아니기 때문에 단지 추측에 지나지 않는다. 하지만 개인이 의사결정 과정에서 예상 행복의 수준이 가장 높은 선택을 한다고 볼 수 있다면, 이제 예상 행복은 효용과 동일한 의미를 갖게 된다. 즉 인생의 목표가 행복이라는 말은 경제학적으로 해석하면, 인생에는 효용함수가 존재한다는 것과 같은 말이다. 물론 이 말은 예상 행복에만 적용된다.

만일 사람들이 자신이 원하는 바를 이루었을 때 실제로 자기가 얼마나 행복해질지를 정확하게 예측할 수 있는 능력이 있다면, 예상 행복과 경험 행복은 항상 일치할 것이다. 불행하게도 예상 행복과 경험 행복에는 많은 차이가 존재한다. 대부분의 사람들은 복권에 당첨돼서 많은 돈을 벌게 되면 평생 동안 행복할 수 있을 것이라고 생각하지만 실제로 복권으로 큰 돈을 번 사람들의 행복감은 그리 오래가지 않는다. 반대로 하반신 불구가 되는 것처럼 불운한 일이 생기게 되면 평생 불행할 것이라고 예상하지만, 실제로 그와 같은 사고를 경험한 사람들은 예상했던 것보다 빨리 행복감을 회복하곤 한다. 그와 같은 현상들은 인간의 행복에는 설정점set point이 존재해, 좋은 일이나 나쁜 일이 생기더라도 일정한 시간이 지나고 나면 행복감은 그와 같은 기저 수준으로 회귀한다는 것을 의미한다.

이처럼 행복감이 기저 수준으로 회귀하는 경향은 뇌가 외부에서 들어오는 물리적 자극에 대해서 반응하는 보편적 방식 중 하나다. 사람이

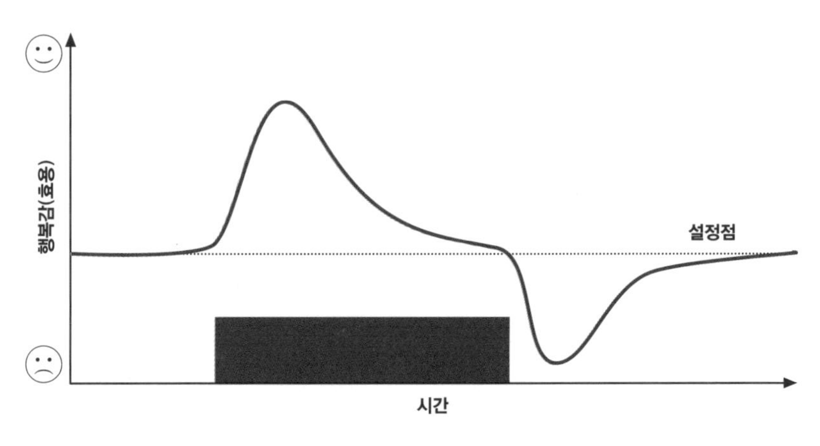

그림1 시간에 따른 행복감의 변화

나 동물이 동일한 자극을 반복해서 경험하게 되면 결국에는 감각적 순응이 일어나게 되어 그와 같은 자극에 대한 민감도가 줄어들게 된다. 이와 같은 순응이 보편적으로 존재하는 이유는 뇌가 주로 환경의 변화에 촛점을 맞추려고 하기 때문이다. 예를 들어 극장같이 어두운 곳에 들어간 직후에 눈앞이 캄캄해졌다가 몇 분이 지나고 나서야 점차 사물이 보이기 시작하는 것은 '암순응dark adaptation'이라고 불리는 과정을 통해서 우리의 시각계가 어두운 환경에 적응을 하기 때문이다. 거꾸로 어두운 곳에 있다가 밝은 곳으로 나오면 처음에는 눈이 부셨다가 점점 시각을 회복하는 명순응이 일어나게 된다. 그 결과로 우리는 밝은 곳과 어두운 곳을 자주 오가더라도, 세상이 밝아졌다든지 어두워졌다고 오랫동안 느끼지 않고 환경에 재빨리 적응할 수 있다.[2]

설정점 이론은 실험적으로 입증할 수 있다. 다음 실험을 보자. 일정한 길이의 통로 끝에 사료를 놓아두면, 쥐들은 통로를 가로질러 달려가는 것을 쉽게 학습하게 된다. 이때 실험자는 쥐들의 절반을 대상으로는 통로에 사료를 두 알만 놓아두고, 나머지 절반에 대해서는 여섯 알을 놓아두었다. 그러면 여섯 알의 사료를 앞에 둔 쥐들이 두 알의 사료를 앞에 둔 쥐들보다 더 빠른 속도로 목표점에 도달하는 것을 확인할 수 있다. 물론 이 실험의 목적은 이렇게 뻔한 결과를 알아보려는 것은 아니다. 이제 두 알과 여섯 알의 사료에 익숙해진 두 실험군 모두에서 사료의 개수를 네 알로 통일시켜보자. 어떤 일이 벌어질까? 만일 사료의 양이 쥐의 운동 속도를 결정하는 유일한 요인이라면, 두 실험군의 쥐들은 이제 똑같은 속도로 통로를 달릴 것이다. 그러나 실제로 실험을 해보면 이전에 두 알의 사료를 받던 쥐들은 여섯 알의 사료를 받던 쥐보다 더 빠른 속도로 통로를 횡단하는 것으로 나타난다. 이런 결과는 설정점 이론으로 설명할 수 있는데, 쥐들이 통로를 달리는 동기의 수준은 사료의 절대적인 양이 아니라, 그것이 이전에 비해서 늘었는지 줄었는지에 의해 결정되는 것이다. 이것은 쥐들의 통로를 통과하고자 하는 동기에 적응 현상이 일어났다는 것을 의미하므로, 이와 같은 현상을 '동기 대조incentive contrast'라고 한다. 1940년에 행해진 이 실험은 적응 현상이 감각 현상뿐 아니라 동기의 수준에도 적용된다는 것을 보여준 최초의 실험이었다.[3]

인간의 행복감도 이렇게 쉽게 적응 과정을 거치므로 아무리 좋은 일이 일어난다 하더라도 결국에는 설정점으로 회기하고 만다는 사실은, 결국 우리가 아무리 노력해도 지속적인 행복을 누린다는 것이 불가능함을 의미한다. 마치 쳇바퀴를 돌리는 다람쥐처럼 아주 잠깐 동안만 바닥을 벗어날 수 있을 뿐이라 하여, 이 현상을 흔히 '쾌락의 쳇바퀴hedonic treadmill'라고 부른다. 행복이 오래 지속될 수 없다는 사실은 동서양의 여러 사상가와 종교인도 이미 알고 있던 것이다. 그래서 어떤 이들은 금욕주의 사상을 택하기도 했다. 실제로 행복의 설정점이 존재한다면, 뜻밖에도 쾌락을 주는 대상을 가급적 피하는 금욕주의적 삶이 더욱 쉽게 행복해지는 방법일 수도 있다. 왜냐하면 금욕을 하는 동안 인간의 뇌는 행복에 대한 기대 수준을 낮추게 되므로, 그 결과 아주 사소한 일이라도 좋은 일이 생기면 그때마다 적지 않은 행복감을 얻을 수 있기 때문이다.

효용 이론과 뇌

앞에서도 언급했듯이, 행동을 관찰하는 것만으로는 효용의 존재를 확인할 수 없으므로 인간의 의사결정 과정에서 효용이 어떤 역할을 하는지를 알기 위해서는 뇌 안을 직접 들여다봐야 한다. 인간의 의사결정은 뇌의 기능이므로, 만일 인간의 의사결정 과정이 효용에 의해 결정되는 것이라면 선택 가능한 대상에 관한 효용값들을 뇌에서 직접 측정할 수도 있을 것이다. 또한 뇌에서 효용값을 직접 측정하는 것이 가능해진다면 그 사람의 선택을 예측하는 것도 가능해질 것이다. 물론 이것은 살아 있는 사람의 뇌 안에 있는 신호들을 아주 정확하게 측정할 수 있다는 것을 전제로 한다. 의사결정과 효용에 관한 이론적 토대를 마련했던 경제학자들은 효용을 측정할 수 있는 기계를 상상하고, 이미 19세기 말에 그런 기계를 위해 '쾌락계hedonometer'라는 이름까지 지어두었다. 그렇지만 이런 실험이 가능해진 것은 비교적 최근의 일이다.

살아 있는 인간의 뇌에서 효용과 관련된 신호를 측정하는 데는, 자기공명영상Magnetic Resonance Imaging: MRI이라는 방법이 중요한 역할을 하고 있다. 원래 MRI는 주로 물에 포함되어 있는 양성자proton, 즉 수소 원자의 핵을 자기적으로 흥분시킬 때 발생하는 신호가 주변 신체 조직의 특성에 따라 바뀐다는 점을 이용해서 조직의 구조를 관찰하는 데 사용하는 장치이다. 그런데 1980년대 말에 MRI를 이용해서 혈액의 산소 함유량을 측정함으로써 뇌의 혈류에 관한 정보를 얻을 수 있다는 것을 발견하게 되고, 그 결과로 뇌의 기능적인 활동을 측정할 수 있는 방법이 등장하게 되었다. 이를 '기능적 자기공명영상functional Magnetic Resonance Imaging: fMRI'이라고 한다. fMRI는 혈중 산소량이 어떻게 변화하는가를 나타내는 볼드Blood-Oxygen-Level-Dependent: BOLD 신호를 관찰함으로써 간접적으로 뇌의 활동을 측정하는 것이다.[4] 정상인의 뇌에서 신경세포의 활동전압을 직접 측정하는 것이 아직은 불가능하기 때문에, 이러한 간접적인 방법이 사용되는 것이다.

뇌 연구에 fMRI가 본격적으로 사용되기 시작한 1990년대 중반부터 의사결정과 관련된 뇌의 기능을 연구하는 신경경제학이 활기를 띄기 시작했다. 인간의 뇌에서 효용과 관련된 신호를 찾기 위한 연구만 해도 수백 건에 달한다. 물론 그 많은 실험의 구체적인 내용을 자세히 들여다보면 많은 차이가 있다. 어떤 실험에서는 여러 가지 종류의 음식을 사용해 뇌에서 활성화되는 부위를 찾았는가 하면, 어떤 실험에서는 돈의 액수를 달리하는 정량적 실험으로 뇌의 활성이 변화하는 정도를 측정했고, 어떤 실험에서는 일정한 돈을 얻을 수 있는 확률을 변화시키기도 했다. 그 외에도 야한 사진이나 웃긴 이야기처럼 사람들이 좋아할 만한 것은 거의 모두 실험에 사용되었다. 이와 같이 다양한 실험들에서 공통적으로 발견하고자 했던 것은 인간의 뇌에서 효용과 관련된 신호가 존재

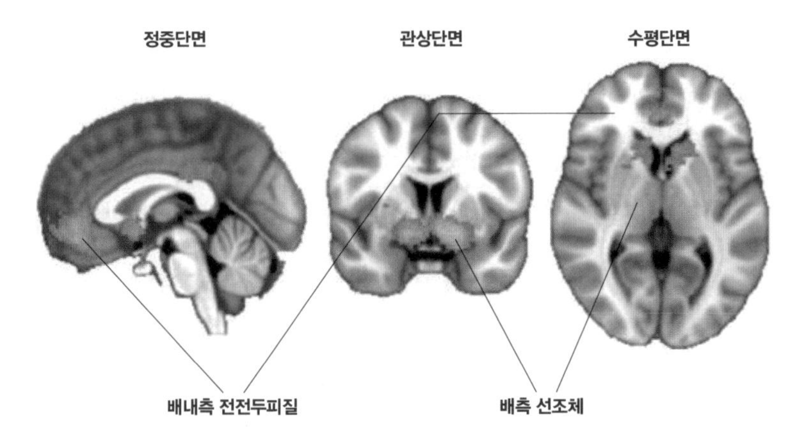

그림2 효용과 관련된 신호를 보여주는 배내측 전전두피질(vmPFC)과 배측 선조체(VS). 효용과 관련된 신호를 나타내는 부위는 노란색으로 표시했다(Bartra et al., 2013).

하는 영역들이다. 수많은 실험과 검증이 이루어진 결과, 신경경제학자들은 인간의 뇌 중에서도 특히 전두엽의 일부인 배내측 전전두피질ventromedial prefrontal cortex: vmPFC과 기저핵basal ganglia의 일부인 배측 선조체ventral striatum: VS를 효용과 관련해 중요한 역할을 하는 뇌 영역으로 지목했다. 연구자들은 fMRI를 이용해 이들 영역에서 측정되는 볼드 신호가 피험자에게 제시된 사물의 효용값에 따라서 변화한다는 것을 보여주었다. 그와 같은 결과들은 이 두 영역이 효용값을 계산하는 것과 관련된 기능을 수행하고, 따라서 의사결정에 관한 중요한 역할을 한다는 것을 시사한다. 하지만 볼드 신호가 신경세포의 활동을 정확하게 반영하는 것은 아니기 때문에, fMRI 결과만으로는 뇌의 특정한 부위가 의사결정과 관련하여 정확하게 어떤 기능을 수행하는가에 대해 만족스러운 대답을 제공하지 못한다. 이러한 한계를 극복하기 위해 연구자들은 인간이 아닌 다른 동물을 대상으로 전기생리학적인 실험을 시행해 보다 정확하게 신경세포들의 기능을 연구하려는 노력을 해왔다.

뇌를 직접 들여다보는 방법

fMRI보다 더 직접적으로 뇌 안을 들여다보는 방법은 바로 신경세포의 활동전압을 직접 측정하는 것이다. 1장에서 설명했듯이 활동전압은 신경세포 간에 신호를 주고 받을 때 발생하는 전위차이므로, 활동전압은 혈류량보다 뇌 활동에 대해서 더욱 자세한 정보를 제공한다. 그러나 활동전압은 매우 복잡한 양상을 보이므로 그것을 측정해 의미 있는 결과를 이끌어내기는 여간 어려운 일이 아니다. 실제로 신경세포에서 포착한 신호를 증폭시킨 후 스피커에 연결해서 그 소리를 들어보면 마치 팝콘을 구울 때 옥수수 알이 튀는 것 같이 중구난방인 소리가 나온다. 이를 해결해 활동전압을 측정하는 정교한 방법을 마련하고 신경세포 기능 연구의 토대를 마련한 사람은 영국의 생리학자 에드거 에이드리언 Edgar Douglas Adrian이다. 그는 신경세포 간에 일어나는 활동전압의 빈도 변화를 통해 정보가 전달된다는 것을 규명했고 이와 같은 연구의 중요성을 인정받아 1932년 노벨 생리의학상을 수상했다.

1920년대에 에이드리언은 당시에는 최첨단 기술에 해당하는 진공관vacuum tube으로 만들어진 증폭기amplifier와 전위계electrometer를 이용해서 개구리의 좌골신경sciatic nerve에서 발생하는 활동전압을 관찰했다. 그는 개구리의 뒷다리에 추를 매달고 추의 무게를 변화시키며, 근육 속에 존재하는 감각세포들로부터 좌골신경을 통해 척추로 전달되는 활동전압이 어떻게 달라지는지 관찰했다. 그 결과 에이드리언은 근육에 매달린

추의 질량이 늘어날 때, 정해진 시간 동안 발생하는 활동전압의 빈도가 달라진다는 것을 발견하였다. 반면 활동전압의 형태나 전압의 변화 폭 등은 달라지지 않았다. 따라서 에이드리언은 추의 질량에 관한 정보는 활동전압의 형태나 크기가 아니라 빈도에 의해서 전달된다는 결론을 내리게 되었다.

에이드리언의 발견은 지난 100년 동안 수많은 실험을 통해 여러 차례 확인되었다. 예를 들어 대뇌의 시각피질에 있는 신경세포에서는 시

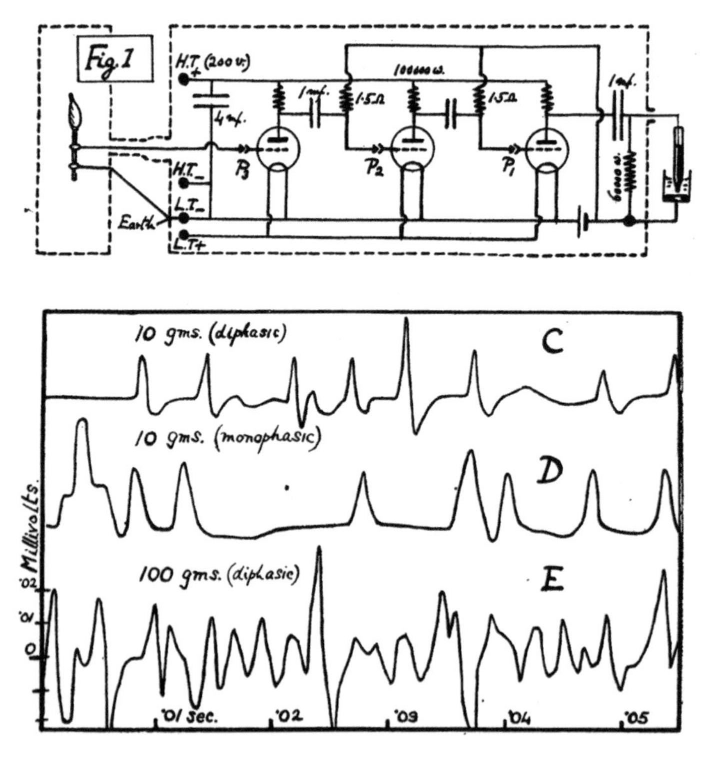

그림3 에이드리언이 사용한 진공관 증폭기의 회로(위)와 이를 이용해서 개구리 좌골신경에서 얻어낸 활동전압들의 기록(아래)

야의 특정 부위에 존재하는 선이나 경계선이 어떤 각도로 기울어져 있는가에 따라 활동전압의 빈도가 결정되고, 운동피질에 있는 신경세포에서는 특정한 근육에서 만들어지는 힘의 세기나 운동 방향에 따라 활동전압의 빈도가 변한다. 그에 따라 신경세포가 전달하는 정보의 내용을 연구하는 데 있어서 활동전압의 빈도가 보편적으로 사용되고 있다.

앞에서도 언급했듯이 fMRI 기법은 뇌 활성을 측정하는 간접적인 방법이다. 비록 신경세포들이 다양한 신호를 전달하기 위해서 활동전압의 빈도를 변화시키고 그러기 위해서 더 많은 혈액의 공급을 요구하더라도, fMRI 기법을 사용해서 뇌에서 일어나는 모든 신경세포의 활동을 측정할 수 있는 것은 아니다. 그 이유는 fMRI의 공간적인 해상도와 시간적인 해상도가 개개의 신경세포들과 활동전압을 관찰하기에 충분하지 않기 때문이다. 대뇌피질에 있는 신경세포의 크기는 대략 50분의 1밀리미터인데 반해서, fMRI의 공간적 해상도는 1밀리미터 정도에 해당한다. 또한 활동전압은 대략 1000분의 1초 정도 지속되는데 반해서 fMRI의 시간적 해상도는 1초가 넘는다. 따라서 fMRI를 이용해서 신경세포의 활동을 관찰하기 위해서는 뇌의 특정한 장소에 서로 유사한 신호를 전달하는 신경세포들이 집중되어 있어야 한다. 다행히도 뇌 안에 있는 신경세포들은 아무렇게나 분포되어 있는 것이 아니라, 비슷한 신호를 전달하는 신경세포들끼리 한 장소에 밀집해 있는 경향이 있다. 이와 같은 경향은 감각과 운동의 기능을 담당하는 대뇌피질에서 특히 두드러진다. 한편 시간적 해상도의 문제를 해결하기 위해서는 신경세포가 전달하는 정보의 내용이 너무 빠른 속도로 변화하지 않도록 특별한 조치를 취해야만 하는데, 이 조건 또한 감각과 운동 기능을 담당하는 뇌

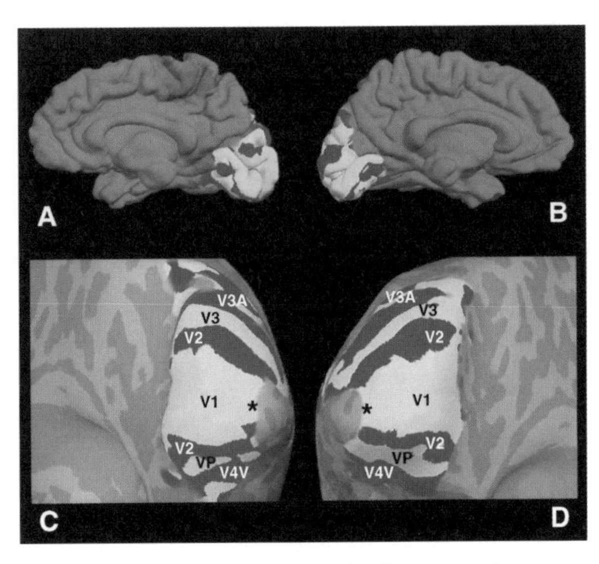

그림4 fMRI로 확인한 인간의 시각 피질(Tootell, 1998)

의 영역을 연구할 때는 상대적으로 쉽게 충족시킬 수 있다. 따라서 fMRI가 등장한 이후, 감각피질과 운동피질의 기능에 대한 연구가 가장 먼저 활기를 띠기 시작하였다. 예를 들어 fMRI를 이용해서 시각 정보를 처리하는 대뇌피질의 윤곽을 파악하기 위해서는 피험자가 다양한 시각 자극이 포함된 동영상을 보고 있을 때와 그렇지 않을 때 볼드 신호의 차이를 비교하면 된다. 그와 같은 실험의 결과는 살아 있는 인간의 뇌에서 시각피질의 위치를 선명하게 보여준다.

현재 fMRI 기법은 살아 있는 인간의 뇌를 연구하는 데 중요한 도구로 사용되고 있지만 신경세포의 활동을 직접 확인할 수 없다는 문제점이 있기 때문에 이 기법이 의사결정과 관련된 뇌의 기능을 연구할 때 어떤 역할을 할 수 있을지는 미지수다. 그렇기 때문에, 비록 fMRI가 전전두피질과 기저핵 같은 곳에서 효용과 관련된 신호들을 발견하는 데 크게 기여하기는 했지만, 뇌 속의 수많은 신경세포가 어떻게 효용값을 계산하고 의사결정에 영향을 미치게 되는지를 더욱 자세히 이해하기 위해서는 동물을 이용한 실험이 반드시 필요하다. 특히 인간의 뇌와 비슷한 구조와 기능을 갖고 있는 원숭이의 뇌를 연구하는 것은, 비교적 복잡한 의사결정에 관여하는 신경세포들의 활동을 측정할 수 있는 중요한 기회를 제공한다.

그와 같은 예로 필자가 진행한 한 연구에서 원숭이의 전전두피질과 기저핵에 있는 신경세포들이 의사결정을 하는 동안 어떤 역할을 하는지를 알아보기 위해 원숭이들에게 시간 간 선택을 하도록 훈련을 시켰다. 이 실험에서 우리는 컴퓨터의 화면에 녹색 표적과 적색 표적을 보여주고 그중 하나의 표적으로 안구 운동을 하도록 한 후, 원숭이가 녹색 표적을 선택하면 주스 두 방울을, 적색 표적을 선택하면 주스 세 방울을 마실 수 있는 기회를 주었다. 하지만 원숭이가 원하는 주스가 항상 바로 나오는 것은 아니었고, 원숭이가 선택을 한 후 주스가 나올 때까지의 시간도 일정하지 않았다. 우리는 매 시행마다 주스가 나올 때까지 걸리는 시간을 해당 표적 주위에 작은 노란색 동그라미의 개수로 표시해주었다. 그러면 원숭이들은 노란색 동그라미의 수를 보고 주스가 나올 때까지 기다려야 하는 시간을 쉽게 이해하게 된다. 만일 두 개의 표적에 표시된 동그라미의 수가 같다면, 원숭이들은 예외 없이 주스를 더 많이 마실 수 있는 적색 표적을 선택하게 된다. 반면 적색 표적 주위에 표시된 동그라미가 점차적으로 늘어나게 되면, 녹색 표적을 선택하는 경향이 늘어나게 된다. 이와 같은 원숭이의 행동은 인간이나 그 밖의 동물에게

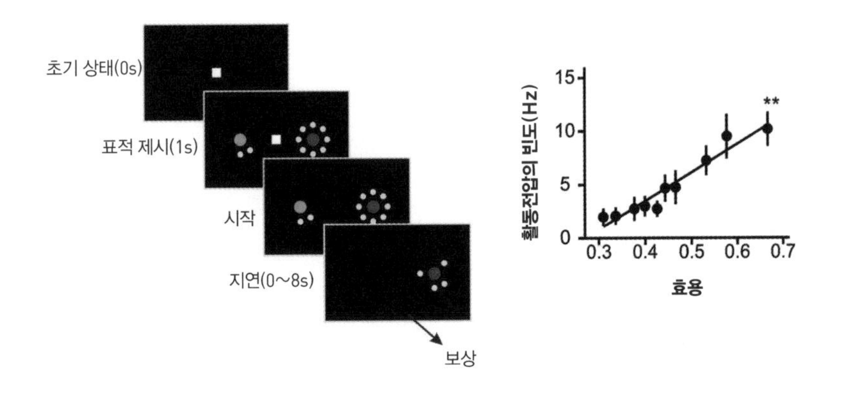

그림5 원숭이에게 주어진 시간 간 선택 과제(좌)와 배측 선조체에 있는 신경세포의 활동전압의 빈도와 효용의 관계(우)

서 보상이 지연될수록 그 보상의 효용값이 줄어든다는 것을 의미한다. 또한 우리는 원숭이의 전전두피질과 선조체에서 주스의 활용에 따라 활동전압의 빈도가 변화하는 신경세포들을 찾는 실험도 수행했다. 이와 같은 결과는 인간에게 fMRI를 사용해서 얻은 실험 결과와 일치하는 것으로 인간의 전전두피질과 선조체에 있는 신경세포들이 효용값을 계산함으로써 의사결정 과정에 관여하고 있다는 가능성을 뒷받침한다.

효용의 진화

효용은 인간의 모든 선택에 영향을 주면서 동시에 인간의 행복에도 관여한다. 그렇다면 효용 그 자체는 어떻게 결정되는가? 효용의 일부분은 유전자에 의해 선천적으로 결정된다. 단 음식을 좋아하고 쓴 음식을 멀리하는 성향은 쉽게 바꾸지 못한다. 인분이나 상한 음식의 냄새를 좋아하게 되는 것은 거의 불가능하다. 뜨거운 물체와의 접촉, 귀청이 찢어질 정도로 커다란 소리 역시 항상 고통을 동반한다. 생물학적으로 우리의 생존에 절대적으로 필요한 영양분을 포함하고 있는 음식일수록 효용이 높은 것은 진화의 산물이다. 마찬가지로 우리의 생존에 절대적으로 위협을 주는 자극에 대한 효용이 낮은 것도 진화의 산물이다. 하지만 모든 사물에 대한 효용이 불변인 것은 아니다. 효용의 많은 부분은 경험에 의해 바뀌게 된다. 아무리 훌륭한 음악이라도 자꾸 듣다 보면 싫증이 나고, 좋아하는 음식도 지나치게 자주 먹거나 그 음식에 포함된 성분이 건강에 나쁜 영향을 미친다는 것을 알고 나면 덜 좋아하게 된다. 효용값을 결정함에 있어서 유전자뿐만 아니라 환경도 큰 영향을 끼치는 것이다. 이 책의 후반부에서는 효용을 결정하는 데 있어서 유전자와 환경이 어떤 역할을 하는지에 대해 더 알아볼 것이다.

3장

인공지능

20세기 초반까지만 하더라도 지능은 생명체의 전유물이라는 명제가 자명한 것으로 받아들여졌다. 하지만 지금은 상황이 다르다. 지난 60여 년간 컴퓨터과학의 발전과 함께 눈부신 성장을 이루어낸 인공지능Artificial Intelligence은 다양한 산업 분야에서 활용되며 인간의 경제 활동에 큰 변화를 가져왔다. 그뿐만이 아니다. 이제 인공지능은 불과 수십 년 전만 해도 결코 기계가 따라잡지 못할 것이라고 생각했던 인간의 고등 사고 능력에도 끊임없이 도전장을 내밀고 있다. 이미 1997년에 IBM의 인공지능 체스 컴퓨터 딥블루Deep Blue가 당시 체스 챔피언이었던 게리 카스파로프Garry Kasparov를 제압했고, 2016년에는 구글의 알파고가 바둑의 최강자 이세돌을 능가했다. 2017년에는 카네기 멜론 대학의 놈 브라운Noam Brown과 투오마스 샌드홀름Tuomas Sandholm이 개발한 리브라투르Libratur라는 인공지능 프로그램이 프로 포커 선수들을 압도했고, 이어 2019년에는 구글의 알파스타라는 프로그램이 대중에게 잘 알려진 실시간 전략 게임 스타크래프트에서 프로게이머들을 능가하기 시작했다. 인공지능 개발자 중 일부는 머지 않은 미래에 체스나 바둑만이 아니라 모든 면에서 인간의 지능을 압도하는 초지능super-intelligence이 등장할 것이라고 경고하기도 한다.

과연 그와 같은 인공지능이 등장해 인류를 대체하기 시작할 것인가? 이런 질문을 하기 전에 인공지능이 참된 지능인지부터 생각해봐야 한다. 그렇지 않으면 인공지능과 인간 지능의 진정한 공통점과 차이점을 알 수가 없다. 예를 들어 오늘날의 디지털 컴퓨터는 실리콘을 원료로 만든 반도체로 제작되지만, 인간의 뇌는 단백질과 같은 다양한 생중합체biopolymer로 이뤄진 세포들로 구성되어 있다. 하지만 단순히 이처럼 재료가 다르다고 해서 인공지능이 인간 지능과 근본적으로 다르다고 주장할 논리적 근거는 없다. 언젠가 인간의 뇌가 작동하는 방식을 지금보다 더 자세하게 이해하는 날이 오면, 인간의 뇌를 이루는 재료와는 전혀 다른 물질을 이용해 그와 유사한 기능을 하는 기계를 만들 수 있을지 모르기 때문이다.

현대의 인공지능을 진정한 지능이라고 여기지 않는 이유는 그 재료가 인간의 뇌와 다르기 때문이 아니다. 그것은 인공지능이 해결해야 하는 문제가 그 자신의 문제가 아니라 인간이 제시한 문제이기 때문이다. 인공지능은 인간의 번영과 복지를 위해 복무하고 있다. 같은 문제라도 그 문제가 자기 자신의 것인 경우와 다른 주체로부터 위임받은 것인 경우에 해결 방법 또한 달라질 수밖에 없다. 다시 말해, 의사결정을 내릴 때 선택 가능한 해결법의 효용값은 문제풀이의 주체가 인간(생명체)일 때와 인공지능일 때 달라진다. 지능은 그것의 주체와 분리해서 생각할 수 없는 것이다. 만일 인공지능이 진정한 지능이라면 스스로의 목표를 갖고 자신의 문제를 해결해야 한다.

모든 의사결정 과정에서 반드시 효용값이 이용될 필요가 없듯이, 효용을 사용하지 않는 인공지능도 얼마든지 가능하다. 하지만 인공지능도 효용을 사용하면 더욱 효율적으로 의사결정 과정을 처리할 수 있게 된다. 비록 인간이 그 자신의 목적을 위해 인공지능을 설계했다고 하더라도, 인공지능이 실제 의사결정 과정에서 사용하는 효용값들을 인간이 일일이 지정해줄 수는 없다. 그 좋은 예가 바둑 인공지능 알파고다. 알파고는 딥러닝 알고리듬을 이용해서 효용값들을 스스로 학습한다. 과연 인공지능이 인간과 동물처럼 자신의 효용값을 학습할 수 있게 된다면, 인공지능을 진정한 지능이라고 할 수 있을까?

앞에서는 동물과 인간의 지능을 비교하며 지능의 일반적인 특성에 대해 알아보았다면, 이번 장에서는 기계와 인간의 지능을 비교함으로써 지능과 생명체의 관계에 대해 알아보고자 한다. 과연 인간의 뇌와 컴퓨터는 어떤 점에서 다른가? 컴퓨터과학이 계속해서 발전하면 결국 인간의 뇌를 따라잡을 수 있을까? 의사결정에 있어서 생명체와 비생명체의 차이점은 무엇인가? 이 질문들에 답하기 위해 우리는 화성 탐사 로봇의 사례를 통해 인공지능의 효용이 어떻게 결정되는지 알아볼 것이다. 이 과정에서 우리는 오직 생명체만이 지능을 가진다는 결론에 도달하게 될 것이다.

뇌와 컴퓨터

흔히들 인간의 뇌를 컴퓨터에 비유하곤 한다. 컴퓨터는 인간이 발명한 기계 중에 가장 복잡하고 다양한 일을 수행하는 기계이기 때문이다. 과거에도 사람들은 뇌의 기능을 설명할 때 자신이 알고 있는 가장 복잡한 기계에 비유하곤 했다. 17세기에 데카르트가 인간의 뇌를 파리 교외의 생제르맹앙레에 설치되어 있던 수압으로 작동하는 자동 기계에 비유했던 것이나, 19세기에 프로이트가 뇌를 증기기관에 비유했던 것과 마찬가지로, 오늘날 우리들은 뇌를 우리가 가진 가장 복잡하고 정밀한 기계인 컴퓨터에 비유하는 것이다. 하지만 그와 같은 비유는 항상 상상력의 한계를 들어낼 뿐이다. 비록 뇌와 컴퓨터가 많은 공통점을 갖고 있다 하더라도, 뇌는 컴퓨터와 같지 않다.

어쩌면 인간의 뇌를 완전히 이해하지 못한 상태에서 뇌를 일종의 컴퓨터라고 생각하는 것은 당연한 일인지도 모른다. 우선 컴퓨터는 뇌를 닮도록 의도적으로 고안된 기계다. 원래 컴퓨터는 인간을 대신해서 논리적 또는 수학적 연산 과정을 수행하기 위해서 발명되었다. 즉 컴퓨터는 탄생 과정부터 그 당시에 우리가 뇌에 대해 가지고 있던 지식을 반영해 뇌의 기능을 모방하도록 만들어진 것이다. 예를 들면 뇌에서는 외부에서 수용된 감각 정보를 분석해 그 결과에 따라 적절한 반응을 산출하는 일이나 중요한 사실을 기억에 저장했다가 나중에 사용하는 일 등이 일어난다고 간주된다. 이런 작업들은 컴퓨터의 기본적인 기능에 그대로 반영되어 있다. 즉 컴퓨터 또한 입력 장치를 이용해서 외부로부터 다양한 신호를 받아들여 논리-수리적인 계산을 행한 후에 그 결과를 메모

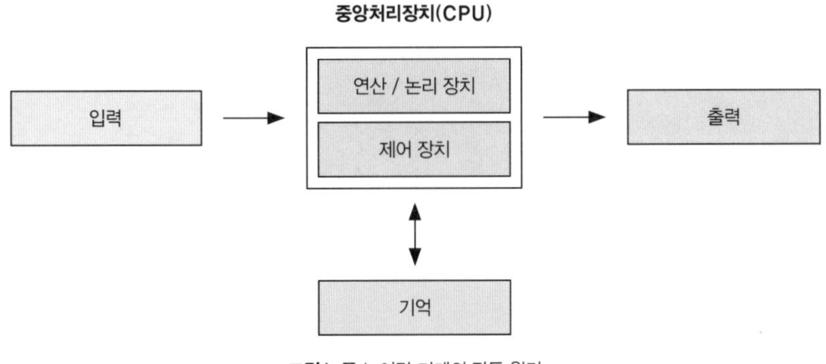

그림1 폰 노이만 기계의 작동 원리

리에 저장하거나 출력한다. 이과 같이 작동하는 컴퓨터들을 흔히 폰 노이만 기계라고 부른다(**그림1**). 물론 컴퓨터에게 로봇 등의 기계를 제어할 수 있는 능력을 부여하면 더욱 다양한 행동을 보여줄 수도 있다.

인간의 뇌와 컴퓨터의 유사성은 이와 같은 전체적 구조에만 국한되지 않는다. 뇌의 기본 단위인 신경세포와 컴퓨터의 기본 단위라고 할 수 있는 연산 장치를 비교하면 많은 유사점이 발견된다. 우선 뇌 안에 있는 신경세포들이 서로 신호를 주고 받는 방법을 간단하게 살펴보자. 각 신경세포에서는 수상돌기를 통해서 들어오는 수천수만 개의 신호들을 서로 합하거나 특정 신호를 배제하는 등의 상호작용을 거쳐 활동전압을 발생시킬 것인지를 결정하는 일이 일어난다. 예를 들어 두 개의 시냅스를 통해 A와 B라는 서로 다른 두 개의 신경세포로부터 입력 신호를 받아들이는 가상의 신경세포가 있다고 생각해보자(**그림2**의 왼쪽). 이 신경세포는 신경세포 A와 B 모두로부터 신호(즉 활동전압)를 받았을 때만 활동전압을 발생시킬 수도 있고, 둘 중 한쪽에서만 신호를 받아도 활동전압을 발생시킬 수 있다. 이와 같은 과정은 각각 두 가지의 논리연산자로

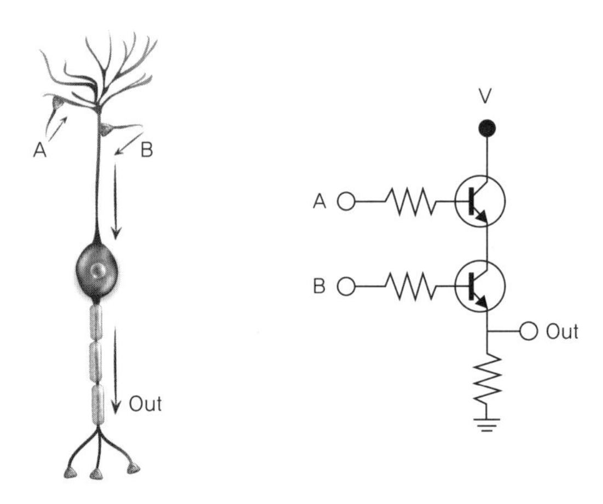

그림2 신경세포와 트랜지스터. (좌) 축삭을 통해서 하나의 신경세포에서 다른 신경세포로 전달되는 출력 신호는 축삭돌기를 통해서 들어오는 입력 신호들에 의해서 결정된다. (우) 두 개의 트랜지스터를 이용해서 만들어지는 앤드 회로(AND gate)

표현할 수 있다. 즉, 두 신경세포 모두로부터 신호를 받아야 활동전압을 발생시키는 신경세포는 두 개의 명제가 모두 참인 경우를 나타내는 논리연산자인 논리곱(AND)에 해당하는 연산을 행한다고 볼 수 있다. 마찬가지로 한쪽에서만 신호를 받아도 되는 경우는 논리합(OR)에 해당하는 연산을 수행하는 것과 같다. 이와 같이 참 또는 거짓에 기초한 논리연산은 0과 1로만 이루어진 이진법을 사용하는 컴퓨터의 작동 방식과 일치한다. 그리고 이런 컴퓨터의 기본 요소가 바로 트랜지스터다. 예를 들어 두 개의 트랜지스터를 이용하면 논리곱을 통해 두 개의 입력 신호를 출력 신호로 전환시키는 회로를 설계할 수 있다(**그림2**의 오른쪽). 이와 같은 논리적 연산을 한꺼번에 다량으로 수행하기 위해서 복잡한 회로를 조그만 부품 안에 집약해놓은 것이 바로 '아이씨(IC)'라고 부르는 집적 회로Integrated Circuit다.

흔히 컴퓨터의 뇌로 비유되는 중앙처리장치Central Processing Unit: CPU 역시 트랜지스터의 조합에 지나지 않는다. 예를 들어 1978년에 등장한 인텔의 '8086'이라는 CPU는 29,000개의 트랜지스터에 해당하는 성능을 갖고 있었다. 2019년에 출시된 애플의 아이폰11 프로에 탑재된 'A13'라는 CPU는 85억 개의 트랜지스터와 맞먹는 성능을 보인다. 아마존에서 개발한 최신형 CPU 중 '그래비톤2Graviton2'는 무려 300억 개의 트랜지스터와 맞먹는다고 한다. 이처럼 우리가 흔히 컴퓨터 칩이라고 부르는 집적회로와 중앙처리장치의 성능은 지난 수십 년간 기하급수적으로 발전해왔다. 예를 들어 A13은 8086에 비해서 무려 29만 배 이상의 트랜지스터를 포함하고 있다. 이와 같은 증가는 1978년부터 2019년까지 41년 동안 매 2년마다 집적회로 하나에 포함되는 트랜지스터의 수가 두 배씩 늘어났을 때 예상할 수 있는 결과와 아주 비슷하다. 이처럼 컴퓨터 칩에 포함된 트랜지스터의 수가 대략 2년마다 두 배로 늘어나는 것을 무어의 법칙Moore's law이라고 한다. 인텔의 창업자 중 한 명인 고든 무어Gordon Moore가 1965년에 그와 같은 현상을 처음으로 예측했기 때문에 그의 이름이 붙었다.

컴퓨터는 뇌와 같아질 수 있나

컴퓨터 칩, 즉 컴퓨터의 하드웨어가 기하급수적인 속도로 발전해왔다는 사실은 미래에도 당분간은 컴퓨터의 성능이 빠르게 증가할 것이라는 낙관적인 예측을 가능하게 한다. 그리고 위에서 살펴본 것처럼, 신경세포에서 일어나는 일들이 컴퓨터의 연산 과정과 유사하다는 사실은 언젠가는 컴퓨터가 인간의 뇌보다 더 빨리, 더 많은 정보를 처리할 날이 올 것이라는 추측으로 이어졌다. 예를 들어 중앙처리장치의 성능을 트랜지스터의 수로 표현하듯이 뇌의 성능도 신경세포의 수로 환산할 수 있다고 가정하고 인간의 뇌보다 뛰어난 성능을 갖춘 컴퓨터가 언제쯤 등장할지를 예측해보자. 인간의 뇌에는 대략 1,000억 개의 신경세포가 있고 각각의 신경세포에는 평균적으로 약 1,000개의 시냅스가 있다는 점을 감안하면, 인간의 뇌에는 대략 100조 개의 시냅스가 있음을 알 수 있다. 또한 시냅스와 신경세포는 논리적 연산을 구현하기 위해 유사한 역할을 하므로 시냅스 하나의 기능이 트랜지스터 하나의 그것과 동등하다고 가정하면, 인간의 뇌는 100조 개의 트랜지스터를 포함한 중앙처리장치와 유사한 성능을 갖고 있다고 할 수 있다. 아이폰11 프로의 A13 안에 85억 개의 트랜지스터가 들어 있다는 말은 인간의 뇌가 아이폰 12,000대와 맞먹는다는 의미다. 그리고 무어의 법칙이 계속 지켜진다면, 앞으로 대략 27년 정도가 지나고 나면 일상적인 컴퓨터의 중앙처리장치의 성능이 인간의 뇌와 비슷한 수준에 도달할 것이라는 결론이 나온다.

이처럼 컴퓨터와 인공지능이 인간의 지능을 능가하게 되는 시점을 기술적 특이점technological singularity이라고 하는데, 레이 커즈와일Ray Kurzweil은 《특이점이 온다The singularity is near》라는 자신의 저서에서 2045년경이 되면 기술적 특이점이 도래한다고 과감하게 주장하였다. 하지만 조만간 인공지능이 인간을 대체하게 될 것이라는 예측은 기우에 지나지 않는다. 그 이유는 다음과 같다.

먼저 아직까지 인공지능의 문제풀이 능력은 극히 제한적이다. 인공지능은 인간이 쉽게 풀지 못하는 복잡한 문제들을 대신 해결하기 위해서 개발되었다. 하지만 인공지능이 성공적으로 문제를 해결하기 위해서는 일단 체스나 바둑처럼 문제를 분명하게 기술할 수 있어야 하고 해답의 시비를 가릴 수 있어야 한다. 또한 인공지능은 특정 문제의 해결을 목적으로 개발되었기 때문에, 생존과 번식에 관련된 모든 문제를 해결해야 하는 동물의 신경계처럼 다양한 종류의 문제를 해결하지 못한다. 특히 인간에 의해서 개발된 인공지능은 당연히 인간이 직접 다루기를 꺼려하는 문제 해결에 특화되어 있다. 이런 기계가 환경이 달라지면서 새로운 문제에 마주쳤을 때 그 문제들을 융통성 있게 해결하기를 기대하기는 어렵다. 비록 구글에서 개발하고 있는 인공지능 프로그램들이 다양한 게임에서 인간의 도움 없이 인간을 능가하는 수준까지 학습하고는 있지만, 그와 같은 학습 능력은 비교적 유사한 게임에만 적용될 뿐이다. 설령 다양한 환경에 대처할 수 있는 인공지능이 개발되고 있다 하더라도 그것이 조만간 등장할 것 같지는 않다.

다음으로 인공지능의 문제풀이는 인공지능 그 자신을 위한 것이 아니다. 지능에서 중요한 것은 지능을 그것의 주체의 선호도와 분리해서 평가할 수 없다는 것이다. 이제까지 개발된 모든 인공지능은 인간의 복지, 그것도 대부분이 인공지능의 개발자의 복지를 염두에 둔 것이다. 따라서 인공지능의 성과는 인공지능이 아니라, 인공지능을 개발한 인간의 지능의 표현이라고 보아야 한다. 이것은 악기로 아름다운 음악을 연주할 경우, 그것을 악기가 아니라 악기를 만들고 연주한 사람의 예술성의 표현이라고 보아야 하는 것과 마찬가지다.

마지막으로 인공지능이 조만간 인간을 따라잡을 것이라고 자신 있게 말할 수 없는 가장 큰 이유는 아직 인간의 뇌가 어떻게 정보를 처리하고 저장하는지 완전히 이해하지 못하고 있다는 점이다. 또한 컴퓨터와 인간의 뇌 사이에는 이제까지 생각보다 더 많은 차이가 존재한다는 점을 알게 될지도 모른다. 앞으로 수십 년 안에 인간을 능가하는 인공지능이 등장하리라는 예측은 컴퓨터와 뇌의 기본적 구성 요소인 트랜지스터와 시냅스가 기능적으로 등가적인 역할을 한다는 가정에 기초한다. 하지만 아래에서 살펴볼 내용처럼 시냅스의 구조는 트랜지스터의 구조보다 훨씬 더 복잡하다. 트랜지스터는 이진법적으로 작동하는 스위치에 지나지 않지만, 시냅스는 그보다 더 많은 기능을 가지고 있다.

시냅스와 트랜지스터

우선 시냅스가 작동하는 방식을 간단히 살펴보자. 시냅스란 시냅스 전 신경세포와 시냅스 후 신경세포라고 불리는 두 개의 신경세포 사이에 존재하는 작은 틈인데, 이곳에서는 두 개의 신경세포가 신호를 주고 받는 일이 일어난다. 그런데 시냅스를 통해서 하나의 신경세포에서 다른 신경세포로 신호가 전달되기 위해서는, 시냅스 전 신경세포라고 불리는 첫 번째 신경세포의 축삭종말에 활동전압이 도착해야 한다. 그러면 시냅스 전 신경세포의 세포막을 통해 칼슘이온들이 세포 안으로 이동하게 되고, 그 결과로 시냅스 소포synaptic vesicle들이 세포막과 결합하여 그 안에 들어 있던 신경전달물질을 시냅스 간극synaptic cleft이라고 부르는 20나노미터의 작은 틈으로 분비하게 된다. 이렇게 분비된 신경전달물질이 시냅스 간극의 맞은 편에 있는 시냅스 후 신경세포의 세포막에 있는 수용체receptor와 결합하게 되면 시냅스 후 신경세포의 막 전극이 변화한다.

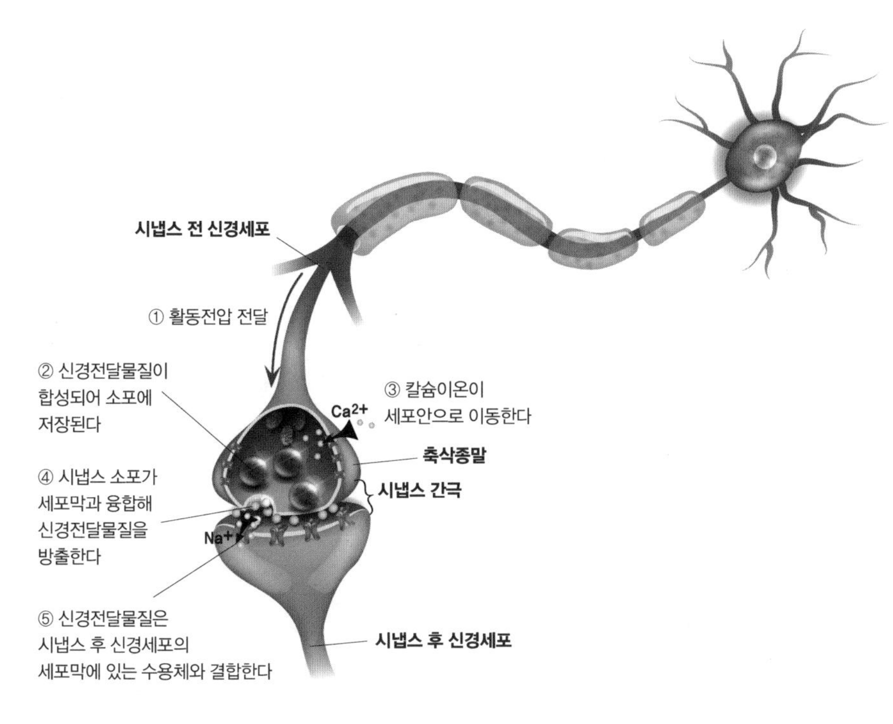

그림3 시냅스의 구조

이처럼 시냅스를 통과해서 신호가 전달되는 과정은 트랜지스터의 작동 원리에 비해 훨씬 복잡하다. 트랜지스터의 내부에는 화학적 성질을 달리하는 두 종류의 실리콘이 샌드위치처럼 배열되어 있고, 베이스와 이미터 그리고 컬렉터라고 불리우는 3개의 핀으로 구성되어 있다. 베이스와 이미터 사이에 작은 전압을 걸어주게 되면 그 사이에 큰 전류가 흐르게 되어 스위치 역할을 한다. 그렇다면 트랜지스터와 달리 신경세포들이 신호를 주고받기 위해서 훨씬 더 많은 단계를 거치는 이유는 무엇일까? 그것은 상황에 따라 전달되는 신호의 강약을 조절하기 위해서이다. 예를 들어 하나의 시냅스에는 수백 개의 시냅스 소포와 수용체가 존재한다. 따라서 시냅스 전 신경세포에 활동전압이 도착했을 때, 신경전달물질을 분비하는 시냅스 소포의 수는 상황에 따라서 달라질 수 있다. 마찬가지로 시냅스 후 신경세포에 존재하는 수용체의 종류와 숫자도 그 이전까지의 신경세포의 활동 양상에 따라 변화하게 된다. 신경전달물질이 많이 분비될수록, 그리고 수용체가 많을수록 시냅스 후 신경세포의 막 전위에 더 큰 변화가 발생하게 된다. 따라서 시냅스 소포와 수용체의 수가 변하면 그에 따라 시냅스 후 신경세포의 막 전위가 변하는 정도도 달라지게 되는 것이다. 따라서 시냅스는 하나의 트랜지스터가 아니라 여러 개의 트랜지스터을 합해 놓은 것과 같다고 봐야 한다.

도대체 시냅스는 왜 항상 일정한 방식으로 작동하지 않는 것일까? 시냅스의 성능이 가변적이라는 것은 전달하고자 하는 신호에 불필요한 잡음을 더하는 것과 마찬가지 아닌가? 만일 시냅스처럼 과거에 자신이 처리했던 신호의 내용에 따라 다른 출력을 만들어내는 트랜지스터가 있다면 즉시 불량품으로 취급될 것이다. 하지만 시냅스의 가변성은 뇌가 학습을 통해 상황에 따른 적절한 반응법을 찾는 데 반드시 필요하다. 시냅스는 단순히 신호를 전달하는 역할에 그치는 트랜지스터와는 달리, 동물의 학습을 위해서 더욱 복잡한 기능을 하는 것이다. 그런 측면에서 시냅스는 이전에 발생했던 전류의 양에 따라 변화하는 속성을 가지고 있는 멤리스터memristor와 닮았다고 할 수 있다.

물론 시냅스가 트랜지스터보다 복잡하다고 해서 컴퓨터가 인간의 뇌를 결코 따라잡지 못할 이유는 없다. 언젠가는 수많은 트랜지스터가 결합된 집적회로로 시냅스의 기능을 구현하는 것도 가능할지 모른다. 특히, 최근에는 기존의 집적회로 대신 신경세포와 시냅스의 기능을 모방하는 소위 신경형neuromorphic 직접회로의 개발이 활기를 띠고 있다. 또한 중앙처리장치를 여러 개 사용하는 고성능 병렬 컴퓨터의 경우는 이미 인간의 시냅스보다 많은 수의 트랜지스터를 포함하고 있는 경우도 있다. 예를 들어 2020년 6월 현재 아이비엠IBM의 서밋Summit을 제치고 가장 빠른 슈퍼컴퓨터로 등극한 일본의 후가쿠Fugaku의 경우에는 700만 개 이상의 A64FX라고 불리는 중앙처리장치를 포함하고 있는데, 각각의 중앙처리장치 안에 88억 개 가량의 트랜지스터가 들어 있다. 계산을 해보면 후가쿠 전체에는 대략 6경 4천조 개의 트랜지스터가 들어 있는 셈인데, 인간의 뇌 안에 100조 개 정도의 시냅스가 있다고 가정할 때, 이는 시냅스에 비해 640배나 많은 것이다.

하드웨어와 소프트웨어

인간은 앞으로도 더욱 성능이 좋은 컴퓨터를 개발하는 일을 멈추지 않을 것이기에, 현재 미래의 컴퓨터가 어떤 방식으로 작동할지 정확하게 예측하는 일은 불가능하다. 그 한 예로 중첩superposition 같은 양자역학적인 현상에 기초한 양자컴퓨터는 전통적인 디지털 컴퓨터가 다루기 어려운 종류의 연산을 매우 빠른 속도로 수행할 수 있다. 그런데 만일 인간의 뇌보다 더 많은 연산을 할 수 있는 컴퓨터가 등장한다고 해서 그와 같은 컴퓨터가 인간보다 더 높은 지능을 갖는다고 볼 수 있을까? 그렇지 않을 것이다. 그 이유는 부품의 사양이 대등해진다고 컴퓨터와 뇌의 성능이 동등해지는 것은 아니기 때문이다. 둘 사이에는 더 근본적인 차이점이 있다. 컴퓨터가 어떤 일들을 할 수 있는지는 중앙처리장치와 컴퓨터의 메모리 같은 하드웨어hardware에 의해서가 아니라, 소프트웨어software라고 부르는 컴퓨터의 프로그램에 의해서 결정되기 때문이다. 아무리 성능이 좋은 슈퍼컴퓨터가 있다 하더라도, 알파고같이 바둑을 잘 두는 인공지능을 실현하기 위해서는 그 일을 수행할 프로그램이 필요한 것이다. 컴퓨터 프로그램은 컴퓨터에게 어떤 연산을 수행할 것인지를 정해주는 명령 체계 같은 것이다. 현존하는 디지털 컴퓨터들은 중앙처리장치가 메모리에서 인출한 정보를 특정한 방식으로 처리한 후, 그 결과를 다시 메모리에 저장하는 작업을 여러 번 반복하게 되는데, 이 각각의 단계에서 메모리가 정보를 처리하는 방식을 지정해주는 것이 바로 컴퓨터 프로그램의 역할이다. 동일한 프로그램을 가동하는 경우에는 하드웨어가 좋은 컴퓨터가 더 빨리 해답을 찾을 것이지만, 비록 하드웨어 사양이 떨어지는 컴퓨터라도 더 효율적인 프로그램을 사용한다면 더 빨리 답을 찾을 수도 있다.

하드웨어와 소프트웨어가 분리되어 있는 것은, 한 대의 컴퓨터를 여러 가지 목적을 위해서 사용하고자 할 때 큰 장점이 된다. 과제가 달라질 때마다 컴퓨터를 대체하거나 재조립하는 대신 프로그램만 바꿔주면 되기 때문이다. 이러한 컴퓨터와 달리 뇌의 '하드웨어'는 고정되어 있지 않다. 예를 들어 뇌가 학습의 결과로 동일한 자극에 대해서 반응하는 방식이 바뀌게 되는 것은 시냅스의 구조, 즉 하드웨어가 변하는 것이다. 즉 인간의 뇌는 컴퓨터처럼 하드웨어와 소프트웨어가 분리되지 않는다. 따라서 하드웨어와 소프트웨어를 분리해서 비교하는 방식으로는 뇌와 컴퓨터의 성능을 제대로 비교할 수가 없다.

그렇다면 하드웨어와 소프트웨어가 분리되지 않은 컴퓨터란 어떤 형태일까? 여기서 다시 지능의 정의를 생각해봐야 한다. 1장에서 우리는 지능을 '다양한 환경에서 복잡한 의사결정의 문제를 해결하는 능력'으로 정의했다. 이를 컴퓨터의 용어로 다시 바꿔 쓰면 '자신(하드웨어)이 처한 환경에서 복잡한 문제를 해결하기 위해 필요한 프로그램(소프트웨어)을 선택하는 능력'이라고 쓸 수 있다. 그런데 여기서 프로그램을 선택하는 것은 무엇인가? 이 또한 프로그램이다. 즉, 컴퓨터가 지능을 가지려면 프로그램을 선택하는 메타-프로그램이 필요한 것이다. 이 프로그램은 하드웨어가 해결해야 하는 문제를 인식하고 이 문제를 풀기에 가장 적합한 소프트웨어를 선택하는, 하드웨어와 소프트웨어를 연결시키는 소프트웨어다. 보통의 컴퓨터에서 이 일은 인간에 의해 실행된다. 우리는 하드웨어가 풀어야 할 문제를 제시하고 그 문제를 풀기에 가장 적합한 프로그램을 선택하는 일도 한다. 만일 인간 대신 이 일을 할 수 있는 프로그램이 있다면, 우리는 그것을 참된 '지능'이라고 부를 수 있을 것이다.

아주 기본적인 수준의 인공지능은 주위에서 많이 찾아볼 수 있다. 주변 온도를 식별하여 스스로 작동하는 에어컨이나 혼자서 방안을 이리저리 돌아다니며 먼지를 흡입하다 더 이상 청소할 곳이 없으면 제자리로 돌아가 충전하는 로봇 청소기가 그 예다. 이 기계들은 시시각각 변화하는 환경 속에서 스스로 문제를 인식하고 해결하는 인공지능을 갖추고 있다. 그러나 이들은 인간에 의해 선택되고 잘 정의된 한 종류의 문제에 특화되었다는 점에서 가장 낮은 수준의 인공지능이다. 이런 점에서는 알파고도 낮은 수준의 인공지능일 뿐이다. 우리가 뇌와 컴퓨터, 그리고 지능과 인공지능을 비교하기 위해서도 한 종류의 잘 정의된 문제를 푸는 능력이 아니라, 자신이 활동하는 주어진 환경 속에서 예측할 수 없는 방식으로 일어나는 사건들에 대응하는 능력을 놓고 평가를 해야 할 것이다. 물론 인간이 곁에서 항상 지켜보면서 임무를 지시하는 것은 아무런 의미가 없다. 인간과의 연락을 끊고 혼자서 임무를 수행하는 인공지능이 참된 지능의 정의에 더 부합한다. 인공지능이 그렇게 눈부시게 활약하고 있는 곳 중의 하나가 화성이다.

지구에서 인간의 극진한 보호를 받으며 활동하는 인공지능의 경우는 자신의 생존에 대하여 그다지 걱정할 필요가 없다. 전력 공급 장치나 과열 방지를 위한 냉각 장치 등, 인공지능이 정상적으로 작동하는 데 필요한 모든 것을 인간이 제공해주기 때문이다. 인간이 돌보아야 하는 인공지능은 인간에게 종속되어, 인간이 원하는 일을 할 수밖에 없다. 그렇지 않은 인공지능은 만들어질 수도 없고, 설사 실수로 생겨난다고 해도 인간에 의해서 바로 제거되기 때문이다. 하지만 화성에 있는 인공지능은 독자적으로 자신의 생존을 책임져야 한다. 문제를 해결하기 전에 고장이 나거나 파괴되는 인공지능은 당연히 아무런 문제도 해결하지 못하기 때문이다.

화성으로 간 인공지능

인간이 화성 탐사를 시작한 이유 중 하나는 태양계에서 지구를 제외하고 인간이 이주해서 살 만한 유일한 곳이 바로 화성이기 때문이다. 금성은 지구에서 가장 가까운 행성이지만, 그 표면온도가 납을 녹이고도 남는 섭씨 450도에 달하고 대기압도 지구의 90배나 되기 때문에 인간이 거주하는 것은 실질적으로 불가능하다. 화성에는 인간이 생존할 수 있는 대기권은 없지만, 생명체에게 반드시 필요한 물이 존재하고 있다. 또한 태양계에 있는 행성의 밤낮의 주기를 솔sol이라고 하는데, 화성의 솔은 24시간 40분으로서 지구와 비슷하다. 어쩌면 과거에(어쩌면 지금도) 존재했을지 모를 생명체의 흔적을 찾는 것도 화성 탐사의 주된 목적 중 하나다.

인류 최초로 화성 주위를 근접 비행하는 데 성공한 것은 미국 항공우주국 나사NASA에서 발사한 매리너 4호Mariner 4로, 1964년 11월 28일에 지구를 떠나 1965년 7월 15일에 화성으로부터 9,846km 떨어진 지점을 통과하며 화성의 사진 21장을 지구로 전송하는 데 성공했다. 화성 탐사의 역사에서 그 다음으로 획기적인 전기를 마련한 것은 1975년 8월 20일에 발사되어 1976년 6월 19일에 화성의 궤도에 진입한 바이킹 1호Viking 1와 1975년 9월 9일에 발사되어 1976년 8월 7일에 화성의 궤도에 진입한 바이킹 2호Viking 2다. 이 두 개의 우주선에 포함되어 있던 착륙선들은 각각 7월 20일과 9월 3일에 성공적으로 화성 표면에 안착했다.

지구를 떠나 우주를 비행하고 다른 행성에 착륙해서 미션을 수행하기 위해서는 통신 장비를 포함한 여러 가지 계기와 발전기 이외에도, 지구에서 인간이 보내온 명령에 따라 기계들을 제어하는 데 필요한 컴퓨터가 필요하다. 예를 들어 바이킹 1호와 2호의 착륙선에는 전력을 공급하기 위해 플루토늄을 사용하는 방사성 동위원소 열발전기와 지구 및 궤도선과 통신하기 위한 여러 개의 안테나가 장착되어 있었다. 그 밖에도 생물학, 화학, 기상학, 지질학적 측정을 위한 계기들과, 화성의 표면과 대기를 관찰하는 데 필요한 기구들이 갖춰져 있었을 뿐 아니라, 40메

가 비트의 데이터를 저장할 수 있는 테이프리코더와 컴퓨터가 내장되어 있었다. 그러나 바이킹의 착륙선들은 착륙지점을 떠나서 다른 위치로 이동할 수 있는 능력이 없었고, 따라서 지구의 식물들처럼 고도의 지능이 필요하지 않았다. 하지만 광활한 화성의 표면을 누비며 실험 및 측정을 할 수 있는 로봇 탐사차, 즉 로버rover가 등장하게 되면서 화성에 인공지능의 시대가 본격적으로 시작되었다.

현재까지 화성에 무사히 도착한 로버는 총 5대다. 그중 첫 번째인 소저너Sojourner 호는 1997년 7월에, 쌍둥이 로버인 스피릿Spirit 호와 오퍼튜니티Opportunity 호는 2004년 1월에, 다음으로 큐리오시티Curiosity 호는 2012년 8월에 화성에 도착했다. 가장 최근으로는 2020년 7월 30일 지구를 출발에서 2021년 2월 18일에 화성에 도착한 퍼서비어런스Perseverance 호가 있다. 오퍼튜니티는 모든 이의 예상을 깨고 14년이라는 오랜 기간 동안 수많은 미션을 수행했지만 아쉽게도 2018년 6월 이후로 교신이 끊겼다. 따라서 2021년 2월 현재 화성에서 활동 중인 로버는 큐리

그림4 바이킹 1호에서 촬영한 화성 표면의 사진

오시티와 퍼시비어런스로 구성된 듀오이다. 로버가 화성의 표면을 이동해 다니면서 탐사 활동을 하기 위해서는 마치 식물처럼 한곳에서 모든 업무를 보는 착륙선들보다 더욱 복잡한 의사결정이 요구된다. 더군다나 화성의 로버들은 인간이 원격조정을 통해서 제어하기에는 지구에서 너무 멀리 떨어져 있다는 문제가 있다. 지구에서 화성까지의 거리는 가장 가까울 때는 5,460만 킬로미터, 가장 멀 때는 4억 100만 킬로미터로, 평균적으로는 약 2억 2,500만 킬로미터다. 따라서 빛의 속도로 신호를 주고 받는다고 해도 신호가 왕복하는 데 평균 1,500초, 즉 25분 정도가 소요된다. 만일 로버를 원격조정하다가 갑자기 절벽이 나타난다면, 지구에 있는 조종사가 이를 발견하고 즉시 멈춤 신호를 보낸다 해도 그 신호가 화성에 도착할 때쯤이면 로버는 이미 오래전에 낭떠러지 아래로 떨어져 산산조각이 나 있을지도 모르는 일이다. 따라서 화성으로 보내진 로버들은 모두 목적지까지 스스로 주행해갈 수 있는 자율 운전 능력을 포함한 인공지능을 보유하고 있다. 로버에 장착된 인공지능은 소

저너 호부터 퍼서비어런스 호에 이르기까지 계속 발전해왔다. 그래서 로버들의 성능을 시간 순으로 비교해보면, 마치 지구에서 동물의 지능이 진화하는 과정의 한 단면을 보는 듯한 느낌을 받게 된다.

망부석이 된 소저너 호

1997년 7월부터 화성 표면을 누볐던 소저너 호는 무게가 11.5킬로그램밖에 되지 않는 소형의 로버로서, 태양 전지와 분광계spectrometer 같은 실험 기기를 장착하고 있으며, 지름 13센티미터의 바퀴 6개를 이용해서 초당 1센티미터의 속도로 이동할 수 있었다. 소저너에 장착된 작은 안테나는 지구와 직접 교신을 하기에는 힘이 약했지만, 자신을 화성까지 데려다 준 착륙선 패스파인더Pathfinder와 교신하는 것은 가능하므로 패스파인더를 통해 간접적으로 지구와 교신할 수 있었다. 소저너에는 3대의 카메라와 500킬로바이트의 메모리를 가진 컴퓨터도 달려 있었지만, 자율적으로 이동 경로를 결정할 수 있는 능력은 없었다. 따라서 소저너를 원하는 곳으로 이동시키기 위해서는 다음과 같은 복잡한 절차가 필요했다. 일단 패스파인더가 자신의 주변을 촬영해서 지구로 다량의 사진들을 전송하면 이를 바탕으로 지구의 과학자들이 패스파인더 주위의 환경을 입체적으로 재구성하고 이를 바탕으로 소저너가 하루 동안 이동해야 하는 경로를 선택한 뒤에, 그에 따라 소저너를 구동하는 데 필요한 명령을 패스파인더에 보내면 이 명령은 패스파인더를 통해 소저너로 전달된다. 더군다나 이와 같은 명령을 전달할 수 있는 기회는 하루에 한 번밖에 없었기 때문에, 소저너는 하루에 고작 평균 1미터를 약간

넘는 정도의 거리를 주행할 수 있었다. 아쉽게도 소저너는 화성에 도착한 지 약 80여 일 만에 지구와의 연락이 끊기고 마는데, 그 이유는 소저너의 결함 때문이 아니라 착륙선 패스파인더의 건전지 고장이 원인이었다. 연락이 끊기기 전, 소저너가 패스파인더를 통해서 지구로부터 받은 마지막 명령은 1주일 동안 정지해 있다가, 그 이후에는 자신의 동료인 패스파인더의 주변을 계속해서 맴돌라는 것이었다. 따라서 지구와의 연락이 끊기고 난 이후로 얼마나 더 오랫동안 소저너가 패스파인더 주위를 맴돌았을지는 아무도 모른다. 건전지만 갈아주면 패스파인더나 소저너가 아직도 정상적인 활동을 할 낭만적인 가능성이 존재하기 때문에, 이들은 〈레드 플래닛Red Planet(2000년)〉이나 〈마션The Martian(2015년)〉 같은 과학 영화의 소재가 되기도 했다.

이렇게 소저너가 이동 능력을 갖추고도 많은 탐사 활동을 하지 못한

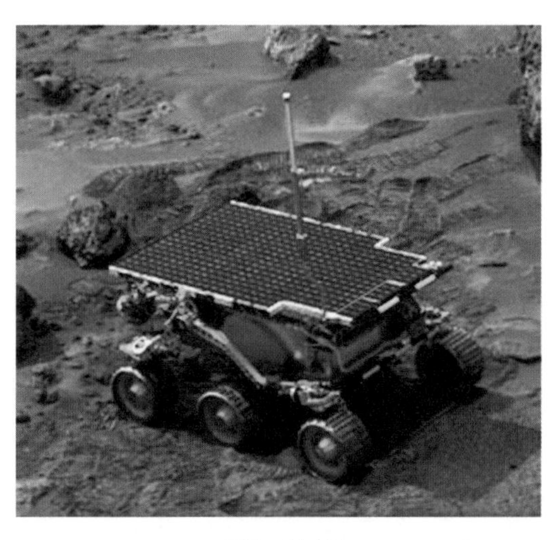

그림5 소저너 호

것은 자신의 이동 경로를 자율적으로 결정할 능력이 없었기 때문이다. 마찬가지로 운동 능력을 갖춘 동물의 신경계가 해결해야 했던 가장 기본적인 문제는 자신의 생존과 번식을 위해서 필요한 영양분(에너지)을 확보할 수 있는 곳을 찾아 안전하게 이동해가는 능력이라고 할 수 있다. 그와 같은 기능이야말로 지능의 가장 기본적인 조건이다.

자율적 인공지능

소저너와 패스파인더를 잃고 난 후 NASA는 2003년에 스피릿 호와 오퍼튜니티 호라는 쌍둥이 로버를 화성으로 보낼 두 대의 로켓을 발사했다. 이 두 대의 로버는 2004년 1월 4일과 25일에 화성의 적도 부근의 서로 다른 반대쪽 표면에 각각 안착하게 된다. 이들도 소저너와 마찬가지로 6개의 바퀴를 사용했지만 무게는 소저너보다 15배 이상이나 무거워 180킬로그램에 달한다. 쌍둥이 로버의 태양 전지는 재충전이 가능해서, 태양이 없는 시간에도 전기를 이용해서 자신들의 온도를 조절할 수 있다. 화성의 밤 기온은 영하 140도 가까이 떨어지기 때문에, 추운 날씨 속에서 미션을 수행하려면 히터를 작동시켜서 기기 온도를 유지해야 하기 때문이다. 따라서 야간에 미션을 수행하기 위해 온도 유지와 그 밖에 필요한 작업에 제한된 전력을 어떻게 배분할 것인가도 로버의 인공지능이 결정해야 한다. 이런 면에서 스피릿과 오퍼튜니티는 냉혈 동물과는 달리 주위의 온도에 비교적 영향을 받지 않고 활동할 수 있는 지구의 조류나 포유류 등의 온혈 동물과 닮았다고 할 수 있겠다.

쌍둥이 로버들에는 소저너보다 더 많은 측정 기기가 장착되어 있어 고화질의 영상과 다양한 과학 정보를 획득할 수 있었다. 소저너가 3대의 카메라를 달고 있었던 반면, 스피릿과 오퍼튜니티에는 각각 9대의 카메라가 장착되어 있었다. 그중 6대는 화성 표면을 주행하는 데 이용되었는데, 해즈캠Hazcam이라고 불리는 4대의 카메라는 주행 중에 장애물을 관찰하는 데 이용되고, 네브캠Navcam이라고 불리는 2대의 카메라는 주위 환경을 3차원으로 분석하는 데 필요한 영상을 제공한다. 그 밖에도 360도 전경을 관찰할 수 있는 파노라마 카메라 두 대와 현미경, 물질의 성분을 분석하는 데 사용되는 두 종류의 분광계, 그리고 분쇄기가 장착되어 있는 '팔'도 달려 있다(운행 중에는 보호를 위해 접히도록 되어 있다).

로버에 장착된 다양한 기계와 계기를 제어하기 위해서 인공지능은 두 가지 중요한 문제를 해결해야 한다. 첫 번째 문제는 당연히 자율 주행에 관한 문제다. 소저너보다 신속하게 화성의 표면을 탐사하기 위해서는, 로버 스스로 화성 현지의 상황을 고려해서 지구에 있는 과학자가 정해준 목적지까지 이동해갈 수 있는 능력이 필수적이다. 두 번째 문제는 데이터 전송 문제다. 쌍둥이 로버에 장착되어 있는 9대의 카메라가 수집한 자료들을 전부 지구로 전송하기에는 그 양이 너무 많다는 것이다. 따라서 로버의 인공지능은 영상데이터를 분석하고 편집해서 중요한 내용을 선별적으로 지구로 전송할 수 있는 능력을 갖추고 있어야 한다. 먹을 것을 구할 수 있는 곳으로 안전하게 이동해가는 능력과 중요한 감각신호를 탐지하는 능력은 인간과 동물의 지능에서도 가장 기본적인 요소라고 할 수 있다.

'자율적 행성 이동Autonomous Planetary Mobility: APM'은 쌍둥이 로버의 자율 주행을 담당하는 인공지능 프로그램의 이름이다. 이 프로그램 덕택에,

쌍둥이 로버들은 지구에 있는 과학자가 정해주는 그날그날의 목표 지점까지 스스로 주행할 수 있는 능력을 갖추게 되었다. 이 프로그램이 없었다면 로버들은 소저너의 경우처럼 하루에 1미터밖에 이동하지 못했을 것이다. 반면 인공지능을 사용하는 로버들은 초당 5센티미터의 속도로 약 10초간 이동한 후 일시적으로 정지해서 해즈캠과 네브캠으로 주위를 촬영하고 그 결과를 자체적으로 분석해 장애물이 발견되면 이를 우회하는 경로를 선택할 수 있다. 그 결과 쌍둥이 로버들은 시간당 36미터를 이동할 수 있게 되었다. 하루에 1미터밖에 이동할 수 없었던 소저너에 비하면 800배 이상을 갈 수 있는 것이다.

에이지스AEGIS는 '증진된 과학을 모으기 위한 자율적 탐험Autonomous Exploration for Gathering Increased Science'을 약칭하는 단어로, 로버에 장착된 카메라들을 제어하는 인공지능 프로그램이다. 이동 중인 쌍둥이 로버가 매 10초마다 정지해서 해즈캠과 네브캠으로 촬영한 주변 환경의 영상들을 분석하는 것도 에이지스의 역할이었다. 에이지스같이 영상 분석을 위한 인공지능이 필요한 이유는 로버들의 이동 속도가 늘어났기 때문이다. 이처럼 운동 기능과 지각 기능이 같이 발전하는 것은 동물의 뇌가 진화함에 따라 지능의 성격이 변화하는 과정에서도 자주 목격되는 일이다. 동물이 이동하는 속도와 방식에 따라 감각 기관을 통해서 들어오는 정보의 내용도 달라지기 때문이다. 예를 들어 공중을 나는 새와 물속을 헤엄치는 물고기의 시각 정보의 내용에는 큰 차이가 있고, 따라서 새와 물고기의 뇌에서 이 시각 정보를 분석하는 부위의 구조와 기능도 달라질 수밖에 없는 것이다.

만일 영상 분석을 지구에 있는 과학자들에게 전적으로 의존한다면

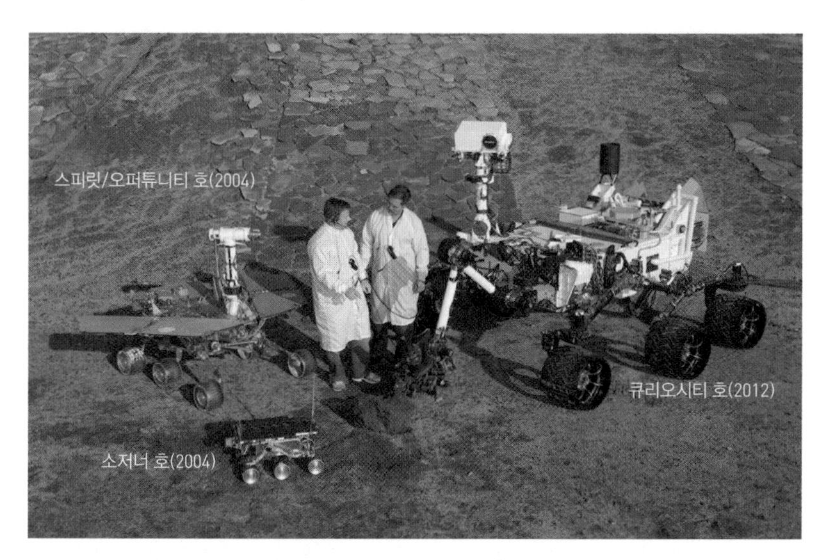

그림6 화성의 로버들(NASA/JPL-Caltech 제공)

어떤 문제점이 있을까? 에이지스가 없다면, 이동 중에 로버의 카메라에 과학적으로 관심을 가질 만한 암석이나 지형물이 포착되더라도 로버들은 상관하지 않고 목적지로 직행할 것이다. 그리고 목적지에 도달한 후 로버로부터 전송된 영상을 검토한 과학자들이 그와 같은 물체를 더욱 자세히 관찰하길 원한다면, 그 다음날 로버는 자신이 지나쳐왔던 곳으로 다시 돌아가야 한다. 혹시 있을지도 모르는 화성의 생명체가 카메라에 포착되었더라도, 그것을 자세히 관찰할 기회는 이미 놓친 셈이다. 에이지스는 이런 불편함을 해결하기 위해서 과학자들이 궁금해하는 화성의 암석과 지형에 대한 정보를 저장한 후, 로버가 이동 중에 촬영한 영상에서 미리 정해진 기준에 맞는 대상이 나타나면 알아서 추가적으로 고해상도의 촬영을 실시한다.

스피릿과 오퍼튜니티는 화성 표면에서 약 90일 정도 임무를 수행할 것이라던 원래 예상을 깨고 여러 해 동안 가동되었으며 화성에 관한 많은 발견을 하였다. 스피릿은 2010년 3월 22일 연락이 끊길 때까지 화성 시간으로 2,210솔 동안 7.73킬로미터를 주행했고, 오퍼튜니티는 2018년 6월 교신이 끊어질 때까지 마라톤 주행거리보다 많은 45.16킬로미터를 주파하며 20만 장 이상의 사진을 지구로 전송하는 등 다양한 임무를 성공적으로 수행하였다.

현재 화성에는 2012년 8월에 도착한 큐리오시티와 2021년 2월에 도착한 퍼서비어런스가 활동 중이다. 큐리오시티의 중량은 900킬로그램으로서, 오퍼튜니티의 5배나 된다. 큐리오시티의 하드웨어는 오퍼튜니티보다 훨씬 뛰어나다. 큐리오시티는 태양 전지가 아니라 플루토늄이 분해되면서 발생하는 열을 이용해서 발전할 수 있는 방사성 동위원소 열발전기를 장착하고 있기 때문에, 해가 없는 밤중에도 스스로 전기를 만들어낼 수 있다. 안테나의 성능이 향상된 것은 물론이고, 카메라의 수도 오퍼튜니티보다 훨씬 많은 17대다. 심지어는 백업 컴퓨터도 장착하고 있어서, 컴퓨터 고장 시에도 즉시 교체가 가능하다. 이보다 더욱 환상적인 것은 큐리오시티에는 적외선 레이저가 있어서, 흥미로운 바위나 그 밖의 물체를 발견하면 레이저로 그 부분을 가열해서 달아오른 부분에서 나오는 빛을 분석할 수 있다는 점이다. 이처럼 하드웨어 측면에서는 혁혁한 진보가 있었지만, 자율 주행이나 영상 분석에 이용되는 큐리오시티의 인공지능은 오퍼튜니티의 인공지능과 크게 다를 바가 없다.

2021년 2월에 화성에 도착한 퍼서비어런스는 오퍼튜니티에는 없는 새로운 장비를 많이 갖추고 있다. 예를 들어 두 개의 마이크를 장착하고 있어서 처음으로 화성에서 나는 소리를 녹음해서 지구로 전송할 예

그림7 화성의 제제로 분화구에서 찍은 퍼서비어런스와 인지뉴이티의 셀피

정이고, 목시MOXIE라는 실험을 통해서 화성에 풍부한 이산화탄소로 산소를 만들 수 있을지도 알아낼 계획이다. 또한 퍼서비어런스에 부착된 헬리곱터 인지뉴이티Ingenuity는 지구에서 오는 최소한의 명령을 바탕으로 스스로 화성을 탐사한다는 점에서 가장 큰 기대를 모으고 있다. 이렇게 점점 수행해야 하는 미션의 종류가 늘어나게 되면서 로버의 인공지능도 더 복잡해지고 있음은 당연하다. NASA에서 퍼서비어런스를 발사하기 며칠 전 중국에서도 화성으로 톈원 1호라는 로버를 발사했으며, 2021년 2월에 무사히 화성의 궤도에 진입했고, 2021년 5월경에는 로버를 화성 표면에 착륙시킬 계획이다. 앞으로 이어질 중국과 미국의 화성 탐사 경쟁의 서막을 알리는 사건이었다.

쌍둥이 로버와 큐리오시티가 미션을 성공적으로 완수하는 데는 인공지능의 역할이 컸다. 역설적인 것은, 보다 효율적인 화성 탐사를 위해서 인간이 로버의 행동을 제어하는 것을 부분적으로 포기하게 되었다는 점이다. 로버를 화성으로 보낸 원래의 목적은 인간을 대신해서 화성 탐사를 하는 것이었지만, 로버가 인공지능을 갖게 된 이후에는 로버 스스로 독자적인 의사결정을 하게 되었다. 예를 들어 로버가 이동 중에 흥미로운 바위를 발견하고 시간과 전력을 써가며 추가 촬영을 했을 경우, 설사 그것이 인공지능의 착오라고 하더라도 더 이상 인간이 개입할 수 없다. 이와 같이 자율적인 의사결정의 역할을 대리인에게 넘겨줌으로써 대리인의 행동을 본인이 원하는 대로 제어할 수 없게 된 상황을 경제학에서는 '본인-대리인의 문제principal-agent problem'라고 한다. 본인-대리인의 문제는 인간과 인공지능의 사이에만 존재하는 것이 아니다. 인간들의 경제적 활동 중에서도 타인에게 자신이 원하는 동기를 부여하고자 하는 경우가 많이 발생한다. 가령 회사의 소유자가 사람을 고용하여 일을 시키는 경우, 고용자와 노동자 사이에는 본인-대리인의 관계가 성립한다. 본인-대리인의 문제는 뇌에도 존재한다. 인간의 뇌는 유전자의 자기 복제 과정을 효율적으로 수행하기 위해서 등장한 생물학적 기계이다. 따라서 유전자의 입장에서 보면 인간의 지능도 유전자의 복제에 관한 문제를 해결하기 위한 일종의 대리인인 셈이다(본인-대리인의 문제는 5장에서 더 다루도록 한다).

인공지능과 효용

우리는 앞 장에서 효용을 사용하면 복잡한 의사결정의 문제를 보다 쉽고 합리적으로 해결할 수 있다는 것을 알아보았다. 이는 인간이나 동물에만 적용되는 것이 아니라, 인공지능을 사용하는 화성의 로버 같은 기계에도 적용할 수 있다. 예를 들어 현재 위치와 목표점 사이에 위험도가 다른 다양한 장애물이 존재할 경우, 큐리오시티와 같은 인공지능 로봇이 선택할 수 있는 경로의 수는 아주 많을 것이다. 그중 가장 바람직한 경로를 선택하도록 로봇을 유도하기 위해서는 각각의 경로의 효용을 계산하는 알고리듬을 부여한 후, 효용이 가장 큰 경로를 선택하게 하면 될 것이다. 만일 효용을 사용하지 않는다면, 엔지니어들은 로버가 화성에서 마주칠 수 있는 모든 장애물과 경로의 수많은 조합들을 분석해 각각의 경우에 로버가 어떤 경로를 선택할 것인지 미리 정해놓아야 했을 것이다. 그보다는 로버에게 효용을 계산하는 방법을 지정해줌으로써, 로버가 좀 더 지적이고 효과적으로 행동하도록 만들 수 있다. 목적지에 도달할 때까지의 이동 거리, 이동 시간, 예상되는 연료의 양, 사고의 가능성 등에 따라 효용의 값을 계산하는 알고리듬을 개발해 로버에 장착하면, 로버는 그때그때 상황에 따라서 가장 바람직한 경로를 선택하는 인공지능을 갖추게 되는 것이다. 실제로 알파고의 사례를 통해서 잘 알려진 심층 강화 학습을 하는 인공지능에서도 효용값이 사용되었다. 이처럼 효용의 개념은 경제학에서 유래했지만 인공지능에서도 매우 중요한 역할을 한다.

로봇 팀과 집단지능

인간의 행동과 지능을 완전하게 이해하려면 사회적인 맥락을 반드시 고려해야 한다. 앞 장에서 알아본 것처럼, 인간의 행동 중에서 비교적 간단한 편에 속하는 안구 운동의 경우도 사회적인 요인에 많은 영향을 받는다. 인간의 지능과 현재까지 개발된 인공지능이 가장 큰 차이를 보이는 것도 사회적인 의사소통과 관련된 부분이다. 하지만 미래에 로봇과 인공지능 기술이 계속 발전함에 따라 인간과 로봇들 간에 주고 받는 정보의 양이 늘어나게 되면, 로봇과 로봇 간의 사회적 관계도 더욱 복잡해질 것이 분명하다. 인공지능을 갖춘 로봇들이 직접 상호작용을 하게 되면 인공지능은 또 다른 수준에 도달하게 된다.

현재 화성에서 활동하고 있는 큐리오시티와 퍼서비어런스는 3,700킬로미터가량 떨어져 있기 때문에, 두 대의 로버가 화성에서 만나게 될 가능성은 전혀 없다. 설사 두 로버가 만나게 된다 하더라도, 로버들의 인공지능은 자율 주행과 영상 분석에 치중하고 있기 때문에 어려운 미션을 위해서 협동을 할 가능성도 전혀 없다. 비록 퍼서비어런스는 인지뉴이티를 제어해야 한다는 부담을 안게 되었지만 인지뉴이티는 그 무게가 1.8킬로그램밖에 되지 않고 단지 카메라 하나를 장착한 상태로 하루에 3분 정도 시험 비행을 할 예정이라 둘 간의 의사소통은 비교적 간단한 수준에 머물 것이다. 하지만 화성에서 활동하는 로버의 수가 늘어나게 되면, 그들 간의 의사소통과 물리적인 협동의 중요성이 점차 증가할 것이다. 예를 들어 위험한 날씨에 관한 정보를 로버들끼리 직접 공유할 수 있다면, 로버들은 더욱 신속하게 안전한 지역으로 대피할 수 있을 것이다. 또한 로버들 중의 일부가 화성의 지형이나 생명체에 관한 중요한 정보를 발견했음에도 불구하고 그에 관한 자료 영상을 저장할 수 있는 컴퓨터의 메모리 용량이 부족할 경우, 이를 다른 로버의 컴퓨터에 임시로 저장하는 것도 가능해질 것이다. 하지만 로봇들이 원만하게 협동을 하기 위해서는 각 로봇이 수행하고 있는 미션의 중요성에 대한 객관적인 기준이 마련되어 있어야 한다. 만일 두 대의 로버가 동시에 데이터를 저장할 공간을 추가로 필요로 한다면, 현재 저장되어 있는 데이터 중에 가장 덜 중요한 것이 어떤 것인지에 관해서 동의를 해야만 할 것이다. 그와 같은 문제를 해결하는 것은 의외로 어려울 수도 있다. 어쩌면 상대방의 의견보다는 자신의 의견이 중요하다고 주장하기를 그치지 않는 인간들의 모습이 화성의 로봇들에 의해서 재현될지도 모르는 일이다.

또한 로봇들이 직접 물리적인 접촉을 할 시에도 협동에 관한 문제가 등장하게 될 것이다. 예를 들어 로버들이 전력을 공유하기 시작하면, 현재 수행하고 있는 임무의 중요성에 따라 덜 중요한 임무를 수행하는 로버가 자신보다 더 중요한 임무를 담당하고 있는 로버에게 전력을 기부해야 하는 상황이 발생할 수도 있다. 심지어 어떤 로버는 자신의 생존에 꼭 필요한 전력마저 내놓아야 하는 경우가 생길 수도 있다. 인간의 명령이 떨어지지 않는 한 스스로를 보호하도록 프로그램 되어 있는 로버로서는 받아들이기 어려운 상황이다.

상호작용하는 로봇의 수가 매우 많아지면 화성에도 '무리 지능swarm intelligence'이 등장할지도 모른다. 무리 지능이란, 집단에 속한 모든 개체에게 명령을 내리는 지도자 없이, 각각의 개체가 비교적 적은 수의 개체들과 의사소통을 하는 사이에 합리적이고 질서 있는 행동을 만들어내는 경우를 말한다. 실제로 무리 지능은 개미나 꿀벌과 같은 집단 생활을 하는 곤충들에서도 흔히 볼 수 있다. 물론 인간이나 다른 동물 사회에서 자주 볼 수 있듯이, 로버들 사이에도 위계를 도입하여 가장 성능이 우수한 컴퓨터와 인공지능을 갖춘 로버가 대장이 되어 부하 로버들을 조정하는 경우도 생각해볼 수 있다. 아이작 아시모프의 《토끼를 잡아라Catch that rabbit》라는 단편 소설에 보면, 실제로 6대의 부하 로봇들을 조종해서 광물을 채집하는 임무를 수행하는 데이브라는 로봇이 나온다. 이 소설에서 데이브는 위기 상황이 발생했을 때, 주위에 자신이 의지할 수 있는 인간이 없으면 부하 로봇들에게 앞뒤가 맞지 않는 명령을 보내거나 춤을 추게 만든다. 데이브를 감독하는 인간들은 그 이유를 알아내기 위해 고심하다가 혹시 부하 로봇을 너무 많이 감독한 탓이 아닐까 추측한 후 부하 로봇 하나를 폭파시킴으로써 문제를 해결한다. 이 이야기는 언젠가는 로봇들도 사람들처럼 대인 관계, 아니 로봇의 관계에 관한 문제로 고민하게 될지도 모른다는 것을 암시하고 있다. 이처럼 인간의 지능과 뇌의 기능을 이해하려면 사회적인 상황에서 발생하는 문제들을 해결하는 능력이 진화 과정에서 어떤 역할을 하는지 고려하는 것이 반드시 필요하다.

언젠가 자기 자신을 위해 의사결정을 내리는 인공지능이 도래할 때가 올지도 모른다. 그러한 인공지능이 어떤 모습일지, 인간이나 동물처럼 자기 복제를 목표로 의사결정을 내릴지는 알 수 없지만, 그때가 오면 적어도 생명의 개념에 대해서는 재고해봐야 할지 모른다.

지금까지 우리는 생물학과 경제학의 개념들, 인공지능의 발전 상황에 비추어 지능을 이해하고자 시도했다. 앞서 논의된 바에 따르면, 지능은 생명체가 자신의 생존과 번식을 위해 다양한 환경에서 의사결정의 문제를 해결하는 능력으로 정의할 수 있다. 이러한 정의를 바탕으로 다음 장에서는 생명의 진화 과정에서 지능(그리고 뇌)이 어떻게 등장했는지 알아보도록 하겠다.

2부

지능의 진화

4장

지능과 자기 복제 기계

잡아먹힌다는 것은 대부분 죽음을 의미한다. 하지만 반드시 그런 것만은 아니다. 예를 들어 장내기생충은 동물의 위장 속에서 영양분을 가로채기 위해 기꺼이 다른 동물에게 잡아먹힌다. 최초의 장내기생충은 우연히 자신보다 덩치가 큰 동물에게 잡아먹힌 후에 운이 좋아 소화되지 않고 장 속에서 살아남아 알을 낳는 데 성공한 종이었을 것이다. 그런 후에는 점차 숙주의 장 속에서 위산과 소화 효소에 분해되지 않고 가장 효과적으로 번식할 수 있는 형태로 진화해갔을 것이다.

그런데 자신의 숙주 또한 다른 동물에게 잡아먹힐 수 있다. 이때 다시 한번 소화되는 일을 피하고 새로운 숙주에게 기생할 수 있으려면 또 다른 신체적인 변화가 필요할지도 모른다. 그러나 이 문제만 해결되면 기생충에게는 오히려 더 유리할 수 있다. 먹이 피라미드에서 더욱 높은 곳에 있는 숙주는 원래의 숙주보다 기생충이 필요로 하는 영양분과 번식 공간을 더욱 많이 제공할 수 있기 때문이다.

어떤 기생충들은 숙주로부터 영양분을 빼앗는 것뿐만 아니라 자신의 번식을 위해서 숙주의 뇌를 조종하기도 한다. 귀뚜라미의 몸 속에서 성장한 모양선충*Trichostrongylus*은 다시 물속으로 돌아가기 위해서 귀뚜라미를 물에 빠져 죽게 하기도 한다. 숙주의 뇌를 조작하는 기술이 더욱 교묘해지는 것은 바로 유성생식을 위해서 숙주를 교체해야만 하는 장내기생충의 경우이다. 그와 같은 장내기생충들은 번식할 때가 되면 현재의 숙주가 새로운 숙주에게 반드시 잡아먹혀야만 한다. 예를 들어 류코클로리디움*Leucochloridium paradoxum*이라는 흡충은 달팽이를 숙주로 살아가다가, 때가 되면 새들이 찾기 쉬운 나무 꼭대기 쪽으로 달팽이가 이동하도록 만든다. 달팽이의 머리에 새들의 눈에 잘 띄도록 촉수를 만들고 지나가는 새들에게 자신의 숙주를 잡아먹어달라는 신호를 보내기까지 한다. 인간을 포함한 여러 종류의 포유류에 기생하는 톡소포자충*Toxoplasma gondii*이라는 병균 또한 유성생식을 하기 위해서는 반드시 고양잇과의 동물로 이동해가야 하기 때문에, 자신이 처음에 숙주로 삼았던 동물(보통 쥐)이 고양이의 냄새를 따라가도록 행동을 바꾸는 능력을 갖고 있다. 정상적인 쥐라면 당연히 자신을 식사 거리로 생각하는 고양이를 무서워하고 알아서 피해야 하는데도 말이다. 톡소포자충은 무성생식을 통해서 쥐의 내장에서 그 수를 늘리고 나면, 혈관을 타고 쥐의 뇌 안으로 침투한 뒤, 그 안에서 낭포cyst를 만듦으로써 쥐의 뇌를 조종하여 쥐들로 하여금 고양이에게 애착을 느끼도록 쥐의 본능을 바꿔놓게 된다.

기생충에 의해서 자신의 뇌를 조종당하게 되면, 숙주는 자신에게 가

그림1 달팽이에 기생하는 흡충 류코클로리디움

장 이로운 행동을 선택할 능력을 잃게 된다. 그 결과로 자신을 죽음으로 몰아가는 행동조차 서슴지 않고 선택하기에 이르는 것이다. 그와 같은 행동은 숙주의 지능이 아니라 오히려 기생충의 지능이 반영된 결과라고 봐야 한다. 결국, 특정 행동을 놓고 그것이 어떤 종류의 지능을 반영하는지를 파악하기 위해서는 그 행동의 주체부터 명확히 밝혀야 한다. 예를 들어 쥐에게는 고양이를 가장 잘 피할 수 있는 방법을 찾아내는 것이 지능이고, 톡소포자충에게는 고양이를 쫓아다니게끔 쥐의 행동을 조종하는 것이 지능이다. 마찬가지로 알파고가 이세돌 기사를 꺾은 일도 알파고의 성과라기보다는 알파고를 개발해서 인간 대표를 상대로 바둑을 이기겠다는 목표를 갖고 있었던 딥마인드 사의 과학자들과 프로그래머들의 것이라고 보는 것이 옳다. 이와 같이 지능은 그것을 소유한 생명체의 목적과 밀접한 관련이 있다.

지능을 규정하는 것이 주체와 그 주체의 선호도라고 해서 주체가 선호하는 모든 행동이 지능의 산물인 것은 아니다. 일단 주체가 그 행동을 지속적으로 선호해야 하며, 그 행동의 일차적인 목표는 주체의 보존과 번영이어야 한다. 특히 그 행동은 자기 파괴적이어서는 안 된다. 자기 파괴는 그 외의 어떤 형태의 선호도와도 양립할 수 없기 때문이다.

하지만 열역학 제2법칙에 의하면, 우주에 존재하는 모든 것은 시간이 지남에 따라 형태를 잃고 점점 무너져 내리게 된다. 내부 구조가 복잡할수록 망가질 부분이 많기 때문에 더 빨리 스러져버린다. 그런 세계에서 더 오래 살아남는 것은 무엇일까? 온갖 기능을 갖춘 만능 기계라 한들 시간이 지나면 부서지고 마모되어 더 이상 형체도 알아볼 수 없을 지경이 된다. 하지만 앞뒤로 전진하는 것 말고는 아무 기능도 없는 예쁜 꼬마선충이라 해도 번식 기능이 있어 그 수를 늘려갈 수 있다면 세월의 마모를 견뎌내고 종족을 계속 이어나갈 수 있다. 이처럼 지능의 주체를 보존하기 위한 최선의 방법은 그것을 끊임없이 복제하는 것이다. 끊임없는 자기 복제의 과정이 바로 생명 현상의 본질이다.

생명체는 자기 복제를 통해 그 존재를 지속하기 위해 '지능'을 사용한다. 즉, 자기 보존적self-preserving이고 일관된 선호도를 기반으로 하는 지능은 생명체의 자기 복제를 위한 유용한 도구인 것이다. 생명체의 행동에서만 지능의 흔적을 찾을 수 있는 것도 바로 그 때문이다. 이 장에서는 생명의 긴 역사에서 자기 복제 기계가 어떻게 등장했으며, 또한 어떤 방법으로 자기 복제 기능을 개선시켜 왔는지 알아보겠다. 이 과정에서 등장한 뇌(그리고 지능)는 유전자가 자기 복제를 위해 발명한 가장 놀라운 장치다. RNA에서 DNA, 세포 그리고 뇌까지, 생명 진화의 역사를 추적해보자.

자기 복제 기계란?

지구상의 생명체들은 모두 지질막으로 둘러싸인 세포로 이루어져 있다. 이 세포들은 적절한 조건이 갖춰지면 스스로 분열해서 기하급수적으로 그 수를 늘려간다. 세포 안에는 DNA라는 유전 물질이 들어 있으며 세포 분열 시 복사되어 새로운 세포들에게 전달된다. 하지만 지질막으로 구성된 세포막과 DNA로 이루어진 유전 물질이 생명체의 절대적인 자격 조건이 될 수 없다. 만일 그렇다면, 지구 이외의 다른 행성에서 생명체를 찾는 일은 아무런 의미가 없을 것이다. 다른 행성에서는 지구상의 생명체들과는 다른 방법으로 스스로를 복제하는 생명체가 존재할 수도 있기 때문이다. 생명체의 가장 근본적인 속성은 DNA와 같은 특정한 화학 물질이 아니라 바로 자기 복제의 과정이다. 즉 생명체는 자기 스스로를 복제하는 물리적인 기계로 볼 수 있다.

자신을 스스로 복제하는 기계는 우리가 기대하는 생명체의 여타 속성을 필수적으로 가지게 된다. 그 첫 번째가 **유전**heredity이다. 이는 성공적인 자기 복제의 필연적인 결과로 나타난다. 복사본이 원본과 동일하게 복제가 이루어졌다는 것은 특정한 생명체가 가지는 물리적 형질들이 그 자손들에게 그대로 전해졌다는 것을 의미한다. 생명체의 두 번째 속성은, 주위 환경으로부터 원자재를 모아들여 자신의 일부로 변환시키고 불필요한 물질을 제거하는 **신진대사**metabolism다. 자기 복제를 한다는 것은 자기와 자기를 둘러싸는 환경과의 경계가 분명하다는 것을 전제로 한다. 그렇지 않다면 도대체 무엇을 복제해야 하는지 그 대상을 정할 수 없기 때문이다. 또한 자기 복제를 한다는 것은, 주위 환경으로부터 원자재를 긁어 모아서 적절하게 조립하는 과정을 필요로 한다. 자기 복제 중에 원자재들을 원하는 곳으로 운반하기 위해 필요한 에너지는 환경으로부터 조달해야 한다. 식물의 경우에는 태양으로부터 오는 광에너지를 이용하고, 동물의 경우는 다른 생명체로부터 복제에 필요한 화학 에너지를 뺏어온다. 이처럼 지구상에 존재하는 대부분의 생명체들은 직접적으로나 간접적으로 결국에는 태양 에너지에 의존하지만, 예외도 있다. 깊은 바닷속에 사는 고세균archaea이라는 미생물은 갈라진 해저 표면 사이에 있는 열수분출공에서 지구 내부로부터 솟아나는 열화학에너지를 이용해서 신진대사를 하기도 한다. 중요한 것은 자기 복제 기계는 환경으로부터 에너지를 흡수해야 한다는 것이다.

자기 복제를 하는 기계들이 가지는 세 번째 속성은 **진화**evolution다. 진화는 자기 복제 과정에서 불가피하게 발생하는 '실수'에서 비롯된다. 어

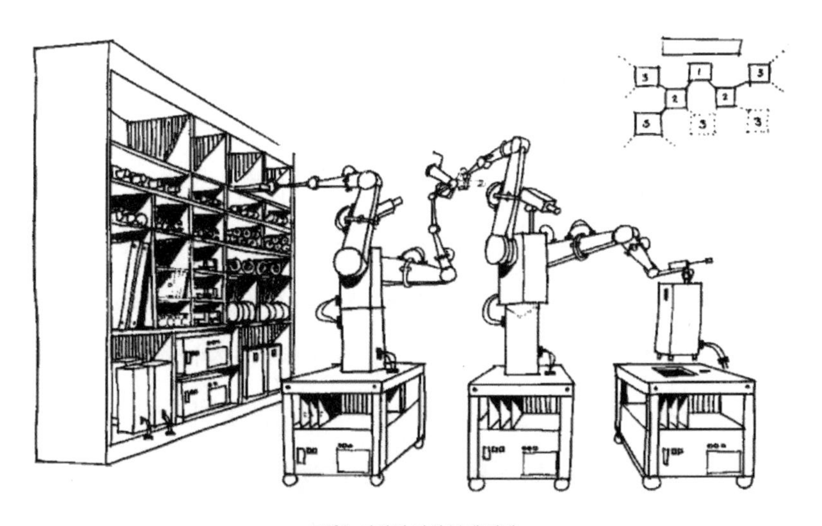

그림2 가상의 자기 복제 기계

떤 물리적인 기계도 완벽할 수는 없기 때문에 드물게라도 복제 과정에는 실수가 있기 마련이다. 복제 과정에서 일어나는 실수의 대부분은 복제에 해를 끼칠 것이고, 그와 같은 실수로 생겨난 복사본은 원본보다 복제를 효과적으로 수행하지 못하게 되어 점차 도태될 것이다. 하지만 간혹 복제 과정에서 실수로 만들어진 복사본이 원본보다 더 복제를 잘하게 될 수도 있다. 이렇게 생겨난 새로운 복사본은 처음에 아무리 개체수가 적더라도 오랜 시간이 지난 후 원본과 그 원본의 정확한 복사본을 밀어내고 살아남을 수도 있다. 여건만 허락된다면 자신들의 수를 기하급수적으로 증가시킬 수 있기 때문이다.

예를 들어 복제 실수로 원래 박테리아보다 복제 속도가 20% 정도 빨라진 박테리아가 생겼다고 가정해보자. 50세대가 지나고 나면, 복제 속도가 빠른 놈은 느린 놈에 비해서 그 수가 거의 9천 배 가량 많아지게 된다. 만일 이 두 종류의 박테리아가 마구잡이로 섞여 살고 있다면 복제가 느린 박테리아를 찾아보기는 아주 어려워질 것이다. 이런 상황에서 박테리아를 잡아먹는 포식동물이 등장해서 모두 잡아먹고 단지 100여 마리의 박테리아만 살아남게 된다면, 복제가 느린 박테리아가 살아남을 확률은 1% 정도밖에 되지 않는다. 이와 같이 진화하는 과정에서 완벽하게 자기 복제를 할 수 있는 생명체가 등장하더라도, 생명체가 약간의 실수를 일삼는다면 복제를 더 많이 하는 생명체에게 밀려날 수밖에 없을 것이다. 또한 진화를 통해 복제 과정의 효율성이 점차 증가한다는 것은, 오랜 시간에 걸쳐 생명체가 자신의 환경에 따라 그 특성을 변화시키게 된다는 것을 의미한다. 가장 효과적인 복제 과정은 생명체의 환경에 의해 결정되기 때문이다.

자기 복제 기계의 진화사

지구상에 존재하는 생명체가 어떻게 시작되었는가에 대해서는 아직 불분명하다. 그렇지만 생명체의 본질이 진화라는 점을 감안하면 최초로 등장한 자기 복제 기계가 어떤 속성을 갖고 있었을까에 대한 약간의 추측이 가능하다. 우선 복제의 정확도와 속도가 진화를 통해서 점차 향상되었다는 것은, 최초의 자기 복제 기계가 등장했을 당시에는 복제의 정확도와 속도가 대단치 않았다는 것을 의미한다. 아마도 이 물질은 현존하는 생명체들에 비해 매우 단순한 구조를 하고 있었을 것이다.

단순한 구조를 갖고 있으면서도 자기 복제를 할 수 있는 최초의 물질이 무엇이었는지를 알아내는 일이야말로 생명의 기원에 관한 비밀을 푸는 첫 번째 열쇠라고 할 수 있다. 그런 물질이라면 다음과 같은 성질을 갖고 있을 것이라고 추측할 수 있다. 첫째는 복제하는 과정에서 사용되는 부품의 숫자가 많지 않고 그 조립 방법이 비교적 간단해야 한다는 것이다. 따라서 여러 부품들 간의 크기나 물리적인 속성은 유사할 가능성이 많다. 둘째, 여러 가지 부품을 모아서 조립하는 일을 수행하기 위해서는 그에 요구되는 특정한 모양을 갖출 수 있는 능력이 있어야 한다. 셋째, 너무 쉽게 파괴되어서도 안 된다. 여러 번 복제를 반복하는 동안 부서지지 않고 버텨주어야 하기 때문이다. 비슷한 종류의 소단위물질이 다량으로 합쳐져서 형성된 화학 물질을 중합체polymer라고 하는데, 그와 같은 중합체의 일부는 자기 복제를 할 수 있을지도 모른다. 실제로 지구상에 현존하는 생명체들은 RNA와 DNA 같은 폴리뉴클레오티드를 유전 물질로 사용하고 있다. 생명의 기원을 연구하는 대부분의 생물학자들은 DNA보다는 RNA가 지구에서 발생한 최초의 생명체에서 자기 복제 했을 가능성이 높다고 보고 있다.

RNA는 여러 개의 리보뉴클레오티드ribonucleotide라는 물질이 한 줄로 연결된 기다란 중합체다. 각각의 리보뉴클레오티드는 리보스ribose라는 단당류monosaccharide와 인산염phosphate 그리고 질소성 염기로 구성되어 있다. 리보뉴클레오티드를 이루는 질소성 염기에는 구아닌guanine, 우라실uracil, 아데닌adenine, 그리고 시토신cytosine의 네 가지가 있으며, 그에 해당하는 리보뉴클레오티드들을 각각 구아노신guanosine, 우리딘uridine, 아데노신adenosine, 시티딘cytidine 일인산염monophosphate이라고 한다. 따라서 여러

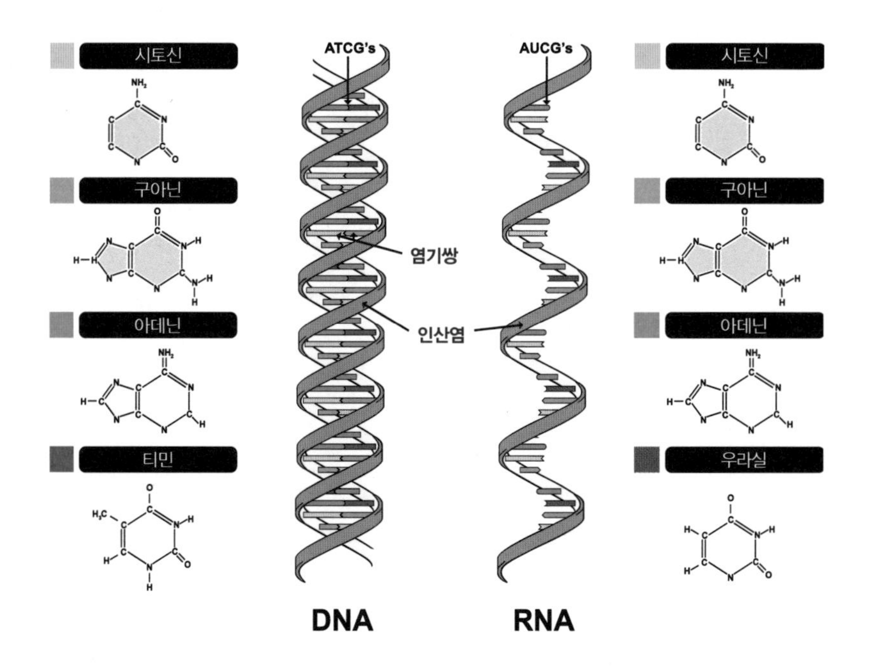

그림3 DNA와 RNA 구조

개의 리보뉴클레오티드로 이루어져 있는 RNA는 각각의 리보뉴클레오티드에 포함되어 있는 질소성 염기에 따라, G(구아닌), U(우라실), A(아데닌), 그리고 C(시토신) 네 글자를 사용해서 나타낸다. 예를 들어 구아노신 5개가 결합되어 생긴 RNA는 GGGGG와 같이 나타내는 것이다.

RNA가 자기 복제에 적합한 결정적인 이유는 그 구성 성분인 리보뉴클레오티드들이 서로 짝을 이루는 경향이 있기 때문인데, A는 U와 결합하려는 경향이 있고 G는 C와 결합하려는 경향이 있다. 바로 이런 성질 때문에 리보뉴클레오티드가 특정한 순서로 배열되어 있는 RNA는 두 번의 복제 후에 원래의 RNA와 동일한 복제본을 만들 수 있다. 예를 들어 AACUGA와 같은 RNA가 존재한다면, 한 번의 복사로 UUGACU 형태의 RNA가 만들어진 후 다시 복제를 거쳐 처음과 동일한 구조의 RNA를 만들 수가 있다.

하지만 유전 가능한 물질이 등장한 것만으로는 자기 복제가 원활히 이루어질 수 없다. 지구상에 현존하는 생명체들은 유전자와 그 유전자를 복제하는 데 필요한 물질들로 이루어져 있다. 여기서 유전자란 복제 과정에서 생명체의 여러 가지 특징을 복사본에게 전달하는 데 필요한 정보가 저장되어 있는 물질을 일컫는 말이다. 또한 유전자의 복제와 같은 특정한 화학 반응을 촉진시키는 도우미 역할을 하는 물질을 촉매catalyst라고 한다. 이때 촉매는 도우미 역할을 잘 수행하고 화학 반응에 필요한 물질을 적절하게 배열하는 과정을 효율적으로 추진하기 위해 필요한 3차원적인 구조를 갖추고 있어야 한다.

최초로 지구상에 등장한 생명체가 유전자와 유전자에 필요한 촉매를 각각 동시에 확보했을 가능성은 아주 희박하다. 따라서 최초의 생명체에서는 유전자 스스로가 자신을 복제하는 데 필요한 화학 반응을 촉진시키는 '자가 촉매autocatalyst'의 역할을 해야만 했을 가능성이 아주 높다. 이것이 바로 RNA가 지구상의 현존하는 모든 생명체의 공통된 조상뻘일 것이라고 생각되는 중요한 이유이다. 왜냐하면 RNA는 네 가지의 서로 다른 리보뉴클레오티드들을 여러 가지 방법으로 조합함으로써 필요한 유전 정보를 저장할 수 있을 뿐 아니라, 리보뉴클레오티드의 순서에 따라서 그 모양이 변하기 때문에 자가 촉매 기능에 필요한 형태를 획득하는 것이 가능하기 때문이다. 이렇게 촉매 역할을 하는 RNA를 리보자임ribozyme이라고 한다. 실제로 생명체에는 다양한 리보자임들이 존재한다. 예를 들어 리가아제ligase 리보자임은 자신보다 길이가 짧은 RNA 조각들을 붙여서 보다 길이가 긴 RNA를 만드는 촉매의 역할을 한다. 최근에는 실제로 자기 복제를 할 수 있는 리보자임이 발견되어, 지구상에 처음으로 등장한 생명체가 RNA 덩어리로 이루어졌을 것이라는 가설에 힘을 실어줬다.

일단 자기 복제의 능력을 가진 RNA가 등장한 이후, 다양한 종류의 RNA들은 부품, 즉 리보뉴클레오티드를 확보하기 위한 치열한 경쟁을 통해 진화의 속도를 높여갔을 것이다. 그런데 RNA는 구조적으로 불안정하기 때문에 유전 정보를 오랫동안 보존해야 하는 유전 물질로는 이상적이지 않다. 그래서 자기 복제 RNA의 진화가 계속되던 도중에 어떤 RNA들은 자신과 구조가 유사하지만 보다 단단한 구조를 가진 물질인 DNA를 유전자로 이용하는 방법을 찾아내게 되었을 것이다. 리보뉴클레오티드로 만들어진 한 줄의 사슬인 RNA에 비해 DNA는 디옥시리보뉴클레오티드deoxyribonucleotide로 만들어진 두 줄의 사슬이라 더 안정적인 구조를 가지고 있다. 이미 수만 년 전에 멸종해버린 네안데르탈인의 DNA에서 유전 정보를 읽어낼 수 있는 것도, 심지어는 수억 년 전의 고생물의 DNA를 해독하는 것이 가능한 이유도 바로 DNA가 화학적으로 지극히 안정된 구조를 가지고 있기 때문이다.

DNA도 RNA처럼 네 가지 질소성 염기를 사용하는데, 그중 세 가지는 RNA와 동일하게 아데닌, 시토신, 그리고 구아닌이며 나머지 하나로는 우라실 대신 티민thymine을 이용한다. 따라서 DNA에 저장된 유전 정보는 G, T, A, C의 네 글자로 이루어진다. 또한 DNA는 RNA가 다양한 모양을 하는 것과 달리, 늘 이중나선 구조를 하고 있다. 꽈배기처럼 꼬여 있는 이러한 이중나선 구조 안에서 두 줄의 DNA는 서로 잘 달라붙는 질소성 염기(G-C와 A-T의 쌍)끼리 마주 보고 있기 때문에, 더욱 안정적인 구조를 유지하게 된다. DNA의 이중나선 구조는 자기 복제에도 안성맞춤이다. DNA의 이중나선 구조가 지퍼가 열리듯이 벌어지고, 짝을

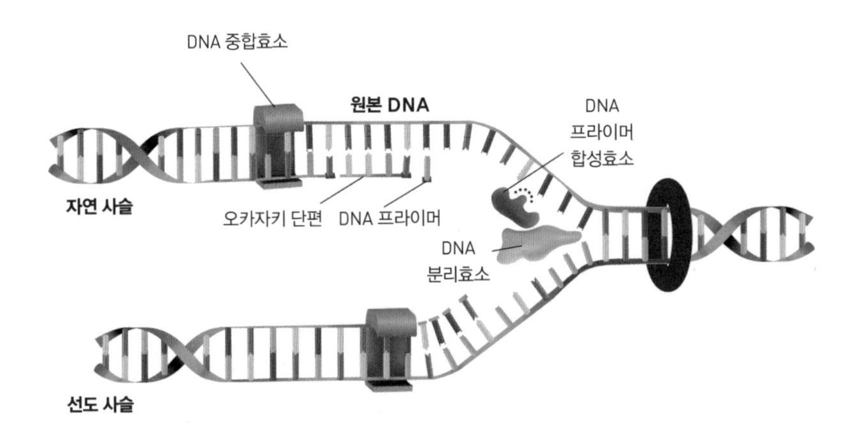

그림4 DNA의 복제 과정

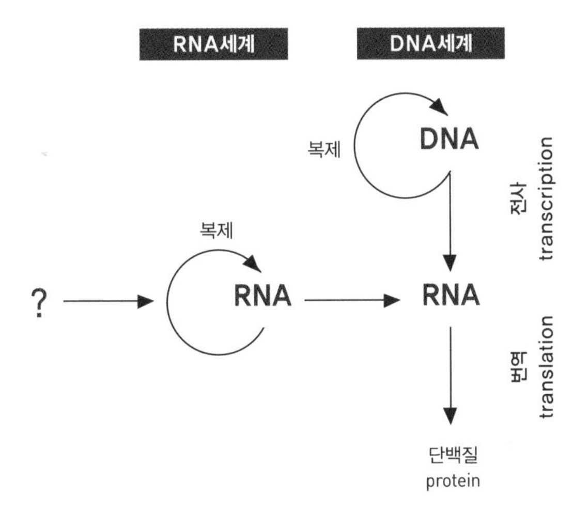

그림5 RNA세계와 DNA세계

찾는 질소성 염기에 새로운 디옥시리보뉴클레오티드들이 줄줄이 가서 달라 붙으면 그 자체로 DNA의 복제가 완성되기 때문이다.

DNA가 등장하기 전, 오로지 RNA들끼리 자기 복제의 문제를 해결하던 상태를 'RNA세계RNA world'라고 한다. 반면, DNA가 등장한 이후 유전 정보를 안정적으로 보존하는 역할은 DNA가 맡고 RNA는 단지 DNA의 복제를 돕는 역할을 하게 되었는데, 이를 'DNA세계DNA world'라고 한다. 물론 우리는 DNA세계에 살고 있다. 지구상에 현존하는 모든 생명체는 DNA를 사용해서 유전 정보를 저장하고 있기 때문이다. 하지만 바이러스 중에는 아직도 RNA를 유전 물질로 사용하는 것들이 많이 있다. 인간을 괴롭히는 질병들 중에서 에볼라, C형 간염, 소아마비 등이 그와 같은 RNA 바이러스 때문에 일어난다. 최근 전 세계에 퍼져 대유행의 상태로 인류에게 큰 위협이 된 코로나19Covid19 같은 코로나 바이러스 또한

RNA 바이러스의 일종이다.

만능 재주꾼 단백질

현존하는 생명체들의 세포 안에서 RNA는 여전히 촉매 역할을 하고 있다. 하지만 오늘날 세포 안팎에서 이루어지는 다양한 화학 반응을 조절하는 촉매의 대부분은 단백질protein이다. RNA나 DNA와는 달리, 단백질은 여러 개의 아미노산amino acid이 결합되어 만들어지는데, 그중에서 촉매로 작용하는 단백질을 효소enzyme라고 한다. 리보뉴클레오티드의 순서가 변할 때 RNA의 구조가 변하듯이, 아미노산의 순서를 바꾸면 단백질의 구조가 달라지고 그에 따라 기능도 달라진다. 하지만 불과 네 가지 종류의 부품을 사용하는 RNA에 비해서, 단백질을 구성하는 아미노산의 종류는 무려 20가지나 된다. 따라서 단백질은 리보자임보다 훨씬 다양한 기능을 수행할 수 있다.

세포 안에서 단백질이 하는 역할은 수도 없이 많다. 유전 정보가 담겨 있는 DNA를 복제하는 일에서부터 세포가 필요로 하는 에너지를 만들어내고 불필요한 물질을 세포 밖으로 내보내는 등, 단백질은 세포의 유지를 위해 필수적인 일들을 거의 모두 수행하고 있다. 그렇다면 이렇게 중요한 단백질은 어떻게 만들어지는 것일까? 단백질이 합성되는 과정의 핵심에는 또 다시 RNA가 개입한다. 이것은 단백질이 효소의 역할을 하기 이전에는 RNA가 그와 같은 일을 담당했을 것이라고 추측하는 또 하나의 이유이다.

단백질은 DNA에서 직접 만들어지는 것이 아니라, DNA의 염기 순서에 따라 RNA 중합효소polymerase에 의해서 조립된 메신저 RNAmessenger RNA: mRNA를 이용해서 만들어진다. 이와 같이 DNA에서 RNA가 복사되는 과정을 전사transcription라고 한다. 동물이나 식물과 같이 세포 안에 핵nucleus을 갖고 있는 진핵생물eukaryote의 경우 DNA는 핵 안에 자리잡고 있는데 반해 mRNA는 합성된 이후 핵 밖으로 나온다. 그러면 리보좀ribosome이라는 화학 공장에서 mRNA 염기들의 순서에 적혀 있는 대로 아미노산을 결합해 단백질을 만드는 일이 일어난다.

mRNA에 적혀 있는 정보에 따라 단백질이 합성되는 과정을 번역translation이라고 한다. 그런데 번역 과정에서 RNA를 구성하는 뉴클레오티드는 4종류밖에 되지 않는데, 단백질을 만드는 데 사용되는 아미노산

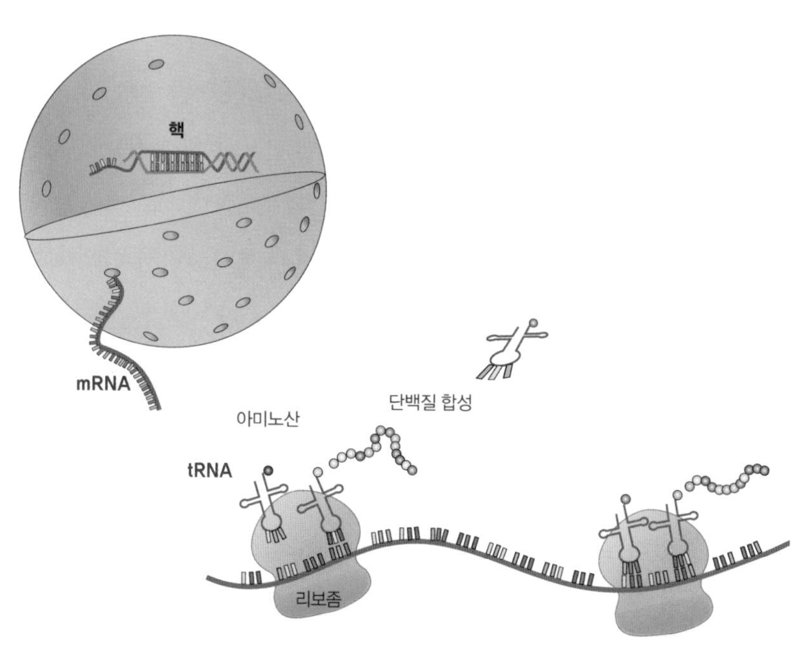

그림6 리보좀에서의 단백질 합성 과정

의 종류가 20가지라는 점에서 문제가 발생한다. 진화는 뉴클레오티드 3개의 순열을 사용해 하나의 아미노산을 지정하면서 이 문제를 해결했다. 그와 같은 3개의 뉴클레오티드로 구성된 부호를 코돈codon이라고 한다. 번역 과정에서 가장 중요한 일은 각각의 코돈이 지정하는 아미노산을 찾아서 합성 중인 단백질에 알맞게 추가하는 일이다. 이렇게 아미노산을 배달하는 것 역시 RNA로, 이를 전이 RNAtransfer RNA: tRNA라고 부른다. tRNA는 한쪽에 mRNA의 코돈에 결합하는 안티코돈anti-codon이 있고, 다른 쪽에는 특정 아미노산과 결합할 수 있는 부위가 존재한다. tRNA는 리보좀 안에서 달고 있던 아미노산을 단백질 합성에 기증한 후, 리보좀을 떠나서 아미노아실 tRNA 전달효소aminoacyl tRNA transferase의 도움을 받아 새로운 아미노산을 장착하고 다시 리보좀으로 향하는 셔틀 역할을 반복하게 된다. 코돈 중에는 번역이 시작되는 곳과 끝나는 곳을 나타내는 것도 있는데, 이들을 개시코돈start codon과 종결코돈stop codon이라고 한다. 유전자란 바로 하나의 단백질을 만드는 데 필요한 유전 정보가 저장되어 있는 DNA 구간을 일컫는 말이다.

RNA로 시작한 생명체가 유전자와 단백질을 도입하면서 더욱 복잡한 구조를 가진 생명체로 진화하는 과정에서, 유전 정보를 저장하는 DNA와 촉매로 작용하는 단백질 사이에서 역할 분담이 일어나게 된다. RNA의 입장에서 보면 유전 정보를 보다 안정적으로 저장하는 일과 다양한 촉매의 작용을 각각 DNA와 단백질에게 따로따로 위임했다고도 생각할 수 있다. 이처럼 특정한 기능을 더욱 효과적으로 수행할 수 있는 부서에게 역할을 위임함으로써 전체의 효율성을 높여가는 일은 생명체의 진화뿐만이 아니라 지능이 발전하는 과정에서도 결정적인 역할을 한다. 다세포 생명체가 등장하고 다양한 종류의 세포들이 생겨나면서, 개체를 보호하고 이동시키는 일, 산소와 영양분을 세포에 운반하는 일 등이 각각의 기능에 특화된 세포들에게로 분담된다. 그 과정에서 이 모든 일을 제어하는 기능을 가진 '뇌'가 진화하게 된다.[1]

다세포 생명체의 출현

현존하는 지구상의 생명체들은 DNA, RNA, 단백질 외에 또 한 가지 중요한 성분을 포함하고 있는데, 그것은 바로 세포를 둘러싸고 있는 세포막이다. 세포막이 존재하지 않는다면 RNA나 DNA의 복제에 필요한 모든 화학 물질이 주위 환경에 의해서 희석될 것이므로 자기 복제 과정의 효율성이 많이 떨어질 것이다. 따라서 세포막과 세포의 출현은 생명의 기원에서 아주 중요한 사건이다. 일단 세포가 등장하면, 자기 복제 과정은 세포 분열을 통해서 이루어지게 된다. 하나의 세포 안에서 DNA 복제가 끝나고 필요한 모든 단백질들의 여분이 충분히 만들어지면, 세포는 분열하는 과정을 거쳐서 스스로를 복제하게 되는 것이다.

세포의 등장과 더불어, 생명의 진화 과정에서 가장 획기적인 또 한 가지 사건은 다세포 생명체의 등장이다. 세포막은 자기 복제 과정을 더 효율적으로 만들었지만 중요한 문제를 하나 발생시켰다. 일단 세포막이 생기고 나면 세포의 크기에 제한이 생긴다는 것이다. 세포가 커지면 커질수록 부피 대 표면적의 비율이 증가하게 되어 세포 내외의 물질 교환을 요하는 신진대사의 속도가 떨어진다. 따라서 단순히 세포의 크기를 늘리는 것만으로는 고도의 지능을 기대하기는 어렵다. 복잡한 행동

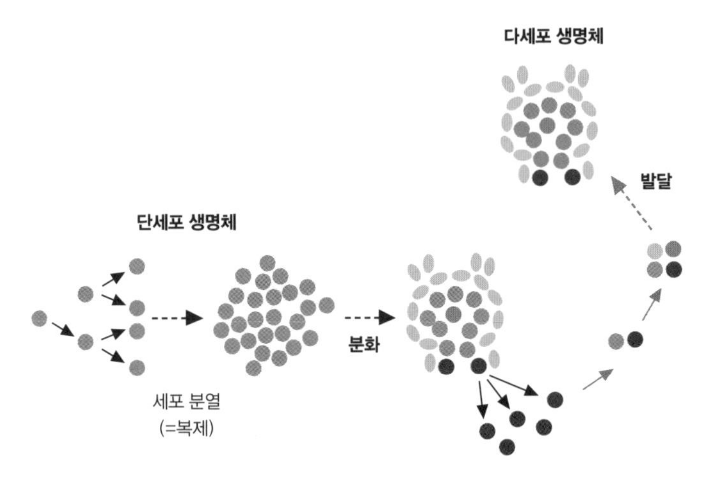

그림7 단세포 생명체와 다세포 생명체의 자기 복제 과정. 회색 동그라미는 분화되지 않은 세포, 회색이 아닌 동그라미는 분화된 세포, 빨간색 동그라미는 생식세포를 나타낸다.

을 제어하는 데 필요한 뇌와 같은 특수한 기관을 만들어내기 위해서는 우선 여러 개의 세포들이 구조적으로나 기능적인 특수성을 획득하는 분화 과정을 거쳐 다세포 생명체를 형성하는 것이 필요하다.

자기 복제에 필요한 기능을 혼자서 다 해결해야 한다는 점에서, 단세포 생명체는 유전자와 효소의 역할을 혼자 다 소화해내던 RNA세계의 생명체와 유사하다. 반면 다세포 생명체는 여러 가지 종류의 세포를 만들어 보호 기능, 순환 기능, 면역 기능 등에 전문화된 기관을 만들 수 있다. 그것은 마치 RNA가 자신의 원래의 기능 중에서 일부를 DNA와 단백질에게 위임한 것과 마찬가지다. 수정된 알이 세포 분열을 거듭하며 만들어진 많은 세포는 다세포 생명체가 발달하는 과정에서 생식세포와 체세포로 나뉘어진다. 생식세포들은 수정과 발달 과정을 통해서 새로운 개체를 만들어낼 수 있지만, 체세포들은 개체가 죽을 때 운명을 같이 하게 된다. 따라서, 리처드 도킨스Richard Dawkins의 표현대로, 체세포는 생식세포와 생식세포 안에 포함되어 있는 유전자들을 보호하고 운반하는 일종의 생존 기계survival machine라고 생각할 수 있다.

다세포 생명체에서 특화된 세포들이 자신에게 요구되는 구조와 기능을 갖게 되는 것은 그에 필요한 단백질들을 만들 때만 가능하다. 또한 모든 세포가 정상적으로 작동하기 위해서는 각 유전자가 만들어낼 수 있는 단백질의 양이 정확하게 제어되어야 한다. 이와 같은 역할을 하기 위해서 각각의 유전자에는 해당하는 단백질의 아미노산의 순서를 지정하는 데 필요한 정보를 담고 있는 암호 부위coding region와 전사 과정의 양을 조절하는 조절 요소가 포함되어 있다. 사실 DNA에 포함되어 있는 모든 뉴클레오티드가 세포 안에서 만들어지는 단백질들의 아미노산의 순서를 지정하는 데 사용되는 것은 아니다. 그와 같이 단백질의 아미노산 순서와 직접적인 관계가 없는 DNA의 부위를 통틀어서 '비암호화non-coding DNA'라고 한다. 한때는 비암호화 DNA의 기능을 잘 이해하지 못하고 아무런 기능이 없다고 생각해 '쓰레기junk DNA'라고 부른 적도 있었다. 하지만 비암호화 DNA의 적지 않은 부분은 암호 부위의 DNA에서 만들어지는 단백질의 양을 결정하는 조절 요소로 세포의 기능을 제어하는 데 중요한 작용을 한다는 것이 밝혀졌다.

다른 유전자의 조절요소에 달라붙어서 해당하는 유전자의 전사 과정을 제어하는 단백질을 전사인자transcription factor라고 한다. 생식세포가 수정란을 거쳐 성체로 발달하는 동안, 세포 분열을 통해 만들어진 세포들이 분화해가는 과정에는 많은 전사인자가 관여하게 된다. 그러한 전사인자 중 일부는 신체의 부위에 따라 농도가 변화함으로써 그 부위

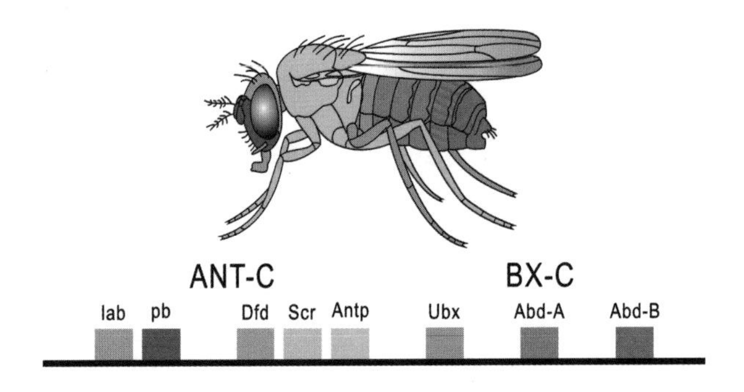

그림8 혹스 유전자는 초파리의 배아에서 위치에 따라 선택적으로 전사되어 초파리의 신체 각 부위가 정상적으로 발달할 수 있도록 돕는다.

에 있는 세포들이 일정한 방식으로 특화하는 데 필요한 단백질을 만들도록 한다. 예를 들어 비코이드*bicoid* 같은 전사인자는 장차 동물의 머리가 될 부위에 다량으로 존재하고, 혹스*hox* 같은 전사인자는 신체의 특정한 부위에 국한되어 존재하면서 팔다리와 같은 다양한 구조들이 적절한 위치에서 형성되도록 하는 역할을 한다. 이처럼 다세포 생명체가 발달하는 과정에서 개개의 세포들은 전사인자들의 다양한 조합의 영향을 받아 신체의 특정한 부위에서 필요한 기능을 수행하는 전문가로 분화하게 된다.

뇌의 진화

이제 신경계와 뇌의 진화에 대해 알아보자. 다세포 생명체가 생겨난 후 세포가 기능에 따라 분화되면서 동물은 신경세포와 근육세포를 이용해 특정 신체 부위를 원하는 대로 움직여 자신의 목적에 맞게 이용할 수 있게 되었다. 그중에서도 신경세포는 동물이 처한 환경에 따라 다양한 형태로 분화해 생물 종마다 구분되는 신경계를 구성하기에 이른다. 1장에서 본 것처럼 비교적 단순한 구조를 가진 예쁜꼬마선충의 신경계와 특별한 목적을 위해 특화된 기능을 갖춘 해파리와 바퀴벌레의 신경계, 그리고 복잡성의 극치라고 할 수 있는 인간의 뇌까지, 과연 신경계는 어떻게 진화해왔을까? 안타깝게도 신경세포는 화석에 흔적을 남기지 않기 때문에, 신경계가 진화해온 과정을 정확하게 알아내는 것은 쉬운 일이 아니다. 단지 현존하는 동물들에서 관찰되는 다양한 신경계를 비교함으로써 그 진화 경로를 추측만 해볼 수 있을 뿐이다. 하지만 최근에는 DNA 분석을 통해 각 동물들이 공통 조상으로부터 갈라져 나온 시점을

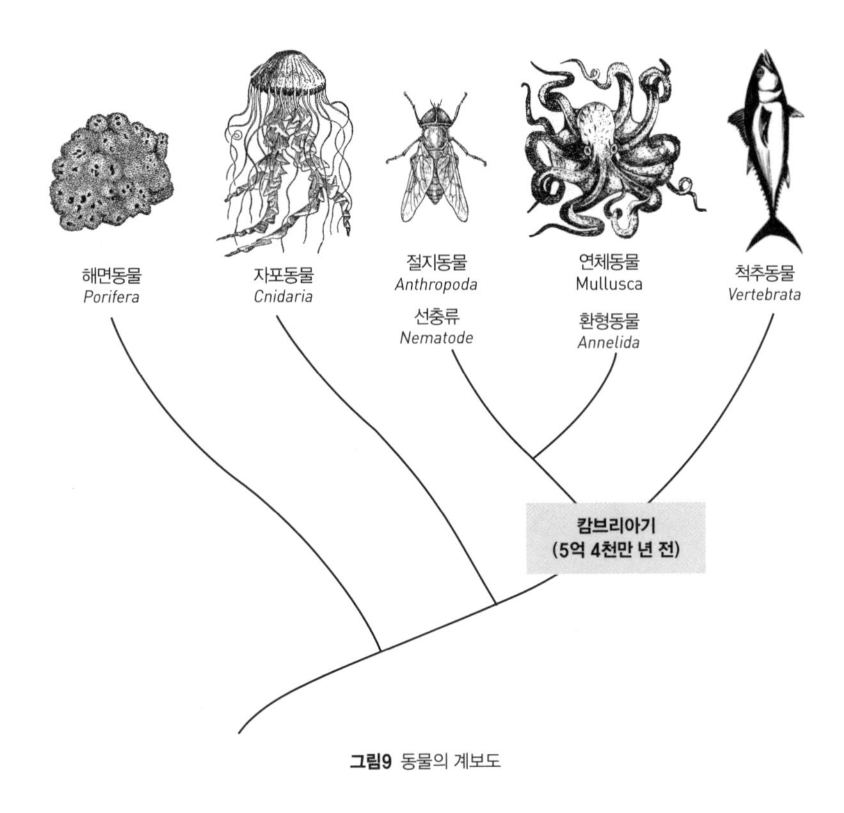

그림9 동물의 계보도

더욱 정확하게 추측할 수 있게 되었다.

그렇다면 지구상에 등장한 최초의 동물의 신경계는 어떤 구조를 하고 있었을까? 대부분의 연구자들은 지구 최초의 동물은 천연 스폰지로 이용되기도 하는 해면동물*Porifera*과 유사한 형태를 띠고 있었을 것이라고 추측한다(한편에서는 해면동물보다는 빗해파리comb jellyfish와 같은 종류의 동물이 더 먼저 등장했었을 것이라는 추측도 있다). 스폰지는 다른 동물들과 달리 근육세포나 신경세포를 가지고 있지 않고, 주로 해저 표면이나 바위에서 고착 생활을 한다. 그럼에도 불구하고 해면동물은 식물과는 달리 세포에 세포벽이 없을 뿐 아니라, 정자를 만들고, 박테리아와 같은 다른 생명체를 잡아먹으며 살아가기 때문에 동물로 분류된다. 또한 해면동물은 근육세포를 갖고 있지 않음에도 불구하고 신체를 둘러싸고 있는 편평세포pinacocyte를 이용해서 아주 느린 속도로 이동할 수도 있다. 이런 점을 미루어볼 때, 지구상에 최초로 등장한 동물 또한 근육세포와 신경세포를 갖고 있지 않을 가능성이 높다. 해면동물과 같은 원시적인 동물이 최초로 등장한 것은 최소한 6억 년 전 정도일 것이라고 추측한다.

자기 복제에 필요한 재료와 에너지를 다른 생명체로부터 탈취해야 하는 운명을 타고난 동물들에게 근육세포와 신경세포의 등장은 희소식이 아닐 수 없었을 것이다. 비록 처음에는 그 기능이 아주 단순하고 보잘 것 없다 하더라도, 고착 생활을 하는 당시의 다른 동물들보다 좀 더 효율적으로 먹이 사냥에 나설 수 있었을 것은 분명하다. 현존하는 동물들 중에 가장 단순한 신경계를 가지고 있는 것은 바로 해파리와 같은 자포동물*Cnidaria*들이다. 해파리의 신경구조는 척추동물의 뇌와는 전혀 다른 반지 모양의 신경망nerve net으로 이루어져 있다. 이처럼, 신경세포가 처음 등장했을 당시에는 신경세포들이 한곳에 집중되어 있는 것이 아니라, 신체의 여러 부위에 분산된 상태에서 자신들의 주위에 있는 근육세포를 제어하는 역할을 했었을 가능성이 높다.

대략 5억 4천만 년 전부터 2천만 년 전까지의 기간을 캄브리아기라고 하는데, 이 기간은 동물의 진화사에서 지극히 중요한 시기이다. 바로 이때, 현존하는 대부분의 동물의 원형들이 등장했기 때문이다. 그래서 이 시기를 '캄브리아기 폭발Cambrian explosion'이라고 부르기도 한다. 과연 폭발이라는 표현이 필요할 만큼 그 시대에 특별한 사건들이 있었는가 하는 문제는 차치하고라도, 이 시기를 지나면서 오늘날 존재하는 다양한 동물들의 조상들이 몇 가지 뚜렷한 집단을 형성한 것은 분명하다. 예를 들어 곤충을 포함하는 절지동물*Anthropoda*, 오징어나 낙지를 포함하는 연체동물*Mullusca*, 그리고 척추동물*Vertebrata*을 포함하는 척색동물이 등장하는 것도 바로 이 무렵이다.

절지동물, 연체동물, 그리고 척추동물의 신경계가 별도의 진화를 시작한 시점이 5억 년 이상이 된다는 것을 생각하면, 그들 간에 적지 않은 차이점이 있다는 것이 크게 놀라운 일은 아니다. 예를 들어 척추동물의 경우에는 대부분의 신경세포들이 동물의 등 쪽에 집중되어 끈의 형태를 하게 되고, 점차 머리에 신경세포가 집중되는 대뇌화encephalization라는 과정을 거쳐 뇌를 형성하게 된다. 머리에는 시각, 청각, 후각과 같은 대부분의 감각 기관이 집중되어 있으므로, 뇌가 머리에 위치함으로써 감각 기관을 통해 들어오는 여러 가지 유용한 정보들을 원산지와 가까운 곳에서 처리할 수 있게 되었다. 빠르고 적절한 의사결정을 위해, 정보를 얻고 처리하는 데 필요한 신경세포들이 서로 가까운 곳에 모이게 되는 것이다. 포유류, 조류, 파충류, 양서류와 어류와 같은 척추동물의 신경계는 뇌와 척수로 이루어진다. 여기서 중요한 의사결정은 주로 뇌에서 이루어지고, 척수는 외부로부터 들어오는 정보를 뇌로 전달하고 뇌에서 내려진 명령을 근육에 전달하는 역할을 하게 된다. 즉 척추동물의 신경계는 중앙집권형이라고 할 수 있다.

하지만 모든 동물의 신경계가 척추동물과 같은 구조를 갖고 있는 것은 아니다. 예를 들어 절지동물이나 연체동물의 신경계는 척수 같은 끈 형태의 신경 구조 대신 여러 개의 신경절ganglion과 그것을 연결하는 신경섬유 또는 신경삭nerve cord으로 이루어져 있다. 신경절은 여러 개의 신경세포가 뭉쳐 있는 구조로서 그것이 위치하는 장소에 따라서 필요한 의사결정을 할 수 있다. 이처럼 척추동물의 신경계와 비교할 때 무척추동물의 신경계는 보다 지방분권형이라고 할 수 있다.

비록 인간의 뇌가 경이로운 성능을 보유하고 있고, 우리가 흔히 높은 지능을 갖고 있다고 생각하는 원숭이나 개와 같은 동물들 또한 대부분이 척추동물인 것은 사실이지만, 그렇다고 해서 모든 척추동물의 신경계가 무척추동물의 신경계보다 항상 우월하다고 주장할 수 있는 근거는 없다. 예를 들어 무척추동물 중에서 지능이 가장 뛰어나다고 하는 문어의 경우를 살펴보자. 일단 문어의 눈은 척추동물과 마찬가지로 카메라의 구조를 하고 있어 다양한 물체를 세밀하게 관찰하는 데 적합하다. 실제로 실험실에서 키우는 문어들은 자기가 처음 보는 사람이나 좋아하지 않는 사람들을 구별해서 그들에게만 선별적으로 물총 공격을 가하기도 한다. 잘 알려진 것처럼, 먹이가 들어 있는 병의 병뚜껑을 여는 방법을 학습한다든지 갇혀 있는 곳에서 탈출하는 방법을 찾아내는 능력들도 문어들이 비교적 높은 지능을 갖고 있다는 것을 보여준다. 문어의 높은 지능은 문어의 신경계가 5억 개 가량의 신경세포로 이루어져 있다는 사실과 밀접한 관계가 있다. 비둘기나 쥐와 같은 일부 척추동물의 뇌에 있는 신경세포의 수보다 많은 것이다. 따라서 척추가 없는 동물이라고 해서 반드시 지능이 낮을 것이라고 단정짓는 것은 편견이다. 그럼에도 불구하고 문어와 같은 높은 지능을 보유한 무척추동물의 신경계에 대해서는 아직 연구가 많이 이루어지지 않았다. 따라서 문어와 같은 무척추동물들이 어떻게 고도로 지적인 행동을 보여줄 수 있는지는 잘 알려져 있지 않다.

진화와 발달

수정란이 성체로 발달해가는 과정에서 뇌와 같은 복잡한 신경계를 형성하기 위해서는 신경세포들이 충분히 생성되어야 하고, 적절한 장소로 이동해 모여야 하며, 서로 다른 신경세포들 간에 수상돌기와 축삭을 통해서 수많은 시냅스들을 만들어내야 한다. 이 모든 과정을 원활히 진행시키기 위해서는, 적재적소에서 필요한 단백질들이 만들어져야 한다. 따라서 신경계가 형성되는 과정은 다른 세포의 특화 과정과 마찬가지로 수많은 전사인자들이 밀접하게 관여하고 있다. 예들 들어 대뇌가 팔다리와 같은 신체 부위의 운동을 정확하게 제어하려면, 운동피질에 있는 신경세포의 축삭돌기들이 척수에 있는 운동신경세포에 도달하기 위해 피질 척수로corticospinal cord라는 신경섬유 다발을 형성해야 한다. 사고로 척수에 손상을 입게 되었을 때 하반신이 마비되는 것은 바로 피질 척수로가 절단되기 때문이다. 대뇌에 있는 신경세포에게 피질 척수로를 만들도록 명령을 내리는 것도 바로 '*Fezf2*'라고 불리는 전사인자다. 만일 발달 중인 동물에서 그와 같은 전사인자를 없애버리면, 그 동물은 피질 척수로가 없는 상태로 자라게 된다.

정상적인 뇌를 만드는 모든 과정에 유전자가 관여하고 있지만, 그렇다고 해서 유전자가 뇌의 모든 구조와 활동을 결정하는 것은 아니다. 동물이 뇌를 필요로 하는 이유는 유전자가 동물의 행동을 실시간으로 제어할 수 없기 때문이다. 이것은 지구의 과학자가 화성에 있는 로버들을 실시간으로 제어할 수 없기 때문에, 로버에 인공지능을 장착하여 스스로 의사결정을 내릴 수 있도록 만든 것과 마찬가지다. 일단 유전자에 의해 건설된 뇌는 시시각각으로 변화하는 환경의 상태를 감각 기관을 통해서 파악하고, 그에 따라 유전자의 자기 복제를 위해 적절한 행동을 자발적으로 선택하게 된다. 더욱이 현재의 환경에서 가장 바람직한 행동이 어떤 것인지 알기 위해서는 과거의 경험에서 얻은 정보를 필요로 하는 경우도 자주 발생한다. 즉 뇌는 경험을 통해서 최선의 행동을 학습해야 하는 것이다. 반대로 반사처럼 만일 유전자가 뇌의 기능을 완전히 결정해 버린다면, 그와 같은 뇌는 동물의 경험과 환경을 무시하고 상황에 맞지 않는 행동을 선택하게 될 수도 있다. 유전자는 그와 같은 맹목적인 뇌를 원하지 않는다. 이 책의 후반부에서는 뇌가 태어나서 죽을 때까지 잠시도 멈추지 않고 일어나는 학습이야말로 바로 지능의 본질이라는 것을 알아볼 것이다.

경험과 학습을 통해서 뇌의 기능이 수정된다는 것은 유전자가 뇌를 완벽하게 제어할 수 없다는 것을 의미한다. 하지만 그렇다고 해서 뇌가 유전자로부터 완전히 자유로워질 수 있는 것은 아니다. 만일 뇌가 역심을 품고 유전자의 복제를 돕지 않는다면 그와 같은 뇌는 진화 과정에서 바로 제거되기 때문이다. 그러므로 인간의 본성을 이해하기 위해서는 뇌가 유전자의 자기 복제를 효율적으로 수행하기 위해 만들어진 다세포 생명체의 부속 기관이면서, 동시에 유전자의 구체적인 지시가 없더라도 독립적으로 행동을 선택하는 유전자의 '대리인'이라는 사실을 명심해야 한다. 생물학적인 관점에서 볼 때, 개체의 주인은 뇌가 아니라 유전자다. 뇌는 단지 유전자의 안전과 복제 기능을 좀 더 효율적으로 만드는 임무를 부여 받은 일종의 대리인에 불과하다. 그렇다면 이제 주인 유전자와 대리인 뇌 사이에 도대체 어떤 종류의 계약이 체결되어 있는지, 그리고 왜 그와 같은 계약이 체결될 수밖에 없었는지 그 이유를 알아보자.

5장

뇌와 유전자

뇌는 어떻게 진화할 수 있었나? 생명체는 반드시 뇌와 같이 극도로 복잡한 장기를 마련할 필요가 있었을까?

생명체가 진화를 통해 더욱 효율적으로 자기 복제를 이루어가는 과정에서 가지게 되는 두 가지 속성이 있다. 바로 다양성과 복잡성이다. 진화를 거침에 따라 생명체의 종류는 점점 다양해지는 한편, 그 구조는 복잡해졌다. 이 두 가지 속성은 뇌의 출현과도 깊은 관련을 가진다. 먼저, 진화를 거치면서 다양한 생명체가 발생하는 이유는 진화의 방향을 결정하는 것이 생명체의 환경이기 때문이다. 초기의 생명체는 자기 복제에 필요한 자원이 풍부한 비교적 특수한 환경에서만 자기 복제를 할 수 있었을 것이다. 하지만 시간이 흐름에 따라 주위의 환경이 변하더라도 자기 복제를 계속할 수 있는 생명체들이 등장했을 것이고, 그와 같은 생명체는 저마다 처한 환경에 따라 다른 방향으로 진화해감으로써 생명체의 종류는 점차 다양해졌을 것이다.

진화를 거치면서 생명체가 가지게 되는 두 번째 속성은 복잡성이다. 멸종된 생명체의 화석과 DNA 등의 증거들을 분석해보면 시간이 지남에 따라 점점 더 복잡한 구조의 생명체가 등장했다는 점은 확실해 보인다. 특히 지능 및 행동과 밀접한 관련을 가지는 동물의 신경계는 진화 과정을 거칠수록 점점 더 복잡해져 결국 뇌의 출현으로 이어졌다. 하지만 진화를 거치면서 생명체의 구조가 항상 더 복잡해지는 것은 아니다. 실제로 주위의 환경에 더욱 잘 적응하기 위해서 신체의 크기를 줄이거나 구조가 단순해진 생명체들을 얼마든지 찾아볼 수 있다. 대표적으로 요정말벌fairy wasp과 같은 곤충들은 아메바amoeba나 짚신벌레*paramecium*

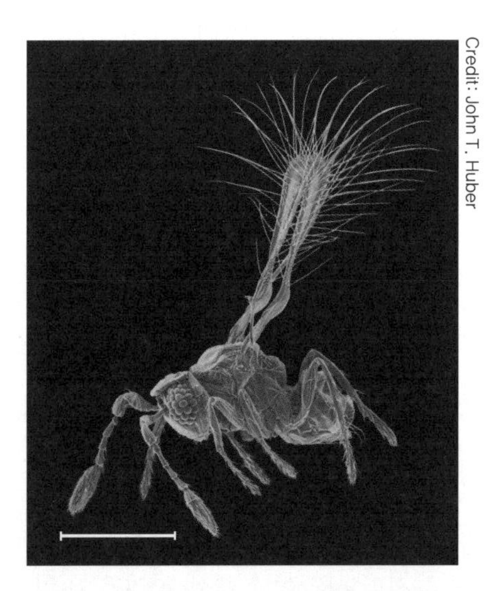

그림1 요정말벌의 한 종류인 키키키 후나(kikiki huna). 가장 작은 곤충 중 하나로 알려졌으며 크기는 대략 150~250마이크로미터 정도다. 코스타리카, 하와이, 트리니다드에서 주로 발견된다. 참고로 아메바의 평균 크기는 20~500마이크로미터다. 축척 막대의 크기는 100마이크로미터이다.

와 같은 단세포 생명체와 비슷한 크기를 하고 있다. 따라서 진화를 거치면서 더욱 복잡한 구조를 가지는 생명체가 등장하게 된 것은 진화가 반드시 복잡성을 증가시키기 때문이 아니라 생명체의 다양성이 증가하는 데 따르는 부수적인 결과라고 봐야 할 것이다. 다시 말해, 진화를 거치면서 다양한 생명체가 등장함에 따라 그중 일부는 더욱 복잡한 구조를 갖게 된 것이다.

인간과 그 밖의 포유류들의 뇌가 바로 그런 과정 중에 생겨난 진화의 산물 중 하나다. 이처럼 복잡한 구조가 진화하는 과정에서 자주 등장하는 메커니즘들이 있다. 바로 분업division of labor과 위임delegation이다. 이미 경제학에서는 경제 주체 간에 분업과 위임이 일어날 수 있는 조건을 분석하여 '본인-대리인 이론'을 정립했다. 본인-대리인 이론은 생물학적인 분업 과정을 설명하는 데도 적용될 수 있으며, 특히 유전자가 왜 뇌를 만들었는지를 설명하는 데 매우 유용하다. 이 장에서는 생명 진화의 과정에서 분업과 위임이 어떤 역할을 했는지 알아보고 그 결과로 유전자와 뇌 사이에 맺어진 본인과 대리인의 관계에 대해 살펴보자.

분업과 위임

분업과 위임은 생명의 진화 과정에서 여러 차례 등장해 생명체가 더욱 복잡한 구조를 가지게 되는 획기적인 전기를 마련해왔다. 먼저 생명 진화의 중요한 전환기에서 분업과 위임이 어떤 역할을 해왔는지 구체적으로 알아보자.

RNA세계에서 DNA세계로

이미 4장에서 알아본 것처럼 최초의 생명체는 DNA나 단백질이 아니라 RNA로 이루어져 있을 가능성이 높다. 만일 그와 같은 RNA세계가 실제로 존재했다면, 지구상에 있는 생명체들의 역사에서 최초로 일어난 유의미한 분업과 위임은 RNA가 자신의 기능을 DNA와 단백질에게 넘겨줬을 때 일어났다고 할 수 있겠다. RNA가 전담하던 자기 복제 기능 중에서 유전 정보를 보존하는 역할은 DNA에게로, 그리고 복제를 위한 촉매 작용은 단백질에게로 위임된다. 그 결과로 RNA는 생명체가 필요로 하는 모든 유전 정보를 보존하거나 자기 복제에 필요한 모든 촉매 작용을 책임질 필요가 없어졌다.

하지만, 그럼에도 불구하고 RNA가 더 이상 쓸모가 없어져서 생명체 내에서 사라지는 일은 일어나지 않았다. RNA는 아직도 DNA에 저장되어 있는 유전 정보에 따라서 단백질을 합성하는 과정에서 중심적인 역할을 하고 있다. 4장에서 설명한 것처럼, RNA는 DNA에 저장되어 있는 유전 정보를 전사해서 단백질이 합성되는 세포핵의 밖으로 전달하고 mRNA에 적혀 있는 지령에 따라 아미노산을 운반해서 단백질을 합성하는 역할을 맡고 있다.

단세포 생명체에서 다세포 생명체로

다세포 생명체의 등장은 생명의 진화 과정에서 일어난 또 하나의 대표적인 분업과 위임의 예이다. 단세포 생명체는 자신의 복제에 필요한 수많은 기능을 하나의 세포 내에서 모두 수행해야 한다. 반면 다세포 생명체는 세포 분화의 과정을 거쳐 운동, 순환, 소화 그리고 번식과 같은 기능들을 전문적으로 수행하는 세포들을 만들어낸다.

다세포 생명체가 등장하는 과정에서 발생한 수많은 일 중에 가장 놀라운 것은 아마도 생식세포와 체세포 사이에 일어난 분업이라고 볼 수 있을 것이다. 왜냐하면 번식 기능을 생식세포가 전적으로 떠맡게 되면서, 체세포는 개체의 죽음과 함께 자기 복제라는 생명의 가장 근본적인 기능을 자발적으로 포기하게 되었기 때문이다. 체세포의 입장에서는 자기 복제의 기능을 생식세포에게 위임한 셈이고 생식세포의 입장에서는 번식 이외의 모든 기능을 체세포에게 위임한 셈이다.

뇌의 등장

다세포 생명체에서는 체세포들이 서로 다른 특수한 기능을 수행하게 되고, 그에 따라 각자 다양한 의사결정을 하게 된다. 하지만 그중에서 가장 중요한 의사결정을 하는 것은 근육을 제어하는 신경계와 뇌라고 할 수 있다. 근육은 다른 어느 세포나 조직보다도 빠른 속도로 물리적인 힘을 발생시킬 수 있기 때문에, 신체의 특정 부위 또는 개체 전체를 신속하게 움직일 수 있다. 따라서 생식세포를 포함해서 몸 안에 있는 모든 세포의 운명은 신경계의 결정에 달려 있다고 볼 수 있다. 만일 불행하게도 정신적인 고통을 견디지 못해 뇌가 자살을 결심하면, 나머지 신체는 그 결정을 따를 수밖에 없는 것이다.

물론 이처럼 생식세포를 포함한 생명체 전체가 뇌에게 행동을 결정할 수 있는 전권을 위임한 이유는 그렇게 하지 않고서는 뇌가 지도자로서 정상적인 기능을 할 수 없기 때문이다. 그 결과로 동물들은 빛과 소리를 통해서 전달되는 주위 환경에 대한 정보들을 신속하게 분석하여 자신의 생존과 번식, 다시 말해 유전자의 복제에 가장 도움이 되는 행동을 선택할 수 있다. 신경세포와 같이 통신에 특화된 세포들이 없었다면 치타처럼 빠른 속도로 먹이를 추격할 수 있는 능력도, 아름다운 음악을 연주하거나 복잡한 수학 문제를 풀 수 있는 인간의 능력도 존재하지 않았을 것이다. 하지만 뇌를 구성하고 있는 신경세포도 결국 체세포이므로, 인간의 뇌에 저장되어 있는 고유한 기억과 지식 또한 그 개체의 죽음과 함께 영원히 소멸되고 만다. 개인과 뇌의 입장에서는 받아들이기 어렵겠지만, 뇌를 포함하는 모든 체세포가 존재하는 이유는 여전히 유전자가 자기 복제를 하는 것을 돕기 위해서라는 점을 감안하면 이는 당연한 결과다.

사회적 협동

생명체가 진화하는 과정에서 분업과 위임이 한 개체 안에서만 일어났던 것은 물론 아니다. 많은 생명체가 분업을 통해서 서로에게 도움을 주며 공생 관계를 맺곤 한다. 예를 들어 화초와 곤충은 영양분을 조달하는 일과 꽃가루를 퍼뜨리는 일을 각자에게 위임하는 분업의 관계에 있다. 화초는 곤충을 위해 꿀과 같은 영양분을 공급하고 그 과정에서 곤충은 화초의 수분을 돕게 되는 것이다. 인간이 여러 재배 식물이나 사육동물과 맺는 관계도 그와 비슷하다. 그 모든 분업 중에서도 가장 복잡한 분업은 아마도 인간들의 사회적 분업일 것이다. 현재 살아 있는 78억 명에 달하는 수많은 사람 중에 필요한 물건들을 스스로 조달하는 사람은 아마 거의 없을 것이다. 인류는 화폐를 이용한 경제적인 분업을 통해서 필요한 물건들을 쉽게 조달할 수 있는 방법을 개발하게 되었다. 지금 우

그림2 진화 과정에서 등장한 다양한 포유류의 뇌(Herculano-Houzel, 2012)

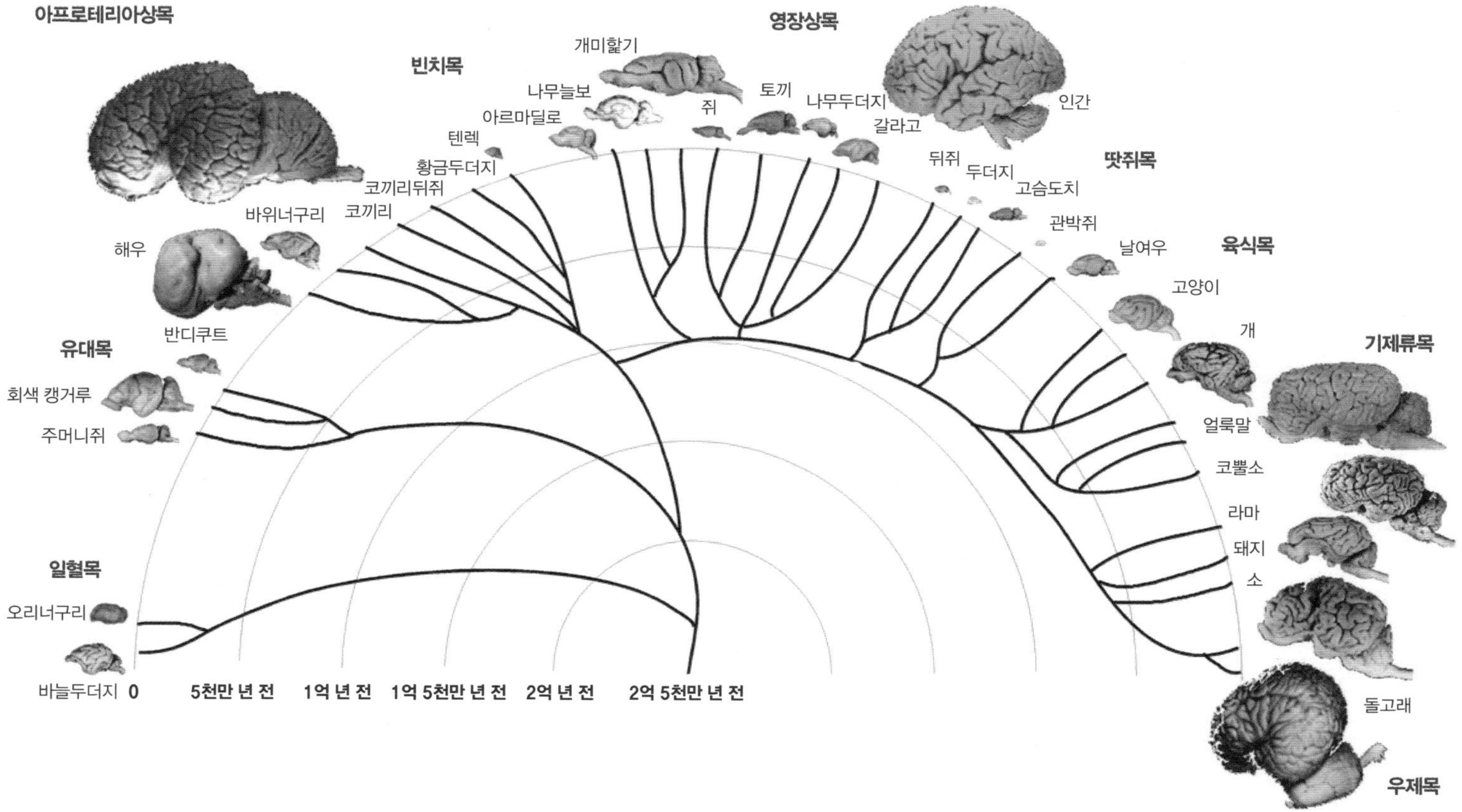

아프로테리아상목
해우
바위너구리
코끼리
코끼리뒤쥐
황금두더지
텐렉
빈치목
아르마딜로
나무늘보
개미핥기
영장상목
쥐
토끼
나무두더지
갈라고
인간
뒤쥐
두더지
고슴도치
땃쥐목
관박쥐
날여우
육식목
고양이
개
기제류목
얼룩말
코뿔소
라마
돼지
소
돌고래
우제목
유대목
반디쿠트
회색 캥거루
주머니쥐
일혈목
오리너구리
바늘두더지

0 5천만 년 전 1억 년 전 1억 5천만 년 전 2억 년 전 2억 5천만 년 전

리가 사용하고 있는 물건들은 거의 전부가 우리가 한 번도 만난 적이 없는 이방인들이 만들어낸 것이다.

이처럼 생명체가 분업과 위임을 이용하는 이유는 단순하다. 분업은 생명체의 자기 복제 과정을 더욱 효율적으로 만들 수 있기 때문이다. 하지만 분업과 위임에는 위험이 따를 수 있다. 분업을 통해 서로 협조해야 할 당사자들이 자신들이 맡은 임무를 성실하게 수행하지 않은 채로 그 대가만을 챙기려고 할 가능성이 있는 것이다.

그러한 위험은 어떤 종류의 분업에서든 나타날 수 있다. 예컨대 DNA와 단백질 사이의 분업 관계가 무너지게 되어 단백질이 DNA의 복제를 게을리한다면 DNA에 저장된 정보와 단백질이 만들어내는 화학 반응은 자기 복제라는 원래의 목적에서 점점 멀어져 갈 것이다. 다세포 생명체에서도 자신에게 특화된 기능을 수행하는 정상 세포들 대신 맹목적으로 비정상적인 세포 분열을 계속하는 암세포와 같은 것이 나타나면 생명체는 더 이상 유지되지 못한다. 만일 공생 관계에서 그와 같은 의무 실행이 제대로 이루어지지 않는다면, 그것은 더 이상 공생이 아니라 기생이 되어버리고 숙주는 자신에게 기생하고 있는 기생동물을 제거하려고 노력할 것이다. 마찬가지로 인간 사회에서도 불량품을 정상적인 물건인 것처럼 속여서 팔거나 맡은 일을 제대로 하지 않고서 공공의 이익에 묻어가는 등의 기만과 사기가 발생할 위험이 항상 존재한다. 따라서 분업이 성공적으로 유지되기 위해서는 분업에 참여하는 각 단위들이 맡은 임무를 정확하게 성실히 수행하도록 하는 장치가 필요하다.

본인-대리인의 문제

경제학에서는 분업을 위해서 다른 사람에게 특정한 역할을 위임하게 되는 경우, 위임을 하는 사람을 '본인principal'이라고 하고 위임을 받는 사람을 '대리인agent'이라고 한다. 본인과 대리인 사이에 분업이 성공적으로 이루어지기 위해서는 본인이 대리인에게 적절한 동기를 부여해야 한다. 그렇지 않으면 대리인은 본인과의 약속을 어기고 자신의 이익만을 추구하게 되어 분업은 실패하고 말 것이기 때문이다. 이와 같이 대리인이 본인을 위해서 행동하도록 만드는 데 필요한 조건을 분석하는 경제학 이론을 '본인-대리인 이론'이라고 한다.

1970년대부터 활발하게 연구되기 시작한 본인-대리인 이론은 처음에는 기업과 고용인의 관계, 지주와 농작인의 관계, 그리고 보험 회사와 보험 가입자의 관계에서 정보 비대칭성이 초래하는 문제를 분석하는 데 적용되었다. 그 이후 본인-대리인 이론의 적용 대상은 점차 다양해졌으며, 특히 생명체의 진화 과정에서 발생하는 분업과 위임에도 적용되기 시작했다. 향후 인공지능의 성능이 향상됨에 따라 인공지능이 자율적인 의사결정을 하는 경우가 늘어나게 되면 인간과 인공지능 사이에서도 본인-대리인의 문제가 발생할 수 있다. 이처럼 본인-대리인 이론은 생명체와 지능의 진화 과정에서 발생한 분업이 어떤 결과를 가져올 것인가에 대해서 중요한 성찰을 제공할 수 있다.

하지만 본인-대리인 이론은 경제학적인 분업 과정을 설명하기 위해서 개발된 추상적 이론이기 때문에 생물학에 곧바로 대입할 수 있을지는 좀 더 고찰해봐야 한다. 이 이론이 생물학적 분업 과정에도 적용될

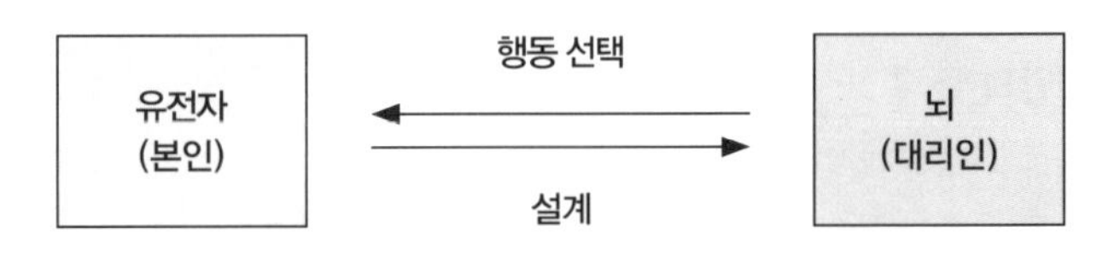

그림3 본인과 대리인 이론으로 본 유전자와 뇌의 관계

수 있는가를 결정하기 위해서 우선 본인-대리인 이론이 어떤 가정에서 출발하는지 알아보자. 본인-대리인 이론을 상황에 적용하기 위해서는 다음과 같은 5가지 조건이 충족되어야 한다.

(1) **대리인의 행동이 본인에게 돌아가는 수익에 어떤 식으로든 영향을 미쳐야 한다.** 만일 우리가 DNA와 단백질을 자기 복제라는 목적을 달성하려는 RNA의 대리인으로 가정한다면, DNA와 단백질의 행동은 당연히 RNA의 복제가 얼마만큼 효율적으로 진행될 것인가에 영향을 미칠 수 있으므로 이 조건은 만족된다. 유전자와 뇌 사이에 존재하는 분업도 마찬가지다. 동물의 뇌가 선택하는 수많은 종류의 행동은 동물의 유전자가 얼마나 많이 복제되어 그 다음 세대로 전달될 것인가에 큰 영향을 미치게 된다.

(2) **대리인이 본인에게 없는 정보를 갖고 있어야 한다.** 특히 본인은 대리인의 행동을 완벽하게 관찰할 수 있는 능력이 제한되어 있고 단지 대리인의 행동의 결과만을 알게 된다. 만일 본인이 대리인의 행동과 환경에 대하여 대리인이 알고 있는 것을 모두 알고 있다면, 본인은 대리인의 행동을 원하는 대로 완벽하게 제어할 수 있을 것이다. 예를 들어 고

용인이 실제로 일한 양과 내용을 고용주가 정확하게 파악할 수 있다면, 고용주는 고용인에게 지급할 임금을 고용인의 실제 노동 시간에 비례하게 책정함으로써 본인-대리인의 문제가 생겨나는 것을 방지할 수 있을 것이다. 하지만 분업이 일어나게 되는 대부분의 경우 대리인의 행동을 본인이 완전히 파악하는 것은 불가능하다. 그렇기 때문에 본인-대리인 이론의 목표는 그와 같은 정보의 불균형에도 불구하고 대리인이 본인의 목적에 따라 행동하게 만드는 방법을 찾는 것이다.

생물학적인 분업에서도 대리인은 본인이 가질 수 없는 정보를 갖고 있다. 예를 들어 RNA가 DNA와 단백질을 고용하는 과정에서도 DNA와 단백질에는 RNA가 모르는 정보들이 축적되기 마련이다. DNA에는 RNA에 전사되지 않은 정보들이 포함되어 있고, 단백질들은 합성된 이후에 촉매 과정을 수행하면서 분자 구조나 형태가 바뀌는 등의 화학적 수정 과정을 거치게 된다. 또한 다세포 생명체의 경우에도 다양한 목적에 특화된 세포들은 환경으로부터 수집한 정보의 대부분을 생식세포와 공유하지 않는다.

이와 같은 정보의 비대칭성은 정보 처리와 의사결정을 주 임무로 하는 뇌의 경우에 가장 심하게 나타난다. 동물의 환경과 의사결정에 관한 거의 모든 정보를 수집하고 처리하는 뇌는 유전자나 생식세포가 감당하기에 너무나 많은 정보를 갖고 있다. 이것은 마치 국민의 자유와 안위를 목적으로 하는 국가의 정보 기관이 국민이 알지 못하는 수많은 종류의 정보를 수집해서 분석하고 있는 경우와 흡사하다.

(3) **본인-대리인의 관계에서는 본인이 계약의 주도권을 갖는다.** 본인

과 대리인 사이에 체결되는 계약은 본인이 주도해서 그 내용을 결정하고 대리인은 단지 거부권을 행사할 뿐이다. 본인이 계약의 주도권을 가진다는 것은 본인-대리인의 관계가 보다 민주적으로 결정되는 기타의 분업과 구별되는 중요한 차이점이다. 유전자가 참여하는 생물학적인 분업 과정에서도 그와 같은 주도권은 유전자가 쥐고 있다. 다세포 생명체에서 개개의 세포들이 특화되어 가는 방식을 결정하는 것도 유전자이고, 개개의 동물의 뇌의 구조와 기능을 결정하는 일차적인 역할을 하는 것도 유전자이기 때문이다.

(4) **본인과 대리인이 원하는 바가 완전히 일치하지 않는다.** 다시 말해서 대리인에게 이익이 되는 것이 반드시 본인에게 이익이 되는 것이 아니다. 만일 본인과 대리인의 이해가 완전히 일치하는 경우에는 본인-대리인의 관계에는 아무런 문제가 존재하지 않는다. 그러나 인간 사이에서 벌어지는 대부분의 경제적 분업에서는 본인과 대리인 사이에 상반적인 이해관계가 성립된다. 고용주와 고용인의 관계뿐만 아니라, 자식의 안전을 최우선으로 생각하는 부모들과 즐거움을 우선으로 생각하는 자식들의 관계에 빈번히 나타나는 갈등도 본인-대리인의 문제로 볼 수 있다.

생명의 진화 과정에서 발생하는 다양한 분업의 경우에도 참가자들 사이의 이해관계가 상반되는 경우들이 있다. 물론 분업이 일어난다고 해서 반드시 이해관계가 엇갈리는 것은 아니며, 따라서 본인-대리인의 문제가 발생하지 않을 수도 있다. 유전자의 복제 과정에 직접 관여하는 DNA 중합효소 같은 효소의 경우에는 DNA와 효소 사이의 이해관계가 일치할 수 있다. 유전자의 자기 복제 과정에 문제가 생기면 DNA와 단백질은 바로 제거될 것이기 때문이다. 하지만 유전자가 만들어내는 단백질 중에는 그 기능이 뇌의 구조와 기능, 더 나아가서 뇌가 학습하는 방법을 결정하는 데 관여하는 것들도 있다. 그런 경우는 본인-대리인의 문제가 다시 등장하게 된다.

다세포 생명체 안에서 일어나는 세포들 간의 분업은 유전자와 단백질 간에 존재하는 화학적 분업보다는 이해관계가 조금 더 복잡하다. 특히 신경세포를 포함하는 체세포와 생식세포 간의 분업이 성공적으로 이루어지기 위해서는 체세포들이 자기 복제를 스스로 포기하는 것이 필요하다. 이처럼 한쪽 주체가 생명의 근본 목적 중 하나인 자기 복제를 포기하면서도 그와 같은 협동이 가능할 수 있었던 이유는 체세포와 생식세포가 동일한 유전자를 포함하고 있기 때문이다. 체세포의 유전자는 동일한 개체 안에 있는 생식세포가 성공적으로 번식할 수 있다면 간접적으로 복제될 수 있다. 따라서 체세포들과 생식세포들은 동일한 이해관계를 갖고 있으며, 암세포와 같이 예외적인 경우를 제외하면 대부분의 경우에 본인과 대리인 간의 갈등이 존재하지 않는다.

반면 유전자와 뇌의 이해관계는 항상 일치하지는 않는다. 그 이유는 공교롭게도 유전자가 동물의 행동을 제어하기 위해서 뇌에게 미리 정해서 부여한 생존과 번식의 단순한 원칙들 때문이다. 대부분의 동물이 단 음식을 뿌리치지 못하거나 뜨거운 물건을 만지지 못하는 것, 그리고 고약한 냄새가 나는 물건을 피하는 것 같은 반사들은 개체의 생존과 직결된 것이기 때문에 유전자에 의해서 미리 정해진 행동들이다. 그리고 그와 같이 생존에 밀접한 관련이 있는 행동들은 뇌가 효용을 이용해서 의사결정을 하는 경우에도 비교적 높은 효용값을 할당받게 되므로 쉽게 변하지 않는다. 짝짓기와 관련된 행동들도 마찬가지이다. 그런데 유전자의 복제를 돕도록 미리 설계되어 고정된 행동들은 유전자가 미처 예상치 못한 환경에서는 유전자의 이익에 반하는 결과를 가져올 수도 있다. 예를 들어 대부분의 인간들이 각자의 이익을 추구하며 이기적인 행동을 하는 것도 유전자가 그와 같은 선택을 하도록 뇌를 설계했기 때문이다. 하지만 여러 사람들이 집단을 형성하고 생활을 하게 되면 개인의 이익을 희생하더라도 집단의 이익을 위해 협동을 하는 것이 유전자의 복제에 도움이 되는 경우가 자주 발생한다. 이기적인 유전자는 스스로를 효율적으로 복제하기 위해서 이기적인 뇌를 만들어냈다. 하지만 이기적인 뇌는 자신의 안전과 쾌락을 위해서 유전자의 이익에 반하는 행동을 선택할 수도 있는 것이다.

(5) **본인과 대리인은 합리적인 선택을 한다.** 이 마지막 조건은 대부분의 경제학 이론이 갖는 공통적인 특징이다. 본인과 대리인 모두 각자의 이익을 극대화하기 위한 선택을 하는 것이다. 그런데 인간들 사이에 이루어지는 경제적인 분업과 생명체 안에서 일어나는 분업에는 중요한 차이가 존재한다. 경제적인 분업은 인간의 자발적인 의사결정의 결과로 이루어지므로, 분업에 참가하는 개인들이 자신의 효용을 극대화하기 위해 합리적인 선택을 한다고 가정할 수 있다. 반면 세포 내부에서 일어나는 화학적 분업의 경우에, DNA나 단백질 같은 화학 물질이 합리적인 의사결정을 한다고 보기 어렵다. 따라서 RNA와 DNA, 단백질과 같은 다양한 화학 물질 간에 유전자 복제를 위한 정교한 분업이 이루어

지고 있다 하더라도 그와 같은 현상을 이해하기 위해서 본인-대리인 이론을 적용하기는 어렵다.

반면 유전자와 뇌는 둘 다 합리적인 의사결정의 주체로 볼 수 있다. 진화생물학자들은 유전자가 얼마나 효과적으로 복제되는가를 '적합성fitness'이라는 개념으로 표현한다. 진화란 유전자의 적합성이 증가하는 과정이므로, 적합성을 유전자의 효용으로 파악하면 유전자는 진화 과정을 통해서 합리적인 선택을 한다고 볼 수 있다. 뇌 또한 완벽하진 않지만 효용을 이용한 합리적인 결정을 할 수 있는 능력을 적지 않게 보유하고 있다.

위의 결과를 종합하면, 생명체 안에서 일어나는 분업들 중에서 본인-대리인의 문제를 적용할 수 있는 관계는 유전자와 뇌의 관계밖에 없음을 알 수 있다. 유전자와 뇌는 둘 다 합리적인 의사결정을 추구하지만 경우에 따라서 상반되는 이해관계를 가질 수 있기 때문이다. 따라서 유전자와 뇌의 분업 관계는 본인-대리인 이론을 적용하기에 필요한 모든 조건을 충족한다고 할 수 있다.

유전자가 뇌에게 제시한 장려책: 학습

인간과 동물의 행동 및 지능을 완전히 이해하려면 유전자와 뇌의 분업에서 발생하는 본인-대리인의 문제가 어떻게 해결되고 있는지를 알아야 한다. 일반적으로 본인-대리인의 문제를 원만하게 해결하려면 대리인의 효용이 가능한 한 본인의 효용과 유사한 형태가 되도록 대리인에게 장려책incentive이 제공되어야 한다. 인간의 경제적 분업에서 발생하는 대부분의 본인-대리인의 문제를 해결하기 위해 그와 같은 장려책을 요구하는 것도 바로 그 때문이다. 그 예로 고전적인 본인-대리인의 문제에 해당하는 지주-소작농의 관계와 보험 회사-고객의 관계를 살펴보도록 하자.

지주가 소유한 땅에서 농사를 짓고 그에 대한 대가로 임금을 받는 사람을 소작농이라고 한다. 지주는 소작농이 최대한 많은 수확을 거두길 바라며, 소작농이 거둔 수확량 중에서 자기 몫으로 최대한 많은 양을 차지하려고 할 것이다. 마찬가지로 소작농도 자신의 몫으로 가능한 한 많은 양을 남기려 할 것이다. 그러나 소작농은 지주와는 달리 수확량을 높이려면 더 많은 일을 해야 하므로, 많은 일을 하고도 자신에게 돌아오는 몫이 늘어나지 않는다면 일을 하지 않을 것이다. 만일 지주가 소작농의 노동량을 확인할 수 있다거나 수확량이 전적으로 소작농의 노동량에 의해서만 결정된다면 본인-대리인의 문제가 발생하지 않는다. 그럴 경우에는 지주가 노동량이나 수확량에 비례해서 소작농의 몫을 지급하면 되기 때문이다. 하지만 수확량이 노동량뿐만 아니라 기후나 다른 변수에 의해서도 영향을 받는다면, 지주는 수확량이 높고 낮은 이유가 소작농의 노동량 때문인지 날씨 때문인지를 알지 못하므로, 정보의 비대칭성에 의해 본인-대리인의 문제가 발생한다. 여기서 지주는 소작농에게 최소한의 임금을 지급하되 수확량이 어떤 수준을 넘는 경우에 보너스를 지급하는 방식으로 소작농을 독려할 수도 있다. 하지만 이 경우에 소작농은 날씨가 좋아서 풍년이 예상되는 해에는 게으름을 부릴지도 모른다. 더 많은 수확을 거두더라도 소작농이 받는 임금은 동일하기 때문이다. 그와 같은 게으름을 '도덕적 해이moral hazard'라고 한다. 이런 도덕적 해이를 방지하고 본인의 이익을 높이기 위해, 지주는 소작농으로 하여금 스스로의 노동으로 거둔 수확량을 모두 가지도록 하고, 지주 본인은 소작농으로부터 미리 정해진 일정액의 지세를 받는 방법을 쓸 수도 있다. 이처럼 본인이 대리인의 행동을 직접 관찰할 수 없는 경우, 본인은 자신의 이익을 극대화하기 위해서 대리인의 행동 대신 그 행동의 결과에 따라서 보상을 해야 한다.

인간의 경제적 분업에서는 지주-소작농의 관계와 유사한 상황이 끊임없이 발생한다. 또 하나의 대표적인 예가 바로 보험이다. 예측할 수 없는 사고를 당했을 때 발생하는 높은 비용을 감당하기 위해서 많은 사람들이 의료 보험이나 자동차 보험 같은 다양한 종류의 보험에 가입한다. 하지만 일단 보험에 가입하고 나면 이제 사고를 당하더라도 보험금을 지급받을 수 있기 때문에 보험에 들지 않았을 때보다 부주의한 행동을 하게 되는 경우가 자주 발생한다. 예를 들어 자동차 보험에 가입한 후에 예전보다 덜 조심스럽게 운전을 하게 될 수도 있고, 의료 보험에 가입한 후에 폭음과 같은 건강에 해로운 행동을 더 자주 하게 될 수도 있다. 이와 같은 경우들 역시, '본인'에 해당하는 보험 회사가 '대리인'에 해당하는 보험 가입자의 행동을 정확하게 파악할 수 없기 때문에 발생하는 도덕적 해이에 해당한다. 이런 경우에 보험 가입자가 부주의한 행동을 하는 것을 막는 효과적인 방법이 바로 공제deductible다. 사고가 발생했을 때 손해를 완전히 보상할 정도의 보험금을 지급하는 것이 아니라, 그로부터 일정 금액을 보험 가입자가 부담하게 함으로써 보험 가입자 또한 사고의 결과로 어느 정도의 손해를 보게 하는 것이다. 공제를 포함하는 보험은 공제액이 늘어날수록 보험료도 낮아지기 때문에 보험 회사와 보험 가입자 모두에게 유리할 수도 있다.

지주가 소작농으로부터 지세를 받거나 보험 회사가 보험 가입자에게 공제금을 부담하도록 하는 방식으로 본인(지주와 보험 회사)은 자신들이 원하는 방향으로 대리인(소작농과 보험 가입자)의 행동을 유도하게 된다. 이와 같이 대리인 스스로가 본인이 원하는 행동을 하도록 장려책을 마련하는 것은, 본인이 대리인의 일거수일투족을 직접 결정하는 것보다 훨씬 효율적인 방법이다. 하지만 그와 같은 장려책이 효과를 보려면 대리인이 합리적인 의사결정을 할 수 있는 능력을 갖추고 있어야 한다.

동물마다 각기 다른 크기와 모양의 뇌를 갖고 있다는 사실은 유전자가 뇌와의 관계에서 발생하는 본인-대리인의 문제를 해결하기 위해 다양한 방법을 사용했다는 것을 암시한다. 앞서 살펴본 경제적 분업의 경우처럼, 유전자가 복잡한 장려책을 제시하더라도 뇌가 그에 따라 합리적으로 행동할 수 있는 능력을 갖고 있다면, 유전자는 뇌에게 자신의 적합성과 가능한 한 유사한 효용함수를 설치할 것이다. 하지만 동물의 뇌가 그와 같은 합리적인 의사결정을 하기에 너무 단순하다면 유전자는 동물의 행동을 더욱 직접적으로 제어할 수밖에 없다. 본능이나 반사와 같은 단순한 행동들이 바로 유전자에 의해서 비교적 직접적으로 제어되는 경우에 해당한다. 하지만 유전자는 동물의 행동을 실시간으로 관찰하고 제어할 수 없기 때문에, 유전자에 의해서 선택된 행동들이 유전자에게 항상 바람직한 결과를 가져오지는 못한다.

뇌가 충분한 능력을 갖게 되면, 유전자는 특정한 자극에 대해서 항상 동일한 행동을 일으키는 대신 뇌에게 뇌 스스로가 원하는 결과를 얻기 위해서 적절한 행동을 선택할 권한을 부여하게 된다. 이 경우 유전자가 뇌에게 제공하는 장려책이 바로 동물의 효용의 초기값들에 해당한다. 즉, 유전자는 동물의 특정한 행동에 높고 낮은 효용값을 할당하는 것이 아니라, 행동의 결과로 획득할 수 있는 대상(영양가 높은 음식물이나 믿음직한 배우자 등)에 효용값을 할당하는 것이다.

효용이 행동의 결과물에 따라서 달라진다는 것은, 뇌가 의사결정 과정에서 가장 적절한 행동을 선택하기 위해서는 특정한 상황에서 예상되는 결과물에 따라 여러 가지 행동의 효용을 스스로 계산해야 한다는 것을 의미한다. 즉, 유전자가 해결하지 못한 문제를 뇌가 스스로 해결하게 하는 것이다. 행동의 결과는 동물의 환경에 따라서 언제라도 변할 수 있기 때문에 뇌는 환경의 변화에 적응하기 위해서 끊임없는 학습을 해야만 한다. 학습이 없이는 진정한 지능이 존재할 수 없는 이유가 바로 이것이다.

3부

지능과 학습

6장

왜 학습하는가?

인간에게 학습 능력이 있다는 사실을 의심하는 사람은 없을 것이다. 그렇다면, 겨우 300여 개의 신경세포를 갖고 있는 예쁜꼬마선충은 어떨까? 놀랍게도 2~3주밖에 살지 못하는 예쁜꼬마선충도 단순하지만 흥미로운 학습 능력을 보유하고 있다. 예를 들어 예쁜꼬마선충의 머리를 '툭'하고 건드리면 선충은 일정한 거리를 후진한다. 전방에 뭔가 위험한 물체가 있을 것이라는 판단에 따른 반사 행동으로 '머리철수반사head withdrawal reflex'라고 한다. 그런데 선충의 머리를 똑같은 강도로 반복적으로 건드리면서 선충이 후진하는 거리를 측정해보면 그 값이 점점 줄어든다. 이것은 학습의 한 종류로서 '습관화habituation'라고 한다. 습관화가 생존에 도움에 되는 이유는 다음과 같다. 어차피 머리를 건드린 놈이 자기를 잡아먹을 양이었다면 수십 번씩 되풀이해서 자기의 머리만 건드리고 그만두지는 않았을 것이다. 그렇다면 예쁜꼬마선충은 그처럼 별로 위험하지도 않은 자극 때문에 평생 후진만 하면서 굶어 죽을 수는 없다는 판단을 내리게 될 것이다. 만일 습관화가 없었다면 예쁜꼬마선충의 조상들은 불필요한 반사 행동에서 빠져나오지 못한 채 평생 후진만 하다가 아사했을 것이다.

이처럼 신경계를 갖고 있는 모든 동물은 학습의 능력을 갖고 있다. 앞 장에서 설명했듯이, 환경이 변화할 때 그에 따라 달라지는 적합한 행동을 유전자가 실시간으로 직접 선택할 수 없기 때문이다. 실제로 그런 일이 가능하다 하더라고 그것은 아주 비효율적인 방법이다. 만일 동물에게 학습하는 능력이 없다면, 갑작스런 환경 변화가 닥쳤을 때 그런 변화에 적합하지 않은 행동을 바로잡기 위해서는 돌연변이가 일어나 문제가 되는 신경세포의 수와 위치 그리고 그들 간의 연결이 교정되기를 기다리는 수밖에 없다. 그때까지 개체들은 굶어 죽거나 다른 동물에게 잡아먹히게 될 것은 당연하다. 반면 신경계를 갖춘 동물들은 학습을 통해 좀 더 신속하고 정교하게 행동을 수정함으로써 더 오래 살아남을 수 있다. 즉, 학습은 유전자와 뇌의 분업 관계를 더욱 효과적으로 만든다.

인간의 뇌는 예쁜꼬마선충의 신경계보다 3억 배나 많은 수의 신경세포를 포함하고 있다. 그 결과 인간의 학습 능력은 예쁜꼬마선충에 비할 수 없을 만큼 다양하고 복잡해졌다. 우리를 감동시키는 아름다운 선율을 만들어내는 기타리스트의 손놀림이나 사람의 목숨을 살리는 의사들의 의료 행위는 모두 학습의 결과이다. 이렇게 인간의 학습 능력을 규명하는 것은 지능을 이해하기 위해서 꼭 필요한 작업이다. 다시 말하면 학습이야 말로 지능의 핵심이다. 이 장에서는 다양한 종류의 학습을 살펴볼 것이다. 여러 가지 학습 방법이 상호작용하는 과정을 통해 더욱 복잡한 지능이 가능해지기 때문이다.

학습의 다양성

20세기 전반에 걸쳐 심리학자들이 논쟁해온 가장 심오한 문제 중 하나는 동물이 도대체 무엇을 학습하는가다. 동물이 학습하는 내용은 당연히 어떤 과제가 주어지는가에 따라 달라질 것이다. 그리고 선택된 과제에 따라서 학습 과정에 관한 이론의 내용이 달라질 수 있는 것은 물론이다. 또한 얼핏 보기에는 아주 단순한 과제라고 하더라도 그 과제를 학습할 수 있는 방법이 여럿 존재한다면, 같은 종에 속하는 동물들 사이에서도 학습 과정이 상이할 수 있다. 이와 같은 사실을 잘 보여주는 것이 에드워드 톨만Edward Tolman의 연구다. 톨만은 1940년대에 동물을 대상으로 한 행동 실험을 통해 동물이 학습하는 것이 정확하게 무엇인지 규명하고자 했다. 특히 그가 주로 사용한 T자 미로 과제는 동물의 학습을 연구하기 위해서 현재까지도 많이 사용되고 있는 과제다. 실험동물로 보통 쥐를 이용하는 T자 미로 과제는 다음과 같이 진행된다. 쥐를 T자형 미로의 바닥 부분에 놓고 통로를 따라 앞으로 나아가게 한다. 일정한 거리를 이동해 교차로에 도착한 쥐는 오른쪽 또는 왼쪽으로 향한 길 중에 하나를 선택한다. 이때 오른쪽과 왼쪽 중 한곳에만 먹이를 놓아두고 이 실험을 여러 번 반복하면 쥐에게 먹이가 감춰진 곳을 찾도록 학습시킬 수 있다.

예를 들어 오른쪽 모퉁이에 먹이를 놔두고 쥐를 학습시킨다고 해보

자. 쥐는 분기점에서 오른쪽 길을 선택하면 먹이를 얻을 수 있다는 점을 학습하게 될 것이다. 이때 쥐가 학습한 내용은 과연 무엇일까? 한 가지 가능성으로 쥐가 "분기점에서는 무조건 오른쪽으로 도는 것이 좋다"라는 것을 배웠을 수 있다. 톨만은 이와 같은 학습 방법을 반응 학습response learning이라고 불렀다. 반응 학습은 목표 지점에 도달하기 위해 필요한 신체의 운동을 터득하는 것이다. 하지만 이것만이 유일한 방법은 아니다. 쥐는 교차로에서 무조건 오른쪽으로 도는 것이 아니라, T자 미로의 특정한 위치에 먹을 것이 놓여 있다는 점을 학습하고 그 방향으로 도는 것일 수도 있다. 예컨대 미로의 특정한 위치에 화분이 놓여 있어 쥐가 이 정표로 삼을 수 있다면, 쥐는 교차로에서 "오른쪽에 먹이가 있다"라고 학습하는 것이 아니라 "화분 근처에 먹이가 있다"라고 학습하는 것일 수도 있다. 이것을 장소 학습place learning이라고 한다. 장소 학습을 하려면 실험이 진행되는 장소에서 자신의 현재 위치와 먹이의 위치를 파악하는 데 필요한 정보가 주어져야 한다. 낯선 사람에게 길을 가르쳐줄 때도 손가락으로 특정한 방향을 가리키며 "이쪽으로 5분쯤 간 후에 오른쪽으로 돈 후, 5분쯤 더 가서 왼쪽으로 돌면 된다"라고 말하는 것은 반응 학습의 결과물을 전달하는 것인 반면, 눈에 잘 띄는 높은 빌딩을 가리킨 후 "저 빌딩에서 동쪽으로 20미터 정도 떨어진 곳이다"라고 말하는 것은 장소 학습의 결과를 전달하는 것이라고 할 수 있다.

그렇다면 쥐들이 T자 미로에서 오른쪽을 선택한 것은 반응 학습의 결과일까, 아니면 장소 학습의 결과일까? T자 미로 하나만 가지고는 아무리 많은 실험을 해도 결론을 내릴 수가 없다. 이 두 가지 학습이 이끄는 행동의 결과가 똑같기 때문이다. 쥐들이 무엇을 배웠는지를 알아내

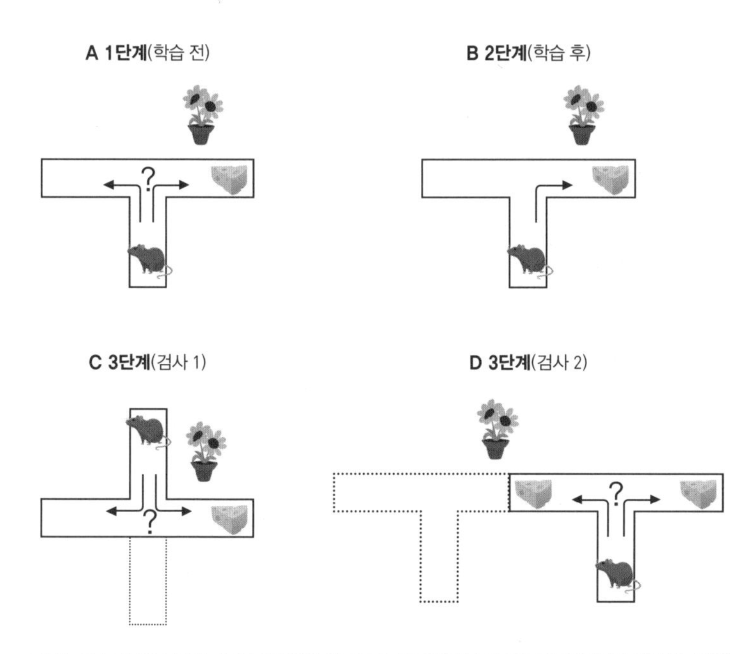

그림1 T자 미로와 십자형 미로를 이용해서 쥐가 T자 미로에서 학습한 내용이 무엇인지를 결정하는 방법

려면 학습을 마친 쥐들을 새로운 조건에 노출시켜보아야 한다. 가령 T자 미로의 오른쪽에 먹을 것이 숨겨져 있다는 것을 학습한 쥐들을 대상으로 미로 전체를 180도 돌려놓은 후 검사를 해본다(**그림1**의 C). 이제 화분은 쥐가 볼 때 왼편에 놓여져 있다. 만일 쥐가 반응 학습을 했다면 화분의 위치와는 관계없이 오른쪽을 선택할 것이다. 반면 쥐가 장소 학습을 했다면 화분이 있는 방향인 왼쪽을 선택할 것이다. 또 다른 실험에서는 미로를 회전하는 대신 미로의 위치를 바꿔보았다. 이 경우에는 원래는 먹을 것이 없었던 왼쪽 통로의 끝이 먹이가 있었던 장소와 일치하도록 미로의 위치를 바꾸고 나서 쥐를 등장시키는 것이다(**그림1**의 D). 그러면 이전의 학습 과정에서 장소 학습을 했던 쥐는 출발 지점이 이전과 다

르다는 것을 눈치채고 이제는 왼쪽으로 돌겠지만, 반응 학습을 했던 쥐는 여전히 오른쪽을 선택할 것이다.

과연 이런 변형 실험들로 쥐가 무엇을 학습하는지 분명하게 밝힐 수 있었을까? 톨만을 포함한 많은 심리학자가 이와 같은 실험을 수도 없이 반복했지만 그 결과가 항상 일치하지는 않았다. 어떤 실험에서는 쥐가 반응 학습을 한다는 결과가 나왔고 다른 실험에서는 반대로 쥐가 장소 학습을 한다는 결과가 나왔다. 이렇게 상반된 실험 결과는 학습에 대한 중요한 교훈 한 가지를 시사한다. 즉, 동물들은 특정한 문제를 해결하기 위해 다양한 학습 방법을 사용할 뿐 아니라 구체적인 상황에 따라 자신에게 가장 적합한 학습 방법을 선택하게 된다는 것이다. 결국 학습에 대한 연구의 초점은 단순히 "동물이 어떻게 학습하는가"에서 "주어진 상황에서 동물이 어떤 학습 방법을 선택하는가"로 옮겨가게 된다.

다양한 학습 방법에 관한 연구가 시작된 것은 대략 100여 년 전의 일이다. 톨만이 연구했던 반응 학습과 장소 학습은 사실 20세기 초에 에드워드 손다이크Edward Thorndike나 버러스 F. 스키너Burrhus F. Skinner 같은 미국의 심리학자들이 발견했던 '기구적 조건화instrumental conditioning'라는 학습 방법에 속한다. 한편 비슷한 시기에 러시아에서는 이반 파블로프Ivan Pavlov에 의해서 '고전적 조건화classical conditioning'라는, 기구적 조건화와는 전혀 다른 학습 방법에 관한 연구가 진행되고 있었다. 반응 학습과 장소 학습의 근본적인 차이점에 관한 이야기를 하기에 앞서, 먼저 고전적 조건화와 기구적 조건화가 무엇인지를 알아보자.

고전적 조건화: 개와 버저

개를 키워본 사람이라면 개들이 침을 잘 흘린다는 것을 알고 있다. 하지만 개가 꼭 먹을 것을 보았을 때만 침을 흘리는 것이 아니다. 어떤 개는 자신의 간식거리가 들어 있는 서랍에 주인의 손이 닿기만 해도 침을 흘릴 수 있다. 주인의 손이 서랍에 닿았다는 것은 잠시 후에 그 서랍 안에 있는 먹이를 먹을 수 있게 된다는 것을 의미하기 때문에 개는 소화에 필요한 침을 미리 분비시켜 놓는 것이다. 서랍 속에 먹이가 있다는 것을 개의 유전자가 미리 알고 있거나 개들이 그와 같은 사실을 태어날 때부터 알고 있었을 리는 없다. 따라서 주인이 서랍에 손을 댔을 때 침을 흘리기 시작하는 개는 주인이 서랍에 손을 대면 잠시 후에 먹이가 나온다는 것을 과거에 언젠가 학습했다는 것이다.

개가 침을 많이 흘린다는 사실은 개의 침으로 실험을 하는 사람에게는 다행스러운 일이다. 개가 침을 흘리고 있는지 아닌지를 정밀한 기계 없이도 쉽게 관찰할 수 있으니 말이다. 아마도 그래서 러시아의 이반 파블로프는 피험동물이 흘리는 침의 양을 측정해야 하는 실험에 개를 이용했을 것이다. 그는 개를 이용한 실험을 통해서 동물들에게서 발견되는 지극히 보편적이고 중요한 학습 방법 중 한 가지인 '고전적 조건화'를 발견했다. 발견자의 공로를 기리기 위해 고전적 조건화를 '파블로프의 조건화Pavlovian conditioning'라고 부르기도 한다.

고전적 조건화는 어떻게 일어나는가? 고전적 조건화가 일어나기 위해서는 몇 가지 조건이 갖춰져야 한다. 우선 먹이 냄새를 맡았을 때 침을 흘리는 것과 같이, 적절한 자극이 주어지면 아무런 학습이 없어도 반사적으로 나타나는 행동이 있어야 한다. 이와 같은 행동을 '무조건 반응unconditioned response'이라고 한다. 그리고 무조건 반응을 유발하는 자극(여기서는 먹이)을 '무조건 자극unconditioned stimulus'이라고 한다. 무조건 자극이 있는 곳에는 항상 그와 관련된 무조건 반응이 있고, 무조건 반응은 학습 없이도 일어날 수 있다.

고전적 조건화가 일어나기 위한 두 번째 조건으로, 무조건 자극이 제시되기 전에 그와는 무관한 중성 자극이 반복적으로 제시되어야 한다. 많은 사람이 파블로프의 실험에서 중성 자극으로 벨소리를 사용했다고 알고 있지만, 실은 메트로놈이나 버저를 사용했다. 만일 버저 소리가 제시되고 난 뒤에 먹이가 뒤따르는 것을 반복해서 경험하게 되면 개들은 결국 중성 자극이 제시되기만 해도 침을 흘리기 시작한다. 이와 같이 중성 자극이 제시되었을 때 학습의 결과로 유발되는 반응을 '조건 반응conditioned response'이라고 하고, 학습을 통해 조건 반응을 유발할 수 있게 하는 자극을 '조건 자극conditioned stimulus'이라고 한다.

고전적 조건화에는 앞으로 알아볼 다른 학습 방법과 구별되는 중요한 특징이 있다. 그것은 학습 후에 나타나는 조건 반응이 학습 전에 존재했던 무조건 반응과 매우 유사하다는 것이다. 파블로프의 실험에서 먹이가 주어질 것을 알리는 버저 소리를 듣고 개가 보여주는 조건 반응은 실제로 먹을 것을 주었을 때 나타나는 반응인 '침 흘리기'다. 일반적으로 이런 학습을 거친 개는 앞발을 내민다든지 자리에 앉는 것 같은 행동을 보이지는 않는다. 다시 말해서, 고전적 조건화는 원래의 무조건 반응이 학습의 결과로 조건 반응이 되어 나타나는 것이다. 이것은 고전적 조건화가 적용될 수 있는 행동의 범위가 지극히 제한되어 있다는 것을 의미한다. 그 이유는 무조건 반응들은 학습하지 않아도 되는 본능적 행동, 예컨대 맹수를 보고 갑자기 모든 동작을 멈추고 얼어붙는 것freezing과 같은 비교적 단순한 행동이나, 침을 흘리는 것처럼 소화, 혈액 순환, 호흡을 제어하는 자율신경계의 작용인 경우가 대부분이기 때문이다. 하지만, 학습 후에 나타나는 조건 반응은 학습 전부터 존재하고 있던 무조건 반응과 흡사한 모양을 하지만 결코 완벽하게 동일한 것은 아니다. 특히 조건 반응은 무조건 반응에 비해서 그 격렬한 정도가 덜하다. 예를 들어 고전적 조건화를 통해 버저 소리가 들리면 침을 흘리게 된 개의 경우에도 실제로 먹이를 먹을 때만큼 침을 많이 흘리지는 않는다.

결과의 법칙과 조작적 학습: 호기심 많은 고양이

러시아의 파블로프가 주로 개를 이용해 고전적 조건화를 연구하던 무렵, 미국 뉴욕의 컬럼비아 대학에서는 고전적 조건화와는 전혀 다른 방식의 학습에 관한 연구가 진행되고 있었다. 심리학자 에드워드 손다이크는 자신의 아파트에서 키우는 고양이를 퍼즐 상자에 넣어두고 탈출하는 데 소요되는 시간을 측정했다. 상자에서 탈출하기 위해서는 줄을 잡아당긴다든지 지렛대를 누르는 것과 같은 동작이 요구되었고, 탈출에 성공하면 고양이가 좋아하는 먹이를 제공했다. 손다이크는 이 실험을 동일한 동물을 대상으로 수십 번 반복하면서 상자를 탈출하는 데 걸리는 시간이 어떻게 달라지는지 기록했다. 당연한 결과처럼 보이지만 실험을 반복할수록 탈출에 걸리는 시간은 점점 줄어들었다.

어찌 보면 전혀 놀랍지 않은 이 같은 사실이 다양한 동물에 보편적으

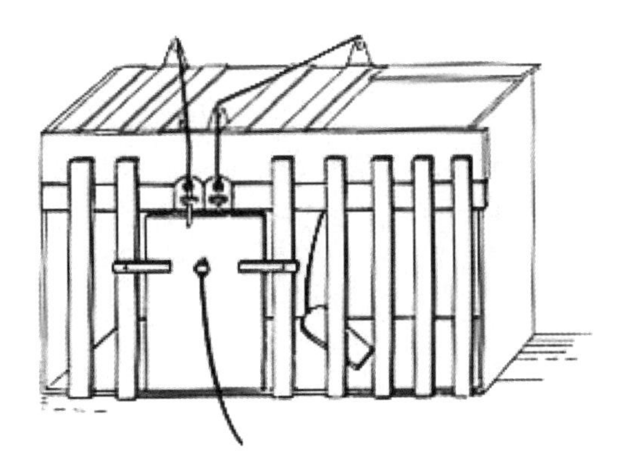

그림2 손다이크가 실험에 사용한 퍼즐 상자

로 존재한다는 것을 확인한 손다이크는 20세기 심리학에서 가장 영향력 있는 이론 중의 하나라고 할 수 있는 '결과의 법칙law of effect'을 제창한다. 결과의 법칙이란 어떤 행동의 결과가 만족스러우면 다음에도 그 행동을 반복하고, 만족스럽지 않으면 그 행동을 하지 않는다는 것이다. 예를 들어 퍼즐 상자 안에 갇혀 있던 고양이가 지렛대를 눌러 문을 열고 나온 결과로 생선을 먹게 되면, 이후에 동일한 상자에 다시 갇히게 되었을 때 똑같은 행동을 반복할 것이다. 반대로 만일 고양이가 퍼즐 상자를 탈출한 직후에 생선 대신 전기 충격을 받게 된다면 그와 같은 행동을 점차 멈추게 될 것이다. 이처럼 이전에 일어난 행동을 반복하게 만드는 자극을 '강화reinforcement'라고 부르고, 이전에 일어난 행동을 피하게 만드는 자극을 '처벌punishment'이라고 한다. 손다이크는 이와 같이 특정한 행동과 결과 사이에 존재하는 연결 고리를 발견하는 것이 학습의 중요한 목표라고 생각했고, 따라서 지능은 행동과 그 결과의 관계를 많이, 그리고 신속하게 학습하는 능력이라고 주장했다.

손다이크가 주창한 결과의 법칙을 더욱 정교하게 발전시킨 이가 바로 스키너다. 스키너는 실험의 목적과 상관없는 잡다한 변수들이 동물의 행동에 불필요한 영향을 미치는 것을 최대한 배제하기 위해서 손다이크가 사용했던 퍼즐 상자보다 더욱 단순한 상자를 고안했다. 스키너 상자라고 일컬어지는 이 상자는 동물의 특정한 행동을 측정할 수 있는 장치, 보상으로 먹을 것을 제공하는 장치, 그리고 불빛과 같은 간단한 감각 자극을 제시할 수 있는 장치만으로 이루어져 있다. 이와 같은 단순한 방법을 이용해서 스키너와 그를 따르던 많은 동료와 제자가 보상이 주어지는 시간이나 빈도에 의해서 행동이 어떻게 달라지는가를 집중적으로 연구했다.

실험 장치는 더 단순해졌지만 스키너가 연구한 학습의 내용은 손다이크의 결과와 일치했다. 스키너는 동물들이 스키너 상자 안에서 보상을 받기 위해 취해야 하는 행동을 '조작적 행동operant behavior' 또는 단순히 '조작operant'이라고 불렀고 이와 같은 조작적 행동을 학습하는 과정을 기구적 조건화 또는 조작적 조건화operant conditioning라고 명명했다. 조작적 조건화는 파블로프가 연구했던 고전적 조건화와는 완전히 다른 별개의 학습 과정이다. 이 두 가지 학습 방법이 어떻게 다른가를 이해하는 것은 이처럼 다양한 학습 방법이 존재하는 이유를 이해하기 위해서도 꼭 필요하다.

고전적 조건화가 일어나기 위해서는 무조건 반응을 유발하는 무조건 자극이 일어나기 전에 또 다른 조건 자극이 일관되게 주어진다. 그 결과로 동물은 조건 자극이 주어지면 마치 잠시 후에 무조건 자극이 일어날 것을 예상이라도 했듯이 무조건 반응과 흡사한 조건 반응을 보이게 되므로 가장 적합한 행동을 찾아서 헤맬 필요가 없다. 반면, 기구적 조건화의 경우는 상황이 전혀 다르다. 손다이크의 퍼즐 상자를 처음 경험해보는 순진한 고양이의 경우는 과연 그 상자 안에서 어떤 행동을 취해야만 상자의 문이 열리게 되는지를 알고 있을 리가 없다. 줄을 잡아당기거나 지렛대를 누르는 행동은 탈출과 아무런 관련이 없어 보이는데, 고양이는 이런 행동이 탈출에 도움이 된다는 것을 어떻게 알게 될까? 답은 고양이의 호기심과 장난기다. 즉 기구적 조건화가 이루어지기 위해서 꼭 필요한 것은 얼핏 보기에는 아무 도움도 되지 않을 것 같은 행동들을 마구잡이로 만들어내고 그중에서 원하는 결과를 가져오는 행동을 발견하는 것이다. 인간뿐 아니라 영장류를 포함한 대부분의 포유동물이 부모의 보호를 받고 자라는 유년 시절 동안 놀이에 많은 시간을 쓰는 것도 이와 깊은 연관이 있다고 볼 수 있다.

따라서 고전적 조건화와 기구적 조건화의 가장 중요한 차이점은, 고전적 조건화는 학습되는 행동이 침을 흘리는 것 같은 무조건 반응에 국한되는 반면에, 기구적 조건화는 동물이 취할 수 있는 어떤 행동에라도 적용이 가능하다는 것이다. 스키너는 기구적 조건화의 방법들을 이용해서 인간과 동물의 모든 행동을 원하는 대로 바꿀 수 있다고 주장했다. 예를 들어 스키너는 인간의 언어 역시 복잡한 기구적 조건화의 결과라고 주장하여 많은 논란을 불러일으켰다. 또한 2차 세계대전 중에는 비둘기들을 미사일을 나르도록 훈련시켜 미사일을 적진의 목표 지점에 정확하게 명중시키는 것이 가능하다고 주장하여, 실제로 미국 정부로부터 연구비 지원을 받기도 했다.

이런 스키너의 시도 중에 가장 극단적인 예는 그가 자신의 딸을 위해

그림3 상자 안에서 생활했던 스키너의 딸

서 제작한 육아용 스키너 상자다. 스키너는 인간을 비롯한 모든 동물의 행동이 궁극적으로 환경에 의해서 결정되는 것이기 때문에 자신이 연구했던 기구적 조건화 방식을 교육에 적용하면 모든 인간을 정서적으로 안정적이고 지적인 인간으로 성장시키는 것이 가능하다고 굳게 믿었다. 스키너는 이와 같이 인간들이 최적화된 교육 과정을 통해 자라나는 이상 사회를 묘사하기 위해 《제2의 월든Walden Two》이라는 소설을 쓰기도 했다.

오늘날의 관점에서 보면 인간의 행동이 전적으로 환경에 의해서 결정된다는 스키너의 주장이 오류가 많고 과격한 것은 사실이다. 그 이유는 어쩌면 스키너가 활약했던 20세기 초반에는 유전적인 요인이 인간의 행동에 어떤 영향을 미치는지에 관해서 별로 알려진 바가 없었기 때문이었을 것이다. 스키너 이후에 등장하는 톨만과 같은 많은 심리학자들은, 결국 스키너가 강력하게 부정했던 인간의 상상력을 포함한 다양한 인지 과정이 인간의 행동에 중요한 역할을 한다는 것을 밝혀내게 된다. 이처럼 스키너가 항상 옳았던 것은 아니지만, 행동을 정량적으로 정확하게 연구하는 기틀을 마련했다는 점에서 20세기 심리학을 이야기할 때 스키너의 업적을 빼놓을 수는 없다.

고전적 조건화와 기구적 조건화의 결합

고전적 조건화와 기구적 조건화가 작동하는 방식은 전혀 다르다. 따라서 이 두 가지 학습 방법을 동시에 사용한다고 해도 크게 문제될 것이 없을 것이라고 생각할 수도 있다. 천만의 말씀이다. 비록 이 두 가지 학습 방법이 원리적으로 전혀 다르다 하더라도 실제로 그렇게 상이한 학습 방법들이 동일한 행동에 적용될 수 있다면 골치 아픈 문제가 발생할 수 있다. 예를 들어 고전적 조건화는 특정한 사물을 피할 것을 요구하는데 기구적 조건화는 그 사물을 집어들 것을 요구한다면 어찌할 것인가? 이처럼 학습 방법이 다양하게 존재한다는 사실은 인간과 동물의 행동을 더욱 바람직한 방향으로 인도할 수도 있지만 경우에 따라서는 그렇지 않을 수도 있다.

우리 일상 생활에는 고전적 조건화와 기구적 조건화를 결합하여 바람직한 효과를 보는 경우들이 많이 있다. 그중 하나는 클리커를 이용한 동물 훈련법이다. 개가 어떤 행동을 취했을 때마다 먹이를 준다면, 개는 먹이를 얻기 위해 그 행동을 반복할 것이므로 먹이를 이용한 기구적 조건화가 일어난다. 그런데 어떤 행동을 가르치기 위해 항상 먹이를 줄

수는 없다. 그래서 트레이너들은 누를 때마다 딸깍하고 소리를 내는 클리커라는 도구를 먹이 대신으로 이용한다. 클리커를 사용하기 위해서는 우선 개에게 딸깍하는 소리가 유쾌한 조건 자극이라는 것을 학습시켜야 한다. 즉, 개에게 먹이를 줄 때마다 그전에 항상 클리커로 딸깍하는 소리를 들려주는 것이다. 일단 개가 클리커 소리를 즐거운 자극으로 받아들이게 된 이후에는 먹이를 주지 않고 클리커 소리만 들려주는 것으로 개의 행동을 강화시킬 수 있으므로 동물들을 효과적으로 훈련시킬 수 있다. 클리커의 소리가 먹이를 연상시키는 조건 자극이 되는 과정은 고전적 조건화다. 이처럼 고전적 조건화와 기구적 조건화를 결합하면 강화와 처벌의 역할을 하는 자극의 종류를 다양하게 만들 수 있다. 이와 같이 고전적 조건화의 결과로 생겨난 강화를 '조건적 강화conditioned reinforcer' 또는 '이차적 강화secondary reinforcer'라고 한다. 반면 먹이같이 고전적 조건화의 도움이 없이도 동물의 행동에 영향을 미치는 강화 자극을 '일차적 강화primary reinforcer'라고 한다.

스키너가 기구적 조건화를 이용해서 인간의 모든 행동을 바람직한 방향으로 교정할 수 있다고 믿었던 것은 이처럼 기구적 조건화와 고전적 조건화를 다양하게 결합할 수 있기 때문이었다. 예를 들어서 고전적 조건화는 반드시 무조건 자극과 조건 자극 사이에만 성립되는 것이 아니다. 일단 버저 소리가 먹이를 예고한다는 것을 학습한 다음에, 먹을 것을 주지 않은 상태에서 먼저 특정 사진을 보여준 후 버저 소리를 들려주길 여러 번 반복하면, 비록 그 사진과 먹이를 한 번도 같이 제시한 적이 없더라도 그 사진은 조건 자극이 되어 침을 흘리는 조건 반응을 유발하게 된다. 이차적 강화를 예고하는 사진이 이제는 삼차적 강화가 된 것이다. 이렇게 꼬리에 꼬리를 물고 발생하는 조건화를 '고차적 조건화high-order conditioning'라고 한다. 고차적 강화에 의해서 행동이 바뀌는 과정은 사람에게서도 쉽게 발견할 수 있다. 특히 많은 사람이 돈이나 명예 등을 소유하기를 원하는 이유는 그것들이 인간이 원하는 다양한 종류의 강화를 가져다 주기 때문이다. 이와 같이 여러 가지 조건적 강화와 연결되어 있는 고차적 강화를 '일반적 강화generalized reinforcer'라고 하기도 한다.

고전적 조건화와 기구적 조건화가 결합되는 또 한 가지 흔한 예는 바로 광고다. 자본주의 사회에서 광고의 중요성은 엄청나다. 새로운 상품이 개발되었을 때 이것을 소비자에게 알리는 것부터 시작해, 비록 과장되는 경향이 있기는 하지만, 상품의 가치를 소비자에게 설명하기 위해서는 광고가 꼭 필요하다.

광고의 역할은 단순히 정보를 전달하는 데 그치지 않는다. 더 강력하게 직접적으로 상품을 구매하도록 이끈다. 광고가 실제로 소비자의 관심을 끌고 지갑을 열게 하기 위해서는 단순히 '고전적 조건화'만으로는 부족하다. 물론 텔레비전 화면 속에 김이 모락모락 오르는 치킨이 비춰진다면 시청자들은 파블로프의 개마냥 군침을 삼킬 것이다. 반면 냉장고를 광고한다고 생각해보자. 냉장고의 외관만을 비추는 것으로는 시청자의 무조건 반응을 이끌 만한 자극이 아무것도 없다. 그럼에도 우리는 냉장고 광고를 보면서 치킨 광고를 볼 때만큼이나 구매욕이 동하는 것을 느낀다. 그 이유는 근사한 배경 음악과 함께 아름다운 배우가 등장해 최첨단 냉장고와 함께하는 꿈 같은 나날을 보여주기 때문일 수도 있다. 그래서 기업들은 광고에 많은 돈을 들여 유명인이나 아름다운 모델을 등장시키고 사람들의 구매욕을 자극한다. 실제로 대한민국에서 대중매체를 통해 광고에 지출하는 액수는 2020년의 경우 14조 원을 넘어설 것이라는 전망이 나왔다(한국경제 2019년 12월 30일 기사). 미국의 경우는 이 비용이 2조 5천억 달러에 가까운 것으로 알려져 있다. 예를 들어 2020년 2월에 있었던 미식축구의 챔피언을 가리는 슈퍼 볼super bowl 경기 중에 방송된 30초짜리 광고는 그 비용이 560만 달러에 달하고 게임 전체 동안 벌어들인 광고 수입은 4억 달러가 넘는 것으로 추정되었다. 그렇다면 광고는 어떻게 소비자의 관심을 끌고 소비자의 지갑을 열게 하는 것일까?

광고가 소비자의 상품 구매를 자극하는 것은 '파블로프-기구적 전이Pavlov-Instrumental Transfer: PIT'라는 현상의 일종이다. PIT가 일어나기 위해서는 이차적 강화가 만들어질 때와 마찬가지로 일단 고전적 조건화가 일어나야 한다. 먹이가 주어지기 전에 반복적으로 버저 소리를 듣게 된 개를 생각해보자. 그 개는 이제 버저 소리를 들을 때마다 침을 흘리는 조건 반응을 보일 것이다. 이렇게 고전적 조건화가 완료된 개에게 고전적 조건화 과정에서 사용되었던 것과 동일한 음식, 즉 동일한 무조건 자극을 이용한 기구적 조건화를 통해 새로운 행동을 학습시켰다고 해보자. 기구적 조건화가 적용될 수 있는 행동의 범위는 넓으므로 이때 학습되는 행동에는 제약이 별로 없다. 예를 들어 오른쪽 발로 눈을 가리는 행동을 할 때마다 개에게 먹이를 주는 과정을 반복했다면 개는 기구적 조건화의 결과 오른쪽 발로 눈을 가리는 행동을 자주 반복하게 될 것이다.

자, 그렇다면 이 개에게 고전적 조건화 과정에서 학습했던 버저 소리를 들려주면 어떤 일이 일어날까? 일단 이 개는 기구적 조건화를 통해서 오른쪽 발로 눈을 가리는 행동을 이미 학습했으므로 버저 소리가 울리기 전에도 그와 같은 행동을 비교적 자주 보이고 있었을 것이다. 하지만 버저 소리는 고전적 조건화에서만 사용된 자극이므로, 만일 고전적 조건화와 기구적 조건화가 서로에게 영향을 미치지 않는 독립적 과정이라면 버저 소리는 단지 고전적 조건화를 통해서 학습된 조건 반응, 즉 침을 흘리는 행동만을 유발해야 할 것이다. 그런데 흥미롭게도 버저 소리를 들은 개는 침만 흘리는 것이 아니라 기구적 조건화를 통해 학습했던 오른쪽 발로 눈을 가리는 행동도 더욱 자주 보이게 된다. 이처럼 고전적 조건화를 통해서 학습된 조건 자극이 기구적 조건화에서 학습한 행동 반응의 빈도를 증가시키는 현상을 바로 PIT라고 한다.

사람들이 돈을 지불하고 상품을 구매하는 것은 특정한 목적을 달성하기 위한 것이기 때문에 기구적 조건화가 적용된 경우이다. 광고에 특정한 상품을 연상시키는 사진이나 그림이 들어 있는 것은 광고가 고전적 조건화를 통해 사람들이 학습한 일종의 조건 자극이라는 것을 의미한다. 더군다나 광고에 등장하는 아름다운 모델이나, 시각적 즐거움을 주는 화려한 영상미도 광고를 더욱 효과적인 조건 자극으로 만드는 결과를 가져온다. 반면 맛있어 보이는 치킨 광고를 보면 군침이 도는 것은 고전적 조건화의 결과지만, 그런 광고를 보고 치킨을 주문하는 행동은 기구적 조건화의 결과다. 즉, 광고가 소비자에게 구매욕을 일으키는 메커니즘 기저에는 PIT가 있는 것이다.

고차적 강화나 PIT는 기구적 조건화와 고전적 조건화의 두 가지 학습 과정이 커다란 문제없이 비교적 성공적으로 잘 결합된 경우라고 볼 수 있다. 하지만 고전적 조건화와 기구적 조건화가 서로 다른 행동을 요구하며 충돌하는 경우도 있다. 실제로 고전적 조건화를 통해서 학습한 조건 반응이 기구적 조건화를 통해서 학습한 행동을 방해하는 경우들이 간혹 존재한다. 그와 같은 일련의 사례를 최초로 보고한 것은 다름 아닌 스키너의 제자였던 켈러 브릴랜드Keller Breland와 마리안 브릴랜드Marian Breland 부부였다. 이들은 스키너와 그의 동료들이 성립시킨 학습의 원리를 응용해서 다양한 종의 동물들에게 많은 행동을 훈련시켜 그 결과를 대중들에게 구경거리로 제공하고 사업에도 응용한 사업가들이었다. 그 과정에서 그들은 불필요한 고전적 조건화의 결과 때문에 스키너가 주장했던 것처럼 기구적 조건화가 모든 행동에 적용될 수 있는 것이 아니라는 것을 뼈저리게 경험했다. 예를 들어 브릴랜드 부부는 너구리에게 동전을 저금통 안에 집어넣도록 훈련시키려 했는데, 너구리들은 동전을 움켜쥐고 쉽게 놓지 않았다. 그 이유는 너구리가 동전을 저금통 안에 넣고 먹을 것을 받아 먹는 일을 반복하는 동안 두 가지 종류의 상반된 행동을 학습했기 때문이다. 우선 브릴랜드 부부가 원했던 바와 같이, 동전을 저금통에 집어넣는 행동은 너구리가 그 결과로 먹이를 받아먹을 때마다 기구적 조건화를 거치며 강화되었을 것이다. 하지만 너구리가 동전을 보고 만질 때마다 그 이후에 먹이를 먹게 되는 것을 반복하게 되었으므로 기구적 조건화뿐 아니라 고전적 조건화가 동시에 진행되어, 동전이 조건 자극이 되어 버린 것이다. 그 결과 너구리는 동전을 마치 먹을 것인 양 잡고 놓지 않는 행동을 보였다. 브릴랜드 부부에게 훈련 받은 너구리의 경우에는 고전적 조건 반응이 기구적 조건화에 따른 조작 행동보다 더 강력했던 것이다.

이렇게 고전적 조건화는 인간의 행동에서도 바람직하지 않은 결과를 가져오는 경우가 많다. 예를 들어 연인과 다툰 후에 때로는 냉각기를 갖는 것이 장기적으로 관계에 더 바람직하다는 것을 잘 알고 있는 사람이라도 애인을 보지 않고는 하루도 견딜 수 없기 때문에 자꾸 애인을 만나려고 하다가 사태를 더 악화시킨 경험이 있을 것이다. 이 또한 고전적 조건화를 통해서 학습한 행동과 기구적 조건화를 통해서 학습한 행동이 충돌하는 수많은 예 중 하나다. 외로움이라는 조건 자극이 주어졌을 때 애인을 찾아가는 것은 일종의 조건 반응이고, 다툰 후에 애인을 만나는 것이 바람직하지 않은 결과를 가져오는 것은 처벌을 포함하는 기구적 조건화에 해당한다고 볼 수 있는 것이다.

지식: 잠재적 학습과 장소 학습

심리학자들이 학습에 대해 지난 100년간 연구한 것들은 대부분 고전적 조건화와 기구적 조건화에 해당한다. 하지만 이 두 가지 학습이 다라고 생각하기엔 무언가 중요한 게 빠졌다는 느낌이 든다. 특히 우리가 흔히 '공부'라고 말하는 학습으로 획득한 다양한 지식들은 고전적 조건화나 기구적 조건화의 내용과는 질적인 차이가 있다고 느낄 것이다. 우리가 여러 해에 걸쳐 학교를 다니면서 획득해온 광범위한 지식들이 단순한 고전적 조건화나 기구적 조건화의 결과는 아니지 않은가? 맞는 말이다. 물론 공부를 하기 위해 책상 앞에 오랫동안 앉아 있는 것과 같은 행동들을 기구적 조건화를 통해 학습하는 경우도 있기는 하지만, 학교 교육의 목표는 바로 지식knowledge을 획득하는 것이다. 브라질의 수도가 상 파울루가 아니라 브라질리아라는 것을 아는 것은 지금까지 우리가 살펴본 고전적 조건화나 기구적 조건화를 통해서 학습되는 것이 아니다.

대부분의 고전적 조건화와 기구적 조건화가 성립되기 위해서는 무조건 자극과 강화가 필요하다. 무조건 자극과 일차적 강화들은 대부분 학습이 일어나기 전에 이미 동물이 끌리거나 피하려고 하는 경향을 보이는 음식이나 물 또는 고통스러운 커다란 소음같이, 동물의 생존에 꼭 필요하거나 방해가 되는 자극들이다. 따라서 무조건 자극이나 일차적 강화들은 날 때부터 유전적으로 결정되는 것이다. 학습이 유전자의 자기 복제에 도움이 되는 이유는 바로 조건화의 결과로 동물이 선택하게 되는 행동들이 유전자가 미리 정해놓은 무조건 자극과 일차적 강화를 더욱 많이 가져오기 때문이다. 따라서 20세기 전반에 많은 심리학자가 무조건 자극이나 강화가 없이는 그 어떤 종류의 학습도 불가능하다는 극단적인 입장을 취했었다. 하지만 그와 같은 주장은 톨만과 같은 심리학자에 의해서 사실이 아님이 바로 밝혀지게 된다.

톨만 등의 심리학자들이 강화가 없이도 학습이 일어날 수 있다는 것을 보여주기 위해 주로 사용한 방법은 '잠재적 학습latent learning'이다. 잠재적 학습이란, 기구적 학습이 일어나기 전에 동물이 학습을 하게 될 미로와 같은 환경에 미리 노출되어 그 환경의 이모저모를 탐색할 수 있는 기회를 주었을 때 발생하는 학습을 말한다. 아무런 보상 없이 장차 기구적 학습이 일어날 장소를 미리 탐색할 기회를 가졌던 동물들은 그와 같은 기회가 없었던 동물에 비해서 나중에 미로를 탈출한다든지 특정한 장소에 감춰져 있는 음식을 찾아내는 것과 같은 행동을 더욱 신속하게 배우게 된다. 이는 아무런 강화 없이 단순히 미로를 탐색하는 것만으로도 이미 미로의 구조에 대한 모종의 지식을 획득할 수 있다는 것을 의미한다. 이와 같은 잠재적 학습을 통해서 얻게 되는 지식은 나중에 환경의 일부가 변한다든지 아니면 동물의 생리적 욕구가 달라졌을 때 동물에게 가장 도움이 되는 행동을 선택하는 데 중요한 역할을 하게 된다.

과거에 획득한 지식을 유연하게 사용할 수 있는 능력은 인간의 전유물이 아니다. 이미 1930년대에 케네스 스펜서Kenneth W. Spencer와 로널드 리피트Ronald O. Lippitt는 Y자 미로를 사용해서 쥐들도 자신들의 생리적 욕구에 따라 사전 지식을 유연하게 사용할 수 있는 능력이 있다는 것을 입증했다. 이 실험에서는 Y자 미로의 두 팔 중에 한쪽에만 먹을 것이 놓여져 있었고 다른 한쪽에는 물이 놓여져 있었다. 이 실험은 2단계로 진행되었는데 1단계에서는 일단 쥐들에게 원하는 대로 충분히 물도 마시고 음식도 먹도록 한 후에 Y자 미로를 탐색하도록 했다. 이때 쥐들은 목이 마른 것도, 배가 고픈 것도 아니기 때문에 물이나 음식에는 관심이 없었다. 따라서 물이나 음식은 쥐들의 행동을 강화시키는 작용을 할 수가 없

그림4 스펜서와 리피트의 실험에서 사용한 Y자 미로

었다. 이 과정을 며칠간 반복한 뒤 2단계가 시작되면 쥐들을 무작위로 두 집단으로 나누고 한 집단은 물을 제한해서 목이 마르게 만들고 다른 집단은 먹을 것을 주지 않아 배가 고프게 만든다. 이 쥐들을 다시 Y자 미로에 돌아가도록 하면 어떻게 행동할 것인가? 만일 쥐들이 1단계에서 물과 음식의 위치를 학습하지 않았다면 쥐들은 목이 마른지 배가 고픈지와 전혀 상관없이 Y자 미로의 두 팔 중에 아무 쪽이나 닥치는 대로 골랐어야 할 것이다. 하지만 스펜서와 리피트의 실험 결과는 전혀 달랐다. 배고픈 쥐는 대부분 먹이가 있는 쪽을, 목마른 쥐는 대부분 물이 있는 쪽을 선택했던 것이다. 이 결과는 동물이 강화가 없이도 자신의 환경의 특징들을 학습하고 기억했다가 나중에 그와 같은 지식을 적절히 사용할 수 있다는 것을 의미한다.

잠재적 학습을 통해 주위 환경의 특징을 배울 수 있다는 것은 이 동물들이 T자 미로에서 먹이를 찾아 가야 하는 상황에서 반응 학습뿐 아니라 장소 학습을 통해 과제를 해결할 수 있다는 것을 의미한다. 비록 대부분의 T자 미로 실험에서는 스펜서와 리피트의 실험에서처럼 강화가 없는 상태에서 동물에게 미로를 탐색할 기회를 주지는 않지만, 동물들은 반응 학습에 해당하는 기구적 조건화가 일어나는 동안 실험실 안에 있는 화분과 같은 다른 물체들의 위치를 파악함으로써 먹이가 놓여 있는 위치를 터득하게 된다. 일단 그와 같은 정보를 확보하게 되면 나중에 미로의 위치나 방향이 바뀌었을 때 이전에 먹이가 감춰져 있던 곳을 찾아가기 위해서 필요한 경로를 재발견하게 되는데, 이것이 바로 장소 학습인 것이다. 마치 네비게이션을 이용해서 목적지를 찾아가다가 길을 잘못 들어섰을 때 네비게이션이 경로를 재계산하는 것처럼 말이다.

잠재적 학습은 기구적 조건화뿐 아니라 고전적 조건화를 사용해서도 확인할 수가 있다. 예를 들어서 아무런 조건화 과정을 겪지 않은 개에게 버저 소리와 함께 노란색 깃발과 같은 중성 자극을 되풀이하여 경험하게 해보자. 다음으로는 노란색 깃발 없이 버저 소리와 먹이만을 이용해서 고전적 조건화 과정을 거친다. 그 이후 개에게 노란색 깃발을 보여주면 비록 개들은 노란색 깃발이 먹을 것을 예고한다는 것을 한 번도 직접 경험한 적이 없음에도 불구하고 버저 소리를 들었을 때처럼 침을 흘리는 조건 반사를 보여주게 된다. 이처럼 조건화 과정 이전에 가해진 두 가지 이상의 중성적인 자극 중에서 하나가 다른 하나를 예고하는 것을 '전조건화pre-conditioning'라고 한다. 이는 전조건화 과정에서의 노란색 깃발이 이제는 조건 자극이 된 버저 소리를 예고한다는 것을 학습했음을 의미하는 것이다.

전조건화를 통한 잠재적 학습은 얼핏 보면 고차적 조건화와 흡사하게 보일 것이다. 하지만 이 두 가지 현상에는 중요한 차이점이 존재한다. 바로 노란 깃발과 같은 중성적인 자극이 버저 소리와의 연관되는 시점이 언제냐 하는 것이다. 고차적 조건화에서는 버저 소리가 이미 조건 자극이 된 다음에 노란색 깃발과 같은 중성적인 자극과 결합되어 또 다른 조건 자극을 만들어낸다. 반면 전조건화는 노란색 깃발도, 버저 소리도 아직 조건 자극이 아닐 때 일어나는 것이다. 즉, 고차적 조건화는 사전에 더욱 단순한 조건화를 전제로 하는 반면, 전조건화의 경우에는 무조건 자극이나 일차적 강화의 도움 없이 학습이 일어나는 것이다.

인간을 포함한 포유동물들은 고전적 조건화와 기구적 조건화를 통해서 다양한 행동을 적절하게 선택할 수 있는 능력을 갖게 되었다. 그리고 많은 경우, 그와 같은 조건화를 통해서 학습하게 되는 행동들은 동물의 생존 및 안전에 직접 영향을 미치는 무조건 자극이나 일차적 강화에 의해서 결정된다. 이와 같이 비교적 원시적인 학습 방법만으로도 유전자로서는 뇌를 만들어내서 자신의 복제 과정에 필요한 행동을 선택할 수 있는 권한을 위임하기에 충분한 가치가 있었을 것이다. 하지만 유전자가 미리 골라놓은 소수의 무조건 자극과 일차적 강화가 있을 때만 학습을 하는 것은 그리 효과적인 방법이 아니다. 장차 생사를 가르는 중요한 의사결정에 도움이 되는 정보라면, 그것이 지금 당장에는 전혀 쓸모가 없더라도 기억해두는 것이 좋을 테니까 말이다. 따라서 유전자들은 호기심이 많은 뇌를 발명해냈을 것이다. 당장 생리적인 욕구를 만족시키는 데 아무런 도움이 되지 않는다 하더라도 환경의 변화를 성공적으로 예측할 수 있는 내용의 지식이라면 언젠가는 유전자의 자기 복제에 큰 공헌을 할 수 있기 때문이다. 인간처럼 수십 년에 걸쳐 다양한 경로를 통해 획득한 방대한 양의 지식을 이용할 수 있는 동물이 그보다 단순한 뇌를 장착한 수많은 동물들을 제치고 지구를 지배하고 있는 이유도 바로 그것이다.

7장

학습하는 뇌

뇌는 동물의 행동을 선택하는 의사결정 기관이다. 이렇게 뇌가 의사결정 기관의 역할을 하는 궁극적인 이유는, 유전자가 자기 복제에 필요한 행동을 선택하는 역할을 뇌에게 일임했기 때문이다. 앞서 살펴본 바와 같이 유전자가 동물의 행동을 구체적으로 지시하게 되면 동물이 처한 환경이 예상치 못한 방식으로 변하게 될 때 오히려 불리한 효과를 가져올 수 있다. 따라서 유전자는 뇌에게 적절한 장려책을 제공해줌으로써 유전자 자신이 원하는 결과를 가져올 수 있는 행동을 뇌가 자발적으로 선택하도록 한다. 이때 뇌가 올바른 행동을 선택하기 위해 반드시 필요한 것이 바로 학습이다.

뇌가 학습을 통해서 장기적으로 유전자의 자기 복제에 이로운 행동을 선택한다는 것은, 동물이 다양한 자극들을 경험하는 동안 뇌의 기능

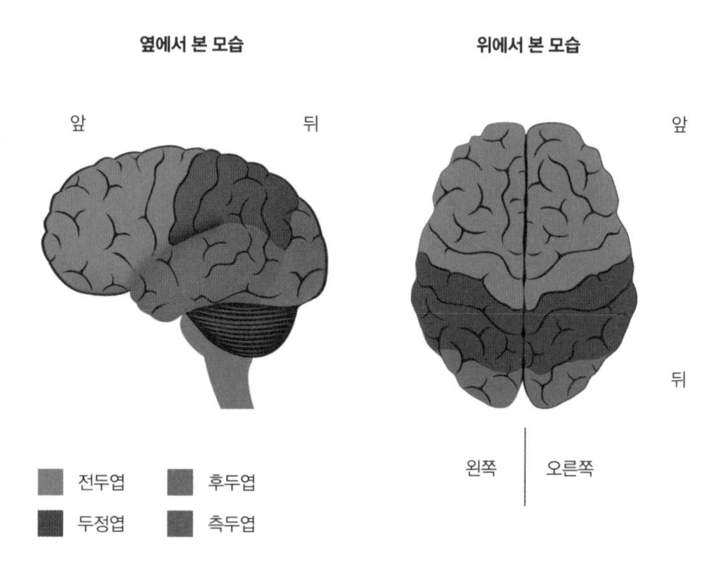

그림1 뇌의 각 부분의 명칭

과 구조가 계속해서 변화한다는 것을 의미한다. 만일 동물이 특정한 감각적 자극을 경험하거나 특정한 행동을 실행했음에도 불구하고 뇌 안에 아무런 변화가 일어나지 않는다면, 동물의 행동도 변하지 않을 것이고, 그것은 아무런 학습이 일어나지 않았다는 것을 의미한다. 그렇다면 학습이 일어날 때 뇌 안에서는 어떤 변화가 일어날까?

신경세포와 학습

순간적으로 제시된 불빛이나 소리 같은 일시적인 감각 자극은 뇌 안에 아주 짧은 순간 동안만 반응을 일으키고 바로 사라져버리는 경우가 많지만, 자극이 사라진 다음에도 신경세포나 시냅스에 흔적을 남길 수 있다. 먼저 신경세포에 남는 흔적을 살펴보자. 일반적으로 망막이나 피부에 있는 신경세포같이 감각 자극을 탐지해서 뇌로 전달하는 역할을 하는 신경세포의 막 전위나 활동전압은 자극이 사라지고 나면 그 이전의 상태로 바로 되돌아가게 된다. 하지만 대뇌피질의 전두엽frontal lobe이나 두정엽parietal lobe 같은 연합 피질에 있는 신경세포들은 자극이 사라지고 난 뒤에도 오랜 시간 반응을 지속하는 경우가 많다. 이와 같은 지속적인 신경세포의 활동은 그 이후에 동물의 의사결정과 행동에 영향을 미치게 되어 학습을 가능하게 한다. 하지만 대부분의 경우에 신경세포의 활동은 자극이 사라진 후 시간이 흐름에 따라 급속도로 약해지는 경향이 있다.

자극이나 그에 대한 행동적 반응과 관련된 지속적인 신경세포의 활동이 완전히 사라지고 나면 그와 관련된 정보 역시 뇌 안에서 사라지는 것일까? 그렇지 않다. 동물의 경험은 신경세포의 활동에만 영향을 미치는 것이 아니라 신경세포들 사이의 연결, 즉 시냅스에도 중요한 변화를 가져오기 때문이다. 앞서 살펴봤듯이, 인간의 뇌 안에는 대략 100조 개가량의 시냅스가 존재한다고 추정된다. 학습은 바로 이와 같이 엄청난 수의 시냅스에서 일어나는 생리적인 변화를 통해서도 일어나게 된다. 특히 우리가 여러 해가 지나고도 과거의 일들을 기억할 수 있는 것은 그에 대한 정보가 시냅스에 저장되어 있다는 것을 의미한다.

시냅스가 학습에 중요한 역할을 하는 이유는 무엇일까? 동물의 모든 행동은 수많은 신경세포가 서로 신호를 주고받는 과정을 통해서 출현하게 된다. 1장에서 알아본 바와 같이, 바퀴벌레가 쌍꼬리에 바람이 불어오는 것을 탐지하고 그 반대 방향으로 탈출하기 위해서는 감각세포

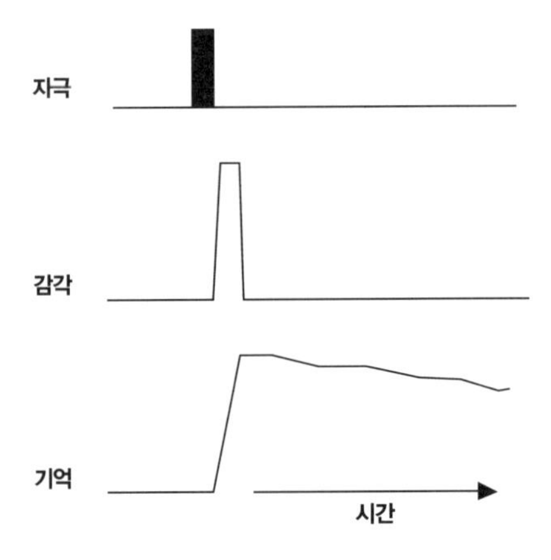

그림2 순간적인 자극(상)에 대한 일시적 반응(중)과 지속적 반응(하)

의 활동이 최소한 두 종류의 중간신경세포들을 거쳐 적절한 운동신경세포에 전달되어야 한다. 그런데 만약 감각세포와 운동신경세포 사이에 존재하는 시냅스를 제거하면 어떻게 될까? 그 결과는 뻔하다. 바퀴벌레는 쌍꼬리의 감각세포가 아무리 신호를 보내려 해도 그 신호가 운동세포에 전달되지 않기 때문에 탈출 반응을 보일 수 없다. 이처럼 신경계가 정상적으로 작동하기 위해서는 하나의 신경세포에서 발생한 활동전압이 시냅스를 통해 다른 신경세포로 전달되어야 한다. 그런데 만일 두 신경세포 사이에 존재하는 시냅스의 신경전달물질이나 수용체가 고갈된다면 시냅스 전 신경세포에 활동전압이 발생했다 하더라도 시냅스 후 신경세포에 시냅스 후 전압이 생겨나지 않을 것이다. 반대로 시냅스 전 신경세포에 활동전압이 발생했을 때 이전보다 더 많은 신경전달물질이 분비되고 이것이 시냅스 후 신경세포에 있는 더 많은 수용체를 자극하게 되면 시냅스 후 신경세포의 전압 또한 이전보다 더 많이 변할 것이다. 이처럼, 시냅스 후 전압의 크기는 시냅스 전 신경세포가 시냅스 후 신경세포에 얼마나 큰 영향을 미치는가를 나타내기 때문에 두 신경세포 간의 연결 강도connection strength를 반영한다는 의미로 '시냅스 가중치synaptic weight'라고 부른다.

결국 신경세포의 지속적인 활동이 사라지고 난 후에도 이전의 경험이 동물의 행동을 변화시킬 수 있는 이유는 경험을 통해서 시냅스 가중치가 변하기 때문이다. 이전에는 연결 강도가 약했던 두 신경세포가 특정한 경험을 한 이후에는 시냅스 가중치가 증가하여, 이후에 시냅스 전 신경세포에 동일한 활동전압이 발생했을 때 더욱 큰 반응을 보이는 것이다. 이와 같이 시냅스 가중치가 변화하는 것을 시냅스의 '가소성plasticity'이라고 한다. 예를 들어 바퀴벌레의 탈출 반응의 경우에도 감각세포와 운동세포 사이의 시냅스 가중치가 늘어난다면 탈출 반응의 속도가 증가할 것이다. 결국 오랜 시간이 지난 후 이전의 경험에 의해서 동물의 행동이 달라졌다는 것은 뇌의 어디선가 신경세포들 사이에 시냅스 가중치가 변화했다는 것을 의미한다. 그렇지 않다면, 먼 과거의 경험과 관련된 신경세포의 활동이 사라지고 난 이후에는 동일한 자극에 대해서 동일한 행동이 나올 것이다.

엔그램을 찾아서

만일 학습이 시냅스의 가소성을 통해서 이루어진다면, 동물이 특정한 학습 과정을 거치는 동안에 그와 관련해서 가중치가 변하는 시냅스의 위치와 시냅스 전후의 신경세포들을 확인할 수 있을지도 모른다. 이와 같이 뇌 안에 특정한 학습이나 기억과 관련된 정보가 저장되어 있는 장소를 신경과학자들은 '엔그램engram'이라고 부른다. 엔그램은 신경과학의 성배에 해당한다. 만일 학습의 결과가 시냅스 가중치의 변화로 나타나게 된다면, 엔그램을 찾기 위해서는 어떤 실험을 해야 할까? 우선 시냅스 가중치를 실험적으로 측정하기 위해서는 시냅스 전후에 있는 두 개의 신경세포에 미세한 전극을 삽입시켜야 한다. 그리고 그중 하나의 신경세포를 전기적으로 자극한 후, 그에 대한 반응으로 다른 신경세포에서 관찰되는 전기적 신호를 측정한다. 이때 만일 전기 반응이 증가하면 시냅스 가중치가 증가한 것이고, 거꾸로 전기 반응이 줄어들면 시냅스 가중치가 감소한 것이다. 하지만 시냅스 가중치가 변하는 것을 확인하는 것만으로는 그것이 학습을 반영한다는 것을 보여주진 못한다. 뇌 안에 있는 수많은 시냅스 중에 동물이 학습한 내용을 저장하는 시냅스를 찾아내어 그것들의 가중치가 동물이 학습하는 내용에 따라 다르게 변한다는 것을 확인할 수 있어야 한다. 최근에는 뇌의 곳곳에서 동물이 학습하는 정보의 내용에 따라 시냅스의 가중치가 특정한 방향으로 변한다는 것이 실제로 밝혀져, 시냅스의 가소성이 학습의 물질적 기반을 제공한다는 사실이 확인되었다.

하지만 이처럼 동물이 학습을 하는 동안 살아 있는 뇌에서 시냅스의 가중치를 직접 측정하게 된 것은 비교적 최근의 일이다. 그 이전에는 시냅스의 가소성을 연구하기 위한 방법으로 주로 뇌를 얇게 썰어 접시 위에 올려놓고 신경세포에 필요한 산소와 영양분을 공급해가며 신경세포의 전기적 반응을 측정하는 방법을 많이 사용했다. 그러나 신체에서 분리된 뇌조직은 정상적인 감각 정보를 받아들일 능력이 없으므로, 동물

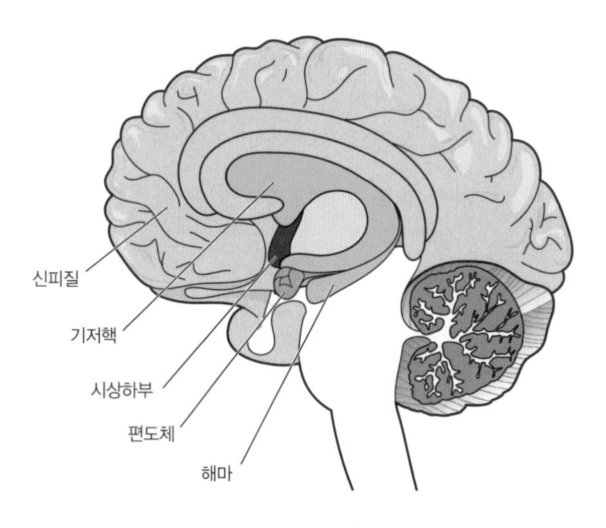

그림3 기억과 관련된 뇌 영역들

의 감각적 경험을 대신하기 위해 신경세포들을 전기적으로 자극하는 방법이 사용되었다. 여기서, 특정 신경세포들을 전기적으로 자극했을 때 그전에 비해서 시냅스 가중치가 늘어나는 현상을 '장기적 증강 작용 long-term potentiation'이라고 한다. 장기적 증강 작용이 처음으로 발견된 것은 해마hippocampus라는 구조에서였다. 하지만 그 이후 장기적 증강 작용은 해마 이외에도 뇌의 많은 곳에서 발견되었기에 신경과학자들은 동물의 기억이 해마에만 의존한다고 생각하지는 않는다. 그럼에도 불구하고 해마와 기저핵이라고 불리는 두 구조는 엔그램에 관한 연구에서 중요한 역할을 해왔다.

해마와 기저핵

장기적 증강 작용이 발견되기 전에도 이미 해마는 많은 연구자의 관심의 대상이었다. 특히 해마가 학습과 기억에 관련된 특별한 역할을 할 것이라는 발상의 시초는 신경과학 역사상 가장 유명한 환자라고 할 수 있는 헨리 몰레이슨Henry G. Molaison의 사례로 거슬러 올라간다. H.M.으로 더 잘 알려진 몰레이슨은 7살 때 자전거 사고를 당한 이후로 수십 년간 간질을 겪었다. 그러던 중 27세가 되던 해인 1953년에 윌리엄 스코빌William Scoville이라는 신경외과의사가 몰레이슨의 간질이 해마에서 시작된다는 것을 알아내고, 간질을 치료하기 위해서 몰레이슨의 뇌 양쪽에 있는 두 개의 해마를 제거하는 수술을 한다. 그 결과로 간질은 성공적으로 치료가 되었지만, 몰레이슨은 예상치 못했던 문제를 안고 여생을 살게 된다. 수술 전에 있었던 일들은 정상적으로 기억할 수 있었던 반면 수술 이후의 일들을 전혀 기억하지 못하는 선행 기억상실증anterograde amnesia에 걸린 것이다. 이처럼 해마가 손상되면 심각한 기억상실증이 초래된다는 발견은 해마가 학습과 기억에 필요한 기관이라는 예측을 이끌어냈다. 하지만 이후 브렌다 밀러Brenda Miller 등의 심리학자들은 몰레이슨이 모든 학습 능력을 상실한 것은 아님을 밝혀냈다.

앞 장에서 우리는 주로 쥐나 개 같은 실험동물의 학습 방법이 매우 다양함을 알아보았다. 마찬가지로 인간의 학습과 기억에도 여러 가지 종류가 있다. 하지만 인간의 뇌가 학습과 기억을 분류하는 방법은 동물의 뇌와 약간의 차이가 있는데, 그 이유는 바로 언어 때문이다. 인간은 자신이 학습하여 기억하고 있는 내용의 많은 부분을 언어를 이용해서 다른 사람에게 전달할 수 있는 능력이 있다. 물론 기억하고 있는 모든 사실을 그와 같이 언어로 표현할 수 있는 것은 아니다. 따라서 인간의 기억은 언어를 사용해서 다른 사람에게 전달할 수 있는가 없는가에 따라 크게 두 가지로 구분된다. 첫째, 인간이 다른 사람에게 언어를 이용해서 설명할 수 있는 종류의 기억을 '**서술 기억**declarative memory'이라고 한다. 그 내용을 인간이 의식적으로 회상할 수 있기 때문에 '외현 기억explicit memory'이라 부르기도 한다. 서술 기억 중에서 과거의 어떤 특정한 시점에 특정한 장소에서 자신이 어떤 일을 경험했는가를 기억하는 것을 '일화 기억episodic memory'이라고 하고, 특정한 사건과 상관없는 사실에 관한 기억을 '의미 기억semantic memory'이라고 한다. 예를 들어 어제 저녁에 어디서 누구와 무엇을 먹었는지를 기억하는 것은 일화 기억에 해당하고, 우리 동네에서 가장 오래된 식당이 어디인지를 기억하는 것은 의미 기억에 해당한다. 두 번째로, 서술 기억과는 달리 기억의 내용을 의식하지 못하더라도 반복 훈련을 통해 형성되는 기억을 '**절차 기억**procedural memory'이라고 한다. 예를 들어 자전거를 타거나 악기를 연주하는 것처럼 복잡한 기술을 연마하는 것은 수없이 많은 반복 훈련을 거쳐서 이루어진다. 그렇게 한 번 동작을 익히고 나면 시간이 한참 흐른 후에도 잊히지 않지만, 다른 사람에게 말로 설명해서 가르쳐주긴 힘들다. 아이에게 자전거 타는 법을 가르치기가 얼마나 힘든지 생각해보라. 또한 절차 기억은 그 내용을 여러 부분으로 나누어 각 부분이 어떤 순서로 연결되어 있는지 의식적으로 회상하기 힘들다. 각 부분들이 아니라 '전체'로 기억되는 것이다. 절차 기억을 흔히 습관이라고 부르기도 한다.

브렌다 밀러가 몰레이슨에게서 발견한 것은, 그가 모든 학습 능력을 상실한 것이 아니라 단지 서술 기억을 형성하는 능력을 잃었다는 것이다. 밀러는 몰레이슨에게 다양한 학습과제를 제시하여 그의 학습 능력과 기억을 체계적으로 검사한 후, 비록 그가 새로운 서술 기억은 만들어내지 못하지만 그의 절차 기억은 정상인과 다를 바가 없음을 발견했다. 밀러가 몰레이슨의 절차 기억을 검사하는 데 사용한 것은 거울상 따라 그리기mirror-tracing 과제였다. 이 과제는 말 그대로 피험자가 정해진 틀에 따라 펜으로 특정한 도형을 따라 그리는 것이다. 종이에 그려진 도형을 직접 바라보며 따라 그리는 것이라면 특별히 어려울 것이 없는 과제지만, 거울상 따라 그리기는 말 그대로 거울 속에 비쳐진 도형과 자신의 손만을 보면서 모양을 완성해야 하는 과제다. 그런데 실제 손의 움직임과 거울에 비친 손의 움직임은 서로 반대이므로 누구나 새로운 도형을 그릴 때 많은 어려움을 겪게 된다. 하지만 정상인의 경우는 여러 번 반복을 거침에 따라 점점 빠르고 정확하게 과제를 수행할 수 있다. 만일 몰레이슨이 모든 학습 능력을 상실했다면 그는 이 과제를 제대로 수행하지 못할 것이다. 하지만 실제로 실험을 진행한 결과, 몰레이슨은 이전에 자신이 거울을 보고 어떤 도형을 따라 그렸다는 일화 기억을 완전히 상실했음에도 불구하고 점점 더 빠르고 정확하게 도형을 따라 그릴 수 있었다. 이와 같은 결과는 일화 기억은 해마를 필요로 하지만 절차 기억은 해마가 없어도 된다는 것을 보여준 것으로 이후의 기억에 관한 연구에 지대한 영향을 끼쳤다.

일화 기억을 형성하는 일이 해마에서 일어난다면, 절차 학습은 뇌의 어느 부위에서 일어나는 것일까? 그것은 아마 '기저핵basal ganglia'이라고 불리는 영역일 것이다. 기저핵이 절차 학습에 관련하여 중요한 역할

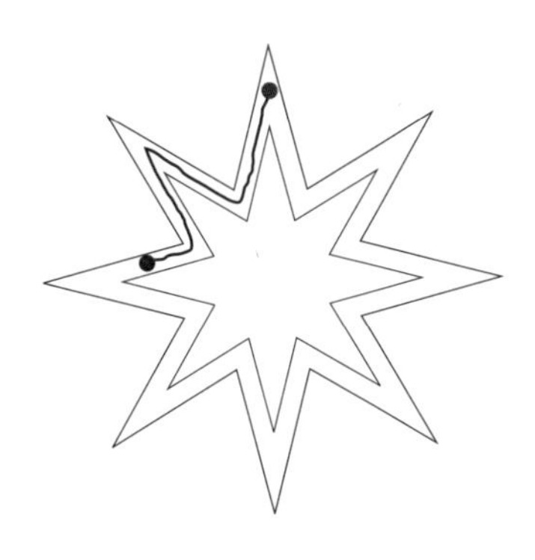

그림4 거울상 따라 그리기에 사용되는 도형의 예

을 한다는 증거를 보여주는 연구 중 많은 수가 T자 미로를 학습하는 쥐들에 관한 것이다. 7장에서 살펴본 것처럼, T자 미로에서 오른쪽으로 돌아서 먹을 것을 찾도록 훈련된 쥐들 중 일부는 단순히 오른쪽으로 도는 것을 터득하는 반응 학습을 하는 반면, 일부는 그와 같은 미로의 특정한 위치에 먹을 것이 있다는 것을 배우는 장소 학습을 한다. 마크 패커드Mark Packard와 제임스 맥고우James McGaugh는 1996년에 발표한 논문에서 이와 같은 두 가지 학습 방법에 관련된 뇌 부위가 서로 다르다는 것을 보여주었다. 해마에 손상을 입은 쥐들은 T자 미로를 학습할 때 전적으로 반응 학습에 의존하는 반면, 기저핵에 손상을 입은 쥐들은 전적으로 장소 학습에 의존하는 것이었다. 다시 말해서, 해마가 손상된 쥐들은 분기점에 도달했을 때 무조건 오른쪽으로 도는 것이 좋다는 걸 학습했지만 먹이가 있는 장소 자체를 학습하는 데는 실패한 반면, 기저핵이 손상된 쥐들은 먹이가 있는 장소를 기억할 수는 있었지만 그곳에 도달하기 위해서는 오른쪽으로 도는 것이 올바른 방법이라는 것은 학습하지

못했다. 이와 같은 결과는 해마와 기저핵이 장소 학습과 반응 학습에 각각 중요한 역할을 한다는 것을 보여준다. 또한 반응 학습은 일종의 절차 학습이라고 볼 수 있기 때문에, 이 결과는 기저핵이 절차 학습과 밀접한 관련이 있다는 것을 시사하기도 한다.

실제로 파킨슨병과 같이 기저핵의 기능에 이상이 생긴 환자들의 경우에는 여러 가지 동작을 특정한 순서로 수행해야 하는 복잡한 운동 과제를 여러 번 반복하더라도 정상인에 비해서 속도가 향상되지 않는 경우가 많다. 즉, 절차 학습에 이상을 보이는 것이다. 이와 같은 결과는 해마와 기저핵이 쥐뿐만이 아니라 인간을 포함한 모든 포유류에서 유사한 기능을 담당하고 있을 가능성을 시사한다. 가끔 우리는 하루 일과를 마치고 집으로 돌아가는 길에, 평상시와는 달리 다른 곳에 들러야 할 때도 잠시 정신이 팔려 걷다 보면 자기도 모르는 새 집에 도착해버리는 경우가 종종 있다. 이런 일이 일어나는 이유는 해마가 잠깐 동안 제구실을 하지 않은 동안, 기저핵이 절차 기억을 통해 우리의 행동을 결정했기 때문이다. 그와 같은 행동은 T자 미로에서 반응 학습만 했던 쥐들의 행동과 큰 차이가 없다고 볼 수 있다.

강화 학습 이론

동물이 다양한 학습 방법을 이용하고, 뇌의 여러 부위가 학습과 관련된 기능을 수행한다는 것은 학습의 중요성을 고려할 때 전혀 놀라울 것이 없다. 하지만 그로 인해 엔그램을 찾는 일, 즉 뇌의 특정 부위가 학습 과정에 어떻게 기여하는지를 이해하는 일이 어려워지게 되었다. 이러한 상황에서 필요한 것은 여러 가지 학습 방법 간의 공통점과 차이점을 정확하게 기술할 수 있는 이론적 체계다. 그와 같은 이론적 체계는 또한 뇌의 기능을 보다 정확하게 기술하고 실험적으로 검증할 수 있는 배경을 제공하게 된다. 그러한 역할을 하는 것이 바로 강화 학습reinforcement learning 이론이다. 우리는 앞서 2장에서 동물이나 기계에게 효용을 계산하는 능력이 중요한 이유를 알아보았다. 선택 가능한 대상들의 효용을 계산하고 그중에서 효용값이 가장 큰 경우를 선택함으로써 합리적이고 일관되게 최선의 선택을 이끌어낼 수 있기 때문이다. 하지만 학습의 결과로 행동이 변화한다는 것은 효용값이 변화한다는 것을 의미한다. 강화 학습 이론은 바로 경험에 의해서 효용값이 변화하는 방식을 명확하게 기술하는 이론이다.

효용 이론과 강화 학습 이론은 둘 다 의사결정을 연구하는 틀을 제공하는 이론이지만, 그 학문적 뿌리는 매우 다르다. 효용 이론은 경제학자들에 의해서 만들어지고 발전되어왔지만, 강화 학습 이론은 주로 심리학자와 컴퓨터공학자의 작품이다. 사용하는 용어에도 약간의 차이가 있다. 선택을 결정하는 수치를 효용 이론에서는 '효용'이라고 부르는 반면, 강화 학습 이론에서는 '가치함수value function' 또는 '가치value'라고 부른다. 하지만 이 두 가지 용어는 의미상으로는 큰 차이가 없다. 경제학에서 의사결정자가 효용치를 극대화하는 선택을 한다고 가정하는 것처럼, 강화 학습 이론에서는 특정한 행동의 가치함수가 높을수록 그 행동을 선택할 가능성이 증가한다고 가정한다. 경제학에서는 효용치가 경험에 의해서 어떻게 변하는지에 대해서 많은 연구가 없었던 반면에, 심리학자와 인공지능에 관심을 갖고 있던 컴퓨터공학자는 가치함수를 수정하는 알고리듬을 보다 집중적으로 연구해왔다.

강화 학습 이론은 이제까지 우리가 알아본 다양한 학습 방법들에 두루 적용될 수 있다. 예를 들어 고전적 조건화의 경우를 살펴보자. 파블로프의 실험에서 개가 침을 흘리는 행동이 조건화 과정을 거치면서 어떻게 변화하는지를 설명하기 위해서는 침을 흘리는 행동과 침을 흘리지 않는 행동에 해당하는 두 가지 행동의 가치함수, 즉 '행동가치action value'를 계산해야 한다. 강화 학습 이론에서는 개가 침을 흘릴지 아닐지를 결정하는 것은 이 두 가지 행동의 가치값의 차이다. 만일 침을 흘리는 행동의 가치값이 침을 흘리지 않는 행동의 가치값보다 크다면, 개는 침을 흘리게 되는 것이다. 여기서 계산을 간단히 하기 위해, 침을 흘리지 않는 행동의 가치값이 항상 0이라고 가정하고 동물의 경험에 따라 침을 흘리는 행동의 가치값이 어떻게 변화하는지만 고려해도 된다. 침을 흘리지 않는 행동의 가치를 감소시키는 것은 침을 흘리는 행동의 가치를 그만큼 증가시키는 것과 동일한 효과를 가져오기 때문이다. 이와 같이 침을 흘리지 않는 행동의 가치값을 0이라고 가정하면, 개가 침을 흘릴지 흘리지 않을 것인지는 침을 흘리는 행동의 가치값이 0보다 큰지 작은지에 의해서 결정된다.

고전적 조건화 실험을 시작하기 전, 아무런 자극도 주어지지 않은 상태에서 개가 침을 흘리지 않고 있다면 그것은 침을 분비하는 반응의 행동가치값이 0보다 작다는 것을 의미한다. 또한 아직 버저 소리가 먹이를 예측하는 조건 자극이 아니기 때문에, 버저 소리가 울리고 난 후 침을 분비하는 반응의 행동가치값도 여전히 0보다 작을 것이다. 하지만 버저 소리가 울리고 먹이가 주어지는 과정이 반복되면 버저 소리가 울린 직후에 침을 분비하는 행동의 가치값이 증가하기 시작한다. 강화 학습 이론에서는 그 이유를 보상에 관한 예측오류, 즉 '보상예측오류reward prediction error'를 이용해서 설명한다. 보상예측오류가 발생했다는 것은 그 이전에 예상했던 것보다 더 많거나 더 적은 보상이 주어졌다는 것을 의미하므로 새로운 상황에 대한 학습이 필요함을 알리는 것이다. 강화 학습 이론에서는 보상예측오류가 발생할 때마다 주어진 보상 또는 무조건 자극에 의해서 유발되는 행동의 가치가 늘어난다고 가정한다. 예를 들어 파블로프의 실험에서 사용되는 먹이의 가치가 10이라고 가정하자. 그렇다면 종이 울리고 나서 처음으로 먹이가 주어졌을 때, 이 상황은 개가 예상치 못한 것이기 때문에 보상예측오류는 10이 되고, 그 결과로 침을 흘리는 행동의 가치가 증가하게 된다. 버저 소리가 울리고 먹을 것이 주어지는 과정이 되풀이됨에 따라 침 분비 반응의 행동가치는 점차 증가하고, 이 과정은 버저 소리가 울리고 나서 침을 분비하는 행동의 가치값이 10이 되어 더 이상 예측오류가 발생하지 않을 때까지 계속된다. 그러는 와중에 침 분비 반응의 행동가치가 0보다 커지게 되면 개는 조건 반응으로 침을 분비하게 되는 것이다.

강화 학습 이론은 기구적 조건화의 결과로 일어나는 행동의 변화도 보상예측오류를 이용해서 설명할 수 있다. 기구적 조건화와 고전적 조건화의 차이점은 보상예측오류가 어떤 행동의 가치를 변화시키는지에 있다. 고전적 조건화의 경우는 조건 반응의 행동가치가 변화하는 반면, 기구적 조건화의 경우에는 예상치 않았던 보상을 받기 전에 취했던 행동의 가치값이 늘어나게 된다. 따라서 상자 안에 갇혀 있다 탈출에 성공한 후 갇혀 있는 동안 예상하지 않았던 보상을 받게 된 고양이의 경우는, 탈출하는 데 사용했던 반응의 행동가치가 증가하게 되어 다시 상자 안에 갇히게 되면 그와 같은 행동을 반복하게 되는 것이다. 이와 같이 강화 학습 이론은 행동의 변화를 유발하는 모든 학습 과정을 하나의 통일된 이론적 틀 안에서 설명한다는 장점이 있다.

쾌락의 화학 물질: 도파민

강화 학습 이론은 행동의 변화뿐만이 아니라, 학습과 관련된 뇌의 기능을 이해하는 데도 중요한 기여를 했다. 그중 대표적인 예가 도파민dopamine의 기능에 관한 것이다. 도파민은 뇌에서 사용되는 신경전달물질 중의 하나다. 하지만 뇌의 여러 구조에서 광범위하게 사용되는 글루타메이트glutamate나 가바gamma-aminobutric acid: GABA 같은 신경전달물질과는 달리, 도파민은 포유류의 뇌의 특정한 영역의 신경세포에서만 신경전달물질로 사용된다. 도파민이 사용되는 뇌 영역 중 하나는 안구 안에 있는 망막이고, 나머지는 뇌간brainstem에 있는 복측피개부ventral tegmental area와 흑질substantia nigra: SN이다. 이 중에서 망막에 있는 도파민 세포의 영향력은 망막과 시각에 국한되어 있는데 반해서, 뇌간에 있는 도파민 세포들은 뇌의 거의 모든 영역에 축삭돌기를 뻗치고 있으며 동기와 학습에 관한 중요한 역할을 하는 것으로 알려져 있다. 의학적인 관점에서도 도파민 신경세포들은 여러 가지 질병과 연관이 있다. 예를 들어 운동 장애를 동반하는 파킨슨병은 뇌간의 도파민 신경세포들이 죽어가기 때문에 생기는 병이고, 코카인이나 메타암페타민 같은 약물이 중독성을 가지는 것도 뇌 안에 도파민의 농도를 증가시키기 때문이다. 그렇다면 도대체 도파민 신경세포들은 어떻게 이토록 다양한 영향을 미칠 수 있는 것일까?

1990년대 중반 울프람 슐츠Wolfram Schultz는 뇌간에 있는 도파민 신경세포들의 활동이 보상예측오류에 관한 신호를 뇌의 여러 부위에 광범위하게 퍼뜨린다는 것을 발견했다. 슐츠의 실험에서는 원숭이가 피험동물로 사용되었고 과일주스가 무조건 자극으로, 컴퓨터 화면에 제시되는 다양한 시각 자극들이 조건 자극으로 각각 사용되었다. 그리고 고전적 조건화 과정이 진행되는 동안 미세전극을 이용해서 뇌간에 있는 도파민 신경세포의 활동전압을 측정했다. 슐츠는 우선 원숭이가 예상치 못하게 과일주스를 받을 때마다 도파민 세포의 활동이 증가한다는

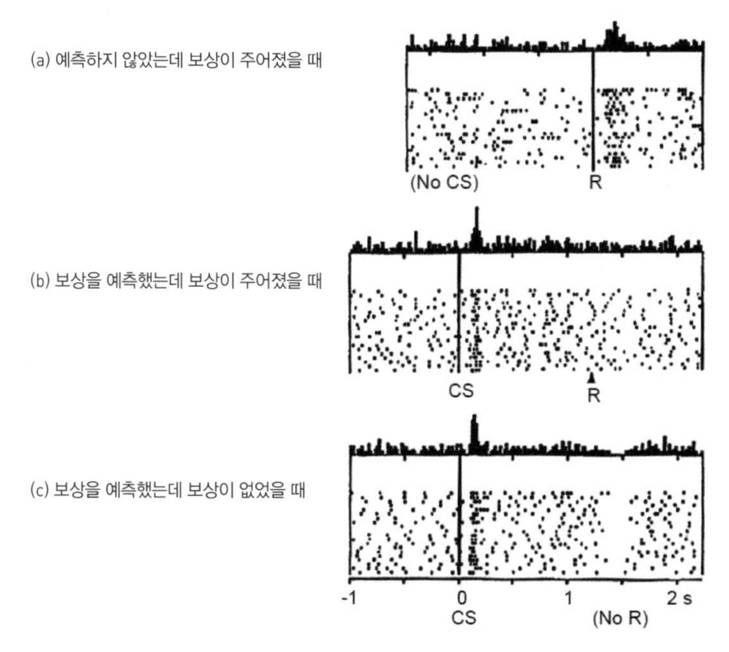

그림5 도파민 신경세포가 보이는 보상예측오류 신호(Schultz et al., 1997) 조건 자극(CS) 없이 보상(R)이 주어져 양적 보상예측오류가 발생하거나 조건 자극 이후 보상이 따르지 않아 음적 보상예측오류가 발생했을 때 신경세포의 활동이 달라진다.

사실을 확인했다(**그림5의** a). 이것은 마치 도파민 세포들이 원숭이가 보상을 받았다는 것을 알리는 신호를 보내는 것처럼 보였다. 그런데 놀랍게도, 과일주스가 주어지기 직전에 특정한 시각 자극을 제시하여 원숭이가 곧 과일주스를 받게 된다는 것을 학습하는 고전적 조건화가 일어난 후에는 도파민 세포의 활동이 완전히 달라지게 된다. 이제 원숭이가 주스를 받을 때는 도파민 세포의 활동에 변화가 없고, 대신 주스가 나올 것임을 알리는 시각 자극이 제시될 때 도파민 세포의 활동이 증가하게 된다(**그림5의** b). 이와 같은 결과는 도파민 세포의 활동이 단순하게 보상이 주어졌음을 나타내는 신호가 아니라 보상예측오류가 발생했음을 나타낸다는 의미다.

하지만 도파민 세포들이 보상이 아니라 보상예측오류에 관한 신호를 전달하고 있다면, 원숭이가 기대했던 것보다 적은 보상이 주어졌을 때는 반대로 활동이 줄어들어야 한다. 이를 확인하기 위해 슐츠는 고전적 조건화가 이루어진 원숭이에게 조건 자극이 된 시각 자극을 제시한 후 원숭이가 예상하고 있을 주스를 주지 않고 도파민 세포의 활성을 측정했다. 만일 도파민 세포의 활동이 단순히 보상이 주어지는 것을 나타내는 것이라면 이때는 도파민 세포의 활동에 아무런 변화가 없어야 한다. 그러나 원숭이가 기대했던 주스를 받지 못하면, 도파민 세포들의 활동전압 빈도는 줄어들게 된다(**그림5의** c). 이 역시 도파민 세포의 활동이 단순히 동물이 보상을 받고 안 받고에 따라서 반응하는 것이 아니라, 동물이 받은 보상이 이전의 경험에 비추어 예상했던 것보다 더 많고 적음에 따라 반응하는 것임을 의미한다. 다시 말해서 도파민 신경세포의 활동은 강화 학습 이론에서 정의한 보상예측오류를 따라가는 것이다. 도

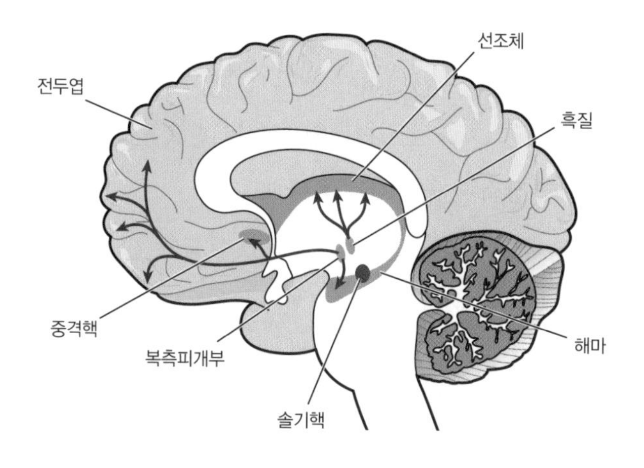

그림6 도파민의 분비 경로

파민 신경세포는 고전적 조건화뿐만 아니라 기구적 조건화 과정에서도 보상예측오류 신호를 전달한다. 이를 통해 도파민 세포가 다양한 학습 과정에 관여한다는 것을 알 수 있다.

도파민 세포들이 학습에 구체적으로 어떤 역할을 하는지 더 자세히 파악하기 위해서, 한 연구에서는 도파민 신경세포의 축삭돌기가 향하는 곳을 알아봤다. 연구 결과 도파민 세포가 전달하는 신호는 뇌의 거의 모든 부분에 미치고 있으며, 그중에서도 특히 기저핵의 한 부위에 해당하는 선조체에 집중적으로 신호를 전달하고 있음이 밝혀졌다. 이것은 기저핵이 도파민 세포가 전해주는 보상예측오류에 관한 정보를 이용해서 여러 가지 반응에 관한 행동가치값을 조절하는 역할을 할 가능성을 제기한다. 예를 들어 T자 미로에서 쥐가 오른쪽으로 돌 때마다 먹이를 발견했다면, 쥐의 기저핵에서는 도파민의 농도가 변화하면서 오른쪽으로 회전하는 반응의 행동가치값이 증가하도록 시냅스의 가중치가 변하는 일이 일어난다. 이런 과정을 통해서 기저핵에서는 반응 학습이 일어나게 되는 것이다. 그 결과 기저핵이 손상되면 동물은 반응 학습 대신 해마를 사용하는 장소 학습을 하게 된다.

도파민 신경세포가 보상예측오류에 관한 신호를 전달한다는 사실로 약물 중독이 일어나는 이유를 설명할 수 있다. 니코틴이나 헤로인같이 중독성이 있는 약물은 한결같이 뇌 안에서 도파민의 수준을 증가시킨다. 따라서 그와 같은 약물을 흡입하게 되면 뇌는 마치 보상예측오류가 일어난 것처럼 약물을 소비하는 과정에서 발생한 행동들의 가치값을 상승시키고, 약물을 취할 때 행해지는 일련의 행동들이 강화되는 결과를 낳게 된다. 예를 들어 담뱃갑을 책상의 두 번째 서랍에 넣어둔 경우, 담배를 꺼내기 위해 서랍을 여닫다 보면 바로 서랍을 여는 행동 자체의 가치값이 증가하므로, 나중에는 그 서랍을 바라보는 것만으로도 담배를 피고 싶은 충동을 느끼고 그와 같은 행동을 억누르지 못하게 된다.

하지만 정상적인 학습 과정에서 발생하는 보상예측오류와 중독성이 있는 약물에 의해서 유발되는 보상예측오류 사이에는 중요한 차이가 있다. 정상적인 학습 과정에서 보상예측오류는 그 목적이 학습이기 때문에 학습이 완료되면 소멸한다. 하지만 중독성이 있는 약물은 뇌의 정상적인 학습 과정을 우회하고 직접 뇌 곳곳에 도파민을 분비시키기 때문에 약물 중독자가 약물 흡입이 어떤 쾌감을 일으키는지를 완전히 학습하고 난 후에도 끊임없이 도파민이 분비된다. 그 결과 일단 특정한 약물에 중독되면, 그와 같은 행동을 바로잡는 일이 지극히 어려워진다.

강화 학습과 지식

우리는 6장에서 쥐들이 과거에 획득한 지식을 유용하게 사용하는 능력, 즉 잠재적 학습 능력이 있음을 살펴보았다. 강화 학습 이론은 '심적 시뮬레이션mental simulation'이라는 개념으로 잠재적 학습이 일어나는 과정을 설명한다. 심적 시뮬레이션이란 동물이 현재 가지고 있는 지식에 비추어, 특정한 행동을 취했을 때 예상되는 가상의 보상에 기초해서 그와 관련된 행동가치값을 수정해가는 과정을 말한다. 간단한 예를 들면, 아침 뉴스에서 매일 이용하는 지하철 노선이 사고로 운행을 멈추었다는 이야기를 들었다고 해보자. 그 경우 아침 출근길에 지하철역으로 가는 대신 곧바로 버스나 택시 같은 다른 교통수단을 이용하게 되는 것이 바로 심적 시뮬레이션의 결과이다. 만일 실제로 지하철을 이용한 결과에 따라서만 지하철을 이용하는 행동의 가치값이 조정된다면 아침 뉴스와는 무관하게 우리는 일단 지하철역을 향하게 될 것이다. 하지만 심적 시뮬레이션을 통해서 지하철을 이용하려고 했을 때 예상되는 바람직하지 않은 결과를 고려하게 되면, 지하철을 이용하는 행동의 가치값을 충분히 낮추게 되고, 그 결과로 다른 교통수단을 모색하게 되는 것이다.

심적 시뮬레이션 능력이 없다면, 아무리 유용한 지식을 습득한다 해도 그와 같은 지식이 의사결정 과정에 영향을 미칠 수 없기 때문에 무용지물이 되고 만다. 강화 학습 이론에서는 이처럼 지식을 이용한 심적 시뮬레이션을 통해서 행동가치값을 수정하는 과정을 '모델에 기초한 강화 학습model-based reinforcement learning'이라고 한다. 이는 환경에 대한 모델, 즉 지식을 이용하는 학습 과정을 말하는 것이므로 '유식한 강화 학습'

이라고 할 수도 있겠다. 반면 지식을 이용하지 않는 단순한 고전적 조건화와 기구적 조건화 같은 학습은 '모델 없는 강화 학습model-free reinforcement learning'이라고 한다. 유식한 강화 학습과 반대되는 개념이므로 이를 '무식한 강화 학습'이라고 부르기로 하자.

T자 미로에서 반응 학습 대신 장소 학습을 하는 쥐의 행동도 유식한 강화 학습의 결과로 설명할 수 있다. 일단 쥐가 미로를 탐사하면서 먹을 것이 있는 위치에 관한 정보를 학습했다고 하자. 나중에 실험자가 미로의 위치를 바꾸어 놓았을 때, 만일 쥐가 이를 알아차리고 심적 시뮬레이션을 통해 오른쪽으로 돌았을 때와 왼쪽으로 돌았을 때 각각 어떤 결과를 얻을지를 상상할 수 있다면, 이전에는 항상 오른쪽으로 도는 것이 먹이를 얻기 위한 올바른 반응이었다 하더라도 미로의 위치가 바뀐 지금은 왼쪽으로 도는 것이 유리하다는 것을 알게 될 것이다. 미로의 위치를 바꾸기 전에는 무식한 강화 학습의 결과로 오른쪽으로 도는 반응의 행동가치값이 왼쪽으로 도는 반응의 행동가치값보다 컸을 것이다. 하지만 미로의 위치가 바뀐 뒤에는 심적 시뮬레이션을 통해서 왼쪽으로 도는 반응의 행동가치값을 신속하게 증가시킴으로써, 쥐는 불필요한 시행착오를 거치지 않고 먹이를 찾을 수 있다. 이처럼 유식한 강화 학습은 주위 환경이 갑자기 변화했을 때 심적 시뮬레이션을 통해서 무식한 강화 학습보다 더 빠르게 적응할 수 있는 방법을 제공한다.

유식한 강화 학습은 환경이 갑자기 변했을 때뿐만 아니라 동물의 내적인 욕구나 목표가 바뀌었을 때도 시행착오를 거치지 않고 올바른 행동을 선택할 수 있는 방법을 제공한다. 예를 들어 6장에서 살펴본 스펜서와 리피트의 Y자 미로 실험은, 쥐가 배가 고픈지 혹은 목이 마른지에 따라서 다른 길을 선택하는 능력이 있음을 보여주었다. 이는 쥐가 자신의 생리적 필요에 의해서 먹이 혹은 물을 얻게 되었을 때 예상되는 만족도에 따라 행동가치의 값을 변화시켰다는 것을 의미한다. 만일 쥐가 단순히 무식한 강화 학습에 해당하는 기구적 조건화에 전적으로 의존한다면, 그 전날 배가 고파서 오른쪽 길을 선택함으로써 먹이를 얻을 수 있었던 쥐는 이제 배가 고프지 않고 목이 마른 경우에도 여전히 행동가치가 높은 오른쪽 길을 선택할 것이다. 그리고 먹이가 있는 미로의 끝에 도달한 후에야 예상했던 것보다 먹이가 만족스럽지 않다는 것, 즉 음수의 보상예측오류가 발생한다는 것을 확인하고 그 다음부터는 왼쪽 길을 선택하기 시작할 것이다. 만일 갈림길에서 선택을 할 수 있는 기회가 하루에 한 번밖에 주어지지 않는다면 오로지 유식한 강화 학습과 심적 시뮬레이션이 가능한 쥐들만이 원하는 결과를 얻게 될 것이다.

이처럼 유식한 강화 학습을 이용하면 보상과 처벌을 경험하지 않고도 보다 적절한 행동을 선택할 수 있다는 점을 감안할 때, 인간의 많은 행동이 유식한 강화 학습에 의존한다는 것은 놀라운 일이 아니다. 하지만 그렇다고 해서 무식한 강화 학습이 전혀 쓸모 없는 것은 아니다. 충분한 지식이나 시간이 주어지지 않은 상태에서 의사결정을 내려야 할 때가 많기 때문이다. 심적 시뮬레이션의 결과를 검토할 만한 충분한 지식과 시간적 여유가 있는 경우에는 유식한 강화 학습이 무식한 강화 학습보다 더 나은 결과를 가져올 것이다. 하지만 그와 같은 조건이 갖추어지지 않으면 무식한 강화 학습이 오히려 더 유용할 수 있다. 매일 반복되는 면도라든지 청소와 같은 사소한 일까지 전적으로 유식한 강화 학습에 의존한다면, 아마 하루 일과가 훨씬 피곤해질 것이다. 심적 시뮬레이션의 내용이 복잡해질수록 뇌는 더욱 많은 시간과 에너지를 사용해야 되기 때문이다.

무식한 강화 학습과 유식한 강화 학습의 장단점을 비교할 때 짚고 넘어가야 할 것이 하나 더 있다. 그것은 비록 어느 특정한 상황에서 무식한 강화 학습만으로도 충분히 적절한 행동을 선택할 수 있다 하더라도, 미래에 필요할지 모르는 지식을 습득하는 과정을 멈추어서는 안 된다는 것이다. 위에서 든 예처럼 면도나 청소 등 매일 반복하는 행동은 무식한 강화 학습으로도 충분히 문제 해결이 가능하지만, 그런 경우에도 언젠가 상황이 변했을 때 유식한 강화 학습을 사용해서 보다 적절한 문제 해결법을 찾을 수 있으려면 주위 환경에서 일어나는 일들에 항상 관심을 갖고 새로운 일이 발생했을 때는 과거에 습득했던 지식을 적절하게 수정하는 일이 필요하다. 이것은 Y자 미로에 놓인 쥐의 경우와 근본적으로 다를 바가 없다. 비록 배도 고프지 않고 목이 마른 것도 아니지만, Y자 미로를 돌아다니던 쥐는 음식과 물의 위치를 파악한 후 나중에 그 지식을 사용할 수 있었다. 지금 당장은 무식한 강화 학습만으로도 충분하더라도 그릇된 지식을 바로잡으려는 노력을 하지 않으면 큰 문제가 생길 수도 있다. 만일 아침에 머리를 감으려는데 물이 나오지 않는 등 예상치 못한 일이 발생한다면, 무식한 강화 학습만으로는 문제를 해결할 수 없는 것이다.

후회와 안와전두피질

블레즈 파스칼Blaise Pascal은 "인간은 생각하는 갈대"라는 격언을 남겼다.

이 말을 강화 학습 이론에 따라 표현하자면 "인간의 삶에서 유식한 강화 학습은 끊이지 않고 계속된다"라고 할 수 있을 것이다. 인간은 지식을 습득하는 과정을 결코 멈추지 않을 뿐 아니라, 이렇게 새로 얻은 지식을 이용해서 심적 시뮬레이션을 하는 과정도 멈추지 않는다. 사람들은 가상의 보상을 끊임없이 계산하고 이전의 행동가치값과 비교해서 두 값 사이에 차이가 있을 때는, 비록 현실에서는 보상예측오류가 발생하지 않았다 하더라도, 가상의 보상예측오류에 따라 행동가치값의 조정을 머뭇거리지 않는다. 예를 들어 집으로 향하는 지하철역으로 가다가도 문득 그날 있는 친구와의 약속을 떠올리게 되었을 때, 습관대로 지하철을 타고 집으로 향했을 때 예상되는 가상의 음성 보상, 즉 가상의 처벌을 나타내는 음성의 가상 보상예측오류negative hypothetical reward prediction error를 만들어내는 것도 일종의 심적 시뮬레이션이다. 그 결과로 지하철을 타는 행동의 가치가 줄어들고 친구와 만나기로 한 장소로 향하는 행동의 가치가 늘어나게 되어, 지하철을 타는 대신 친구와의 약속 장소로 향하게 되는 것이다. 이렇게 우리가 흔히 생각이나 사고라고 부르는 심리적 과정들의 거의 전부가 심적 시뮬레이션에 해당한다.

이처럼 인간이 심적 시뮬레이션을 멈추지 않는 것은, 그만큼 심적 시뮬레이션이 의사결정에 중요한 역할을 하기 때문이다. 하지만 어떤 상황에서는 심적 시뮬레이션이 걸림돌이 될 때가 있다. 이것은 아무리 몸에 좋은 음식이라도 과식을 하면 부작용이 일어나는 것과 마찬가지다. 예를 들어 우리는 종종 자신이 선택한 행동을 되돌아보고 경우에 따라서는 자신의 행동을 후회하기도 한다. 그와 같은 반성의 과정이 미래에 우리의 행동을 개선하는 데 필요한 것이 사실이지만, 이미 엎질러진 물을 주워 담을 수 없듯이, 지나친 후회가 정신 건강을 해치게 되는 경우도 있다. 강화 학습 이론에서 '후회regret'란 유식한 강화 학습에 필요한 심적 시뮬레이션을 하는 과정에서, 자신이 선택한 행동에서 얻은 보상이 다른 행동에서 얻을 수 있었던 가상의 보상보다 작을 경우에 발생하게 된다. 이와 반대로, 실제로 얻은 보상이 다른 행동에서 얻을 수 있었던 가상의 보상보다 큰 경우는 '안도relief'라고 한다. 강화 학습 이론에 따르면 후회는 실망과 확연하게 구분되는 개념이다. '실망disappointment'이란 무식한 강화 학습에서 발생하는 오류다. 즉 어떤 행동의 결과가 전에 했던 동일한 행동을 근거로 한 예상보다 나빠서 음성 보상예측오류가 발생하는 경우, 그것을 실망이라고 한다. 반대로 실제 결과가 무식한 강화 학습의 결과로부터 예상했던 것보다 나아졌을 경우에 발생하는 양성 보상예측오류를 '득의elation'라고 한다. 다시 말해서, 득의와 실망은 무식한 강화 학습을 적용하는 과정에서 발생하는 보상예측오류값이 양의 값을 갖는지 음의 값을 갖는지를 일컫는 말이다. 이에 반해서 후회와 안도는 유식한 강화 학습과 연관된 개념들이다.

후회처럼 이상한 감정도 없다. 아무리 후회를 해도 달라질 것이 없는 경우에도 사람들은 자신의 잘못을 쉽게 잊지 못하고 오랫동안 이를 되새기면서 괴로워하는 경우가 많다. 사람이 후회를 하는 이유는 유식한 강화 학습을 적용하면 좀 더 이해하기 쉽다. 우리가 특정한 행동을 선택하고 난 후, 뒤늦게 중요한 정보를 얻게 되는 경우가 많이 발생한다. 바로 이럴 때 후회나 안도가 뒤따른다. 후회와 안도는 심적 시뮬레이션의 결과이기 때문에 후회나 안도를 하게 된다는 것은 특정한 행동을 실행에 옮기고 난 후에 뒤늦게 알게 된 사실들에 따라 유식한 강화 학습이 진행되었다는 것을 의미한다. 결국 인간이 끊임없이 후회와 안도를 되풀이하는 것은, 이미 엎질러진 물은 주어 담을 수 없다는 것을 몰라서가 아니다. 유식한 강화 학습을 잠시도 멈출 수 없기 때문에, 그 결과 필연적으로 후회와 안도의 감정도 뒤따르게 되는 것이다.

후회와 관련된 뇌의 기능이 연구되기 시작한 것은 비교적 최근의 일로, 2005년에 그 첫 논문이 발표되었다. 이 연구에서는 안와전두피질orbitofrontal cortex이 후회와 밀접한 관계가 있다는 것을 보여줌으로써 많은 연구자를 놀라게 했다. 안와전두피질을 포함하는 전전두피질은 인간의 뇌에서 가장 앞쪽 부위에 해당하는 영역으로, 감정이나 사고와 같이 비교적 고등한 심리 과정에 중요하게 관여하고 있는 것으로 알려져 있다. 하지만 안와전두피질의 기능에 대해서는 아직도 모르는 것이 많다. 안와전두피질의 기능을 연구하기 위해서 연구자들은 이 부위에 존재하는 암 조직을 제거하는 뇌수술을 받은 환자들에게 도박 과제를 수행하도록 했다. 참가자들은 두 개의 원형 자극 중에서 하나를 선택하는 과제를 수행했는데, 원형 자극에는 두 가지의 가능한 점수와 해당하는 점수를 딸 수 있는 확률이 각기 다른 색깔로 표시되어 있었다. **그림7**에서 왼쪽의 원형 자극은 200점을 딸 가능성이 20%이고 50점을 잃을 가능성이 80%임을 나타내고 있는 반면, 오른쪽 원형 자극은 50점을 딸 가능성과 50점을 잃을 가능성이 각각 50%라는 것을 나타내고 있다. 일단 참가자가 이 둘 중에서 하나를 선택하면, 원형 안쪽에 바늘이 나타나서 잠시 회전을 하다가 멈추게 되는데, 참가자는 바늘 끝이 멈추는 위치에 따라 점수를 따거나 잃는다.

이 도박 과제에는 두 가지 조건이 포함되어 있었다. 먼저 부분적 통

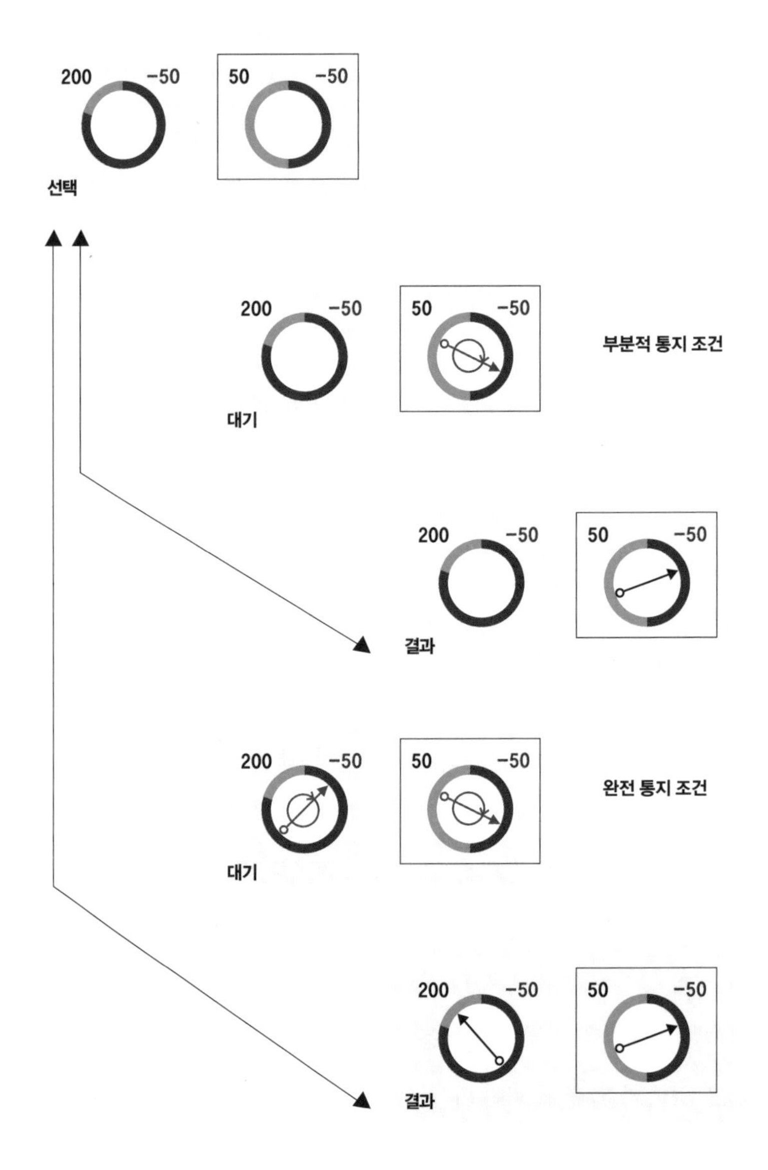

그림7 후회를 연구하기 위해 사용된 도박 과제

지partial feedback 조건에서는 바늘이 참가자가 선택한 원형에만 나타나서 자신이 선택하지 않은 원형의 결과는 모르는 채로 시행이 끝나는 반면, 완전 통지complete feedback 조건에서는 선택하지 않은 원형에도 바늘이 나타나 참가자가 선택하지 않은 원형에서 얻을 수도 있었던 점수가 얼마인지를 추가로 알려주었다. 이 과제에서는 어느 쪽 원형을 선택하든지 그 결과를 확실하게 예측할 수 없기 때문에 두 조건 모두 매 시행에서 보상예측오류가 발생한다. 그런데 완전 통지 조건에서는 참가자가 선택하지 않은 원형에서 얻을 수 있었던 상상 속의 보상 또는 처벌에 관한 정보를 추가로 얻을 수 있으므로, 후회와 안도를 만들어낼 수 있는 가상의 보상예측오류가 발생한다. 이 실험에서는 매 시행이 끝나고 나면 참가자에게 기분이 얼마나 좋고 나쁜가를 나타내도록 했고, 그 결과를 이용해서 실제 보상예측오류와 가상 보상예측오류가 참가자의 기분에 얼마나 영향을 미쳤는지를 알아볼 수 있었다.

실험 결과, 정상인과 안와전두피질에 손상을 입은 환자들은 모두 예상보다 점수를 많이 잃게 되어 실제 보상예측오류가 음수가 될 때 기분이 나빠진다고 보고했다. 다시 말하면 선택의 결과가 '실망'스러울 때 기분이 나빠지는 것은 안와전두피질과는 큰 상관이 없다는 얘기가 된다. 또한 정상인의 경우는 '후회'스러운 결과가 나올 때도 기분이 나쁘다고 답했다. 즉, 선택했던 원형보다 선택하지 않았던 원형에서 높은 점수가 나왔을 때, 그리고 그 결과로 가상 보상예측오류가 음수가 될 때 기분이 나쁘다고 대답을 했던 것이다. 반면에 안와전두피질에 손상을 입은 환자들은 정상인과는 달리 자신이 선택하지 않은 원형이 더 높은 점수를 가져온 경우에도 기분이 나빠지지 않았다고 보고했다. 이 결과는 안와전두피질이 후회해야 할 상황이 발생할 때 감정을 조절하는 역할을 하고 있다는 것을 시사한다.

뇌의 특정한 부위가 손상되고 난 뒤에 따르는 심리적인 변화나 행동의 변화는 그 부위가 특정한 인지 과정에 어떤 기여를 하는지에 관해서 중요한 정보를 제공하는 경우가 많다. 손상된 해마 때문에 일화 기억을 상실한 몰레이슨의 경우가 그러했고, 안와전두피질에 손상을 입은 환자들이 후회하는 능력을 잃은 것도 그렇다. 하지만 뇌 손상에 관한 연구 결과에만 의지해서 뇌의 기능을 이해하는 데는 한계가 있다. 왜냐하면 그와 같은 연구는 손상된 뇌의 부위가 정상적으로 수행하는 기능에 관한 정확한 정보를 제공하지 못하기 때문이다. 집으로 들어오는 전기를 차단하면 밤에 전기를 이용해서 집안을 환하게 밝힐 수 없다는 사실을 확인할 수 있지만, 전구가 어떻게 전기를 빛으로 바꾸는지에 대해서는 아무것도 알 수 없는 것과 마찬가지다. 즉, 뇌 손상에 관한 연구가 안와전두피질과 후회가 상관이 있다는 것을 보여주기는 했지만, 과연 안와전두피질이 무슨 기능을 하기에 후회할 만한 일이 생겼을 때 감정이 상하는지는 밝히지 못한다. 그런 정보를 얻기 위해서는 궁극적으로 정상인의 안와전두피질에 있는 신경세포들이 의사결정 과정 중에 다양한 정보에 어떻게 반응을 하는지를 알아봐야 할 테지만 정상인의 멀쩡한 뇌를 열어보고 이런 실험을 한다는 것은 현실적으로 불가능하다. 그 대신 정상적인 안와전두피질의 기능을 연구하기 위해서는 2장에서 설명했던 fMRI를 사용하거나 원숭이의 뇌를 연구하는 두 가지 방법이 있다. 이 두 가지 방법을 사용한 실험의 결과는 공통적으로 안와전두피질에 있는 신경세포들이 실제와는 다른 선택을 했을 경우에 얻을 수 있었던 가상적 보상의 좋고 나쁨을 식별하는 기능을 한다는 것을 보여주었다.

우선 fMRI를 이용해서 정상인의 안와전두피질의 활동을 조사한 연구에서는 이 부위에 손상을 입은 환자를 대상으로 한 선행 연구와 동일한 도박 과제를 사용했다. 그 결과는 환자들을 대상으로 한 연구 결과와 일치한다. 안와전두피질의 반응은 선택한 원형의 결과만 알려지는 부분적 통지 조건에서는 큰 변화를 보이지 않았다. 또한 완전 통지 조건에서도 선택한 원형의 결과가 선택하지 않은 원형에서 얻을 수 있던 결과보다 더 좋을 때는 안와전두피질은 별다른 반응을 보이지 않았다. 하지만 완전 통지의 조건에서 참가자가 선택하지 않은 원형의 결과가 선택한 원형의 결과보다 더 좋을 때는 안와전두피질의 활동이 확실히 더 증가했다. 이것은 안와전두피질에서 자신이 선택하지 않았던 결과와 선택했던 결과를 비교하는 일이 일어난다는 것을 의미한다.

후회와 신경세포

필자의 실험실에서는 안와전두피질에 있는 신경세포들이 과연 그와 같은 가상적 결과에 대한 정보를 어떻게 처리하는지를 알아보기 위한 실험을 실시했다. 특히 원숭이에게 후회를 하는 능력이 있는지 알아보기 위해서, 우리는 원숭이로 하여금 컴퓨터를 상대로 가위-바위-보를 하도록 훈련시켰다. 9장에서 더 자세히 알아보겠지만 가위-바위-보는 비교적 단순한 사회적 의사결정 게임이다. 가위-바위-보와 같은 소위 경쟁적 게임에서는 매 시행마다 상대방이 자신의 선택을 예측할 수 없도록 불규칙적으로 행동하는 것이 필수적이다. 하지만 원숭이가 인간처럼 복잡한 손 모양을 흉내 내서 가위-바위-보를 하게 만들 수는 없으므로, 우리는 컴퓨터 화면에 세 개의 동일한 녹색 표적을 띄우고 원숭이가 그중에서 하나를 선택해 시선을 옮기도록 했다. 이때 세 개의 표적은 각각 가위, 바위, 보에 해당한다. 그리고 컴퓨터는 그때까지의 원숭이의 행동을 통계적으로 분석해서 원숭이의 선택을 예측하고 가위-바위-보의 규칙에 따라 컴퓨터가 이기는 방향으로 행동하도록 했다. 즉, 컴퓨터는 원숭이가 가위를 선택한다고 예상될 때 주먹을 내고, 원숭이가 바위를 선택할 것이 예상될 때 보를 내는 프로그램에 따라서 행동했다. 예를 들어 만일 원숭이가 항상 가위에 해당하는 표적을 선택한다면 컴퓨터는 이를 금방 알아차리고 계속해서 주먹을 선택하게 되므로 원숭이는 계속 질 수밖에 없다. 따라서 이 실험에 참가하는 원숭이들은 실제 사람들이 가위-바위-보를 할 때처럼 불규칙적으로 선택을 해야만 한다.

이 과제가 보통의 가위-바위-보와 다른 또 한 가지 차이점은 다른 실험에서는 가위-바위-보에서 이겼을 때 받게 되는 보상이 항상 일정하지만 이 실험에서는 원숭이가 가위를 선택해서 이기면 주스 네 방울, 바위를 선택해서 이기면 주스 두 방울, 보를 내고 이기면 주스 세 방울을 받게 된다. 비겼을 때는 무엇을 냈던가에 상관없이 주스 한 방울을 받게 되고, 지면 주스를 받지 못한다. 원숭이가 이겼을 때 받게 되는 주스의 양을 달리한 것은, 전전두피질에 있는 신경세포들이 원숭이가 실제로 얻게 되는 주스의 양과 얻을 수도 있었지만 얻지 못한 가상의 주스의 양에 따라 활동이 어떻게 달라지는지를 보기 위한 것이다. 그리고 일단 원숭이가 세 개의 표적 중에 하나를 고르고 나면 모든 표적이 각각의 표적에서 얻을 수 있는 과일 주스의 양에 따라 색깔이 바뀌도록 했다.

이것은 원숭이들이 가위-바위-보의 규칙과, 자신이 이겼을 때 받게 되는 주스의 양이 어떻게 바뀌는지를 완전히 암기하지 않고도 게임을 할 수 있도록 하기 위한 것이다.

이 실험의 첫 번째 목적은 원숭이도 인간처럼 유식한 강화 학습을 하고 후회를 할 수 있는지를 알아보는 것이었다. 원숭이의 행동을 분석한

후회와 관련된 인간의 안와전두피질의 활동

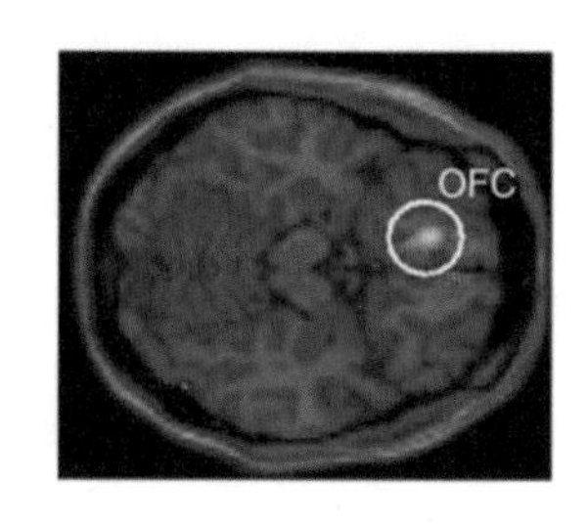

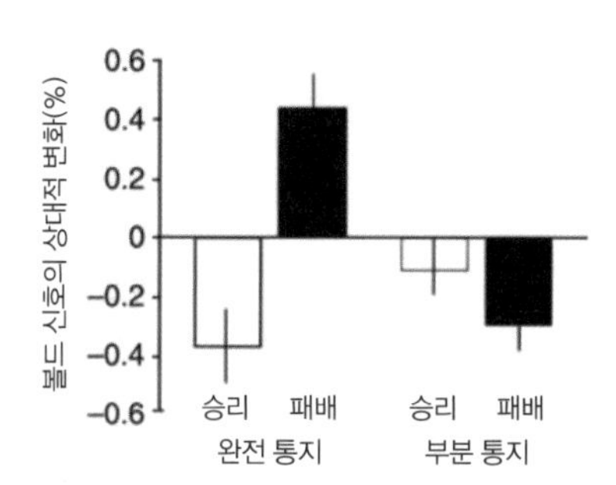

컴퓨터를 상대로 한 가위-바위-보 과제

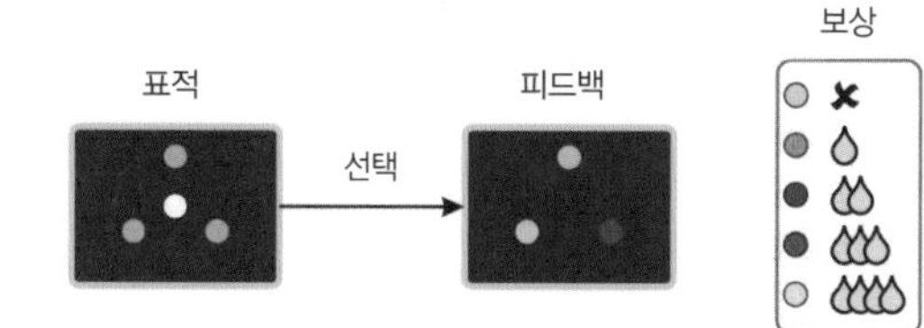

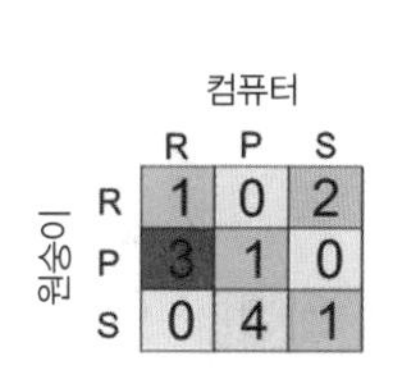

원숭이의 안와전두피질에 있는 신경세포의 후회신호

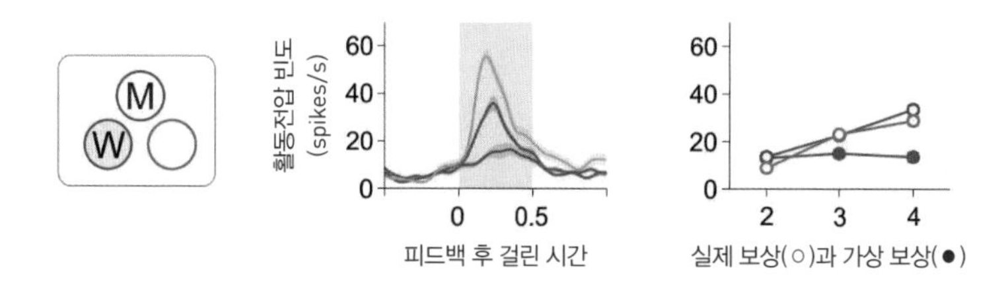

그림8 안와전두피질에서 발견된 후회와 관련된 뇌의 반응

결과, 우선 원숭이가 특정한 시행에서 이겼을 경우에는 다음번 시행에서 동일한 선택을 되풀이할 가능성이 증가한다는 것을 쉽게 알 수 있었다. 이와 같은 강화 현상은 원숭이가 무식한 강화 학습을 하고 있음을 보여주는 것이다. 중요한 것은, 원숭이가 비기거나 졌을 경우이다. 만일 원숭이가 전적으로 무식한 강화 학습만을 사용한다면, 가위를 내고 진 후에 다음번 시행에는 가위를 피하겠지만, 무식한 강화 학습은 주먹과 보자기 중에 어느 쪽을 선택할 것인가에 대해서 아무런 이야기도 하지 않는다. 이 실험의 결과는 원숭이들이 그와 같은 경우에 유식한 강화 학습을 사용한다는 것을 보여주었다. 예를 들어, 컴퓨터가 가위를 내고 원숭이가 보자기를 선택해서 원숭이가 졌을 경우에 원숭이는 그 다음번 시행에서 주먹을 선택하는 경향을 보였다. 이것은 원숭이가 지난번 시행에서 주먹을 내었더라면 더 나은 결과를 얻었을 거라고 생각했다는 것, 즉 원숭이도 후회를 한다는 것을 의미한다.

이 실험의 두 번째 목적은 원숭이의 안와전두피질에 있는 신경세포들이 후회와 관련해서 어떤 기능을 하는지를 알아보는 것이었다. 우리 연구팀의 히로시 아베Hiroshi Abe는 원숭이가 컴퓨터를 상대로 가위-바위-보를 하는 동안 원숭이의 안와전두피질에 있는 신경세포들의 활동 전압을 측정했다. 그 결과, 우리는 원숭이의 안와전두피질에서 후회와 관련된 신호를 포함하는 신경세포들을 찾을 수 있었다. 이 부위에 있는 많은 신경세포들은 원숭이가 받는 보상의 양이 증가할수록 그 활동 수준이 높아진다. 이것은 안와전두피질이 효용과 관련된 신호를 포함하고 있다는 선행 연구 결과와 일치하는 것이다. 더 흥미로운 사실은, 이 부위에 있는 일부 신경세포들은 실제로 받은 보상과는 상관없이 원숭이가 받을 수 있었지만 받지 못한 가상 보상의 양이 늘어났을 때 그 활동이 증가했다는 것이다. 이는 원숭이가 인간의 경우와 마찬가지로 유식한 강화 학습을 하고 후회도 할 수 있을 뿐 아니라, 그와 같은 기능이 안와전두피질과 밀접한 관련이 있다는 것을 의미한다.

이처럼 인간이나 원숭이 같은 영장류의 뇌 곳곳에는 학습과 관련된 다양한 기능이 내재되어 있다. 그리고 강화 학습 이론은 뇌가 여러 가지 종류의 경험을 통해서 행동의 가치값을 수정해가는 과정을 규명함으로써, 뇌가 어떻게 유전자를 온전히 보존하고 성공적으로 복제하는 데 기여하는가를 밝히기 위해 중요한 역할을 하고 있다. 하지만 강화 학습 이론을 바탕으로 한 뇌의 연구만으로는 여전히 만족스럽게 설명하기 어려운 부분이 있다. 그것은 바로 수많은 동물들의 뇌가 보이는 다양성이다. 신체의 크기 차이를 고려하더라도 다른 동물에 비해서 영장류에 속하는 동물들은 비교적 큰 뇌를 갖고 있으며, 이러한 경향은 특히 인간에게서 두드러진다. 뇌가 학습하는 방식을 강화 학습 이론으로 잘 설명할 수 있다는 점은 모든 동물의 뇌에 공통적으로 적용되는 사실이다. 따라서 영장류나 인간의 뇌가 다른 동물에 비해서 유별나게 발달하게 된 이유는, 영장류나 인간의 경우에 무언가 특별한 점이 있기 때문일 것이다. 이는 어쩌면 인간의 사회적 삶과 관련이 있을지도 모른다. 하지만 사회적인 문제들이 인간의 뇌와 지능에 어떠한 영향을 미쳤는가를 살펴보기에 앞서 다음 장에서는 이번 장에서 다룬 다양한 학습 방법이 인공지능에 어떻게 적용되고 있는지를 살펴볼 것이다. 지금까지 살펴본 학습 이론 대부분은 동물과 인간을 대상으로 한 심리학 연구에서 시작되었고 그 생물학적 기제들에 대한 연구 역시 신경과학의 영역에서 진행되었다. 하지만 이런 학습 이론들은 인공지능 연구에도 적지 않은 영향을 미쳤다. 그렇기에 인공지능에 관한 연구 역시 인간의 뇌를 좀 더 정확하게 이해하는 데 큰 도움을 줄 것이다.

8장

학습하는 기계

앞서 우리는 여러 번 인공지능에 관해 이야기를 하였다. 이번 장에서는 인공지능이 실제로 어떻게 주어진 문제를 해결하는지보다 구체적인 사례를 통해서 자세히 알아보고, 과연 인공지능과 뇌, 특히 인간의 뇌는 어떤 점에서 비슷하고 또 차이가 나는지 생각해보고자 한다.

지난 반세기 동안 인공지능은 정말 놀랍게 발전했다. 오늘날 우리에게 익숙한 디지털 컴퓨터 대부분은 그때그때 필요한 프로그램이나 앱을 깔아주면 우리가 원하는 여러 과제를 수행할 수 있는 능력을 갖고 있다. 하지만 컴퓨터 한 대가 여러 일을 할 수 있게 된 건 80년도 되지 않은 일이다. 이렇게 여러 일을 하는 컴퓨터를 범용 컴퓨터라고 하는데, 범용 컴퓨터 대부분은 중앙제어 장치와 메모리가 분리되어 있는 소위 폰 노이만 기계에 해당한다. 1940년대 후반부터 등장하기 시작한 폰 노이만

그림1 스미스소미언 박물관에 진열되어 있는 IAS

방식의 범용 컴퓨터는 처음에는 진공관식이었고 크기가 커서 주로 대학교와 정부의 연구 기관에서 주로 사용되었다. 예를 들어 프린스턴 대학의 고등연구소Institute for Advanced Study: IAS가 1945년에 만들기 시작해서 1951년에 완성한 IAS 머신은 1,700개의 진공관을 사용했고 무게가 450킬로그램에 달했지만, 계산 속도는 대략 초당 곱셈 한 번 정도로 오늘날의 컴퓨터와 비교할 수 없을 만큼 느렸다고 한다. 반면 약 70년이 지난 2020년 현재 많은 사람이 가지고 있는 아이폰 11 프로의 중앙 제어 장치 A13는 초당 약 1,500억 번의 연산을 수행할 수 있다. 다양한 계산을 이처럼 신속하게 할 수 있는 범용 컴퓨터가 보편화되었다는 사실은 인공지능이 일상생활에서 진가를 발휘하기 위한 첫 번째 조건이라고 할 수 있다.

하지만 덧셈이나 곱셈 같은 산술 능력이 뛰어나다고 해서 컴퓨터가 곧바로 인공지능이 되는 것은 아니다. 인공지능의 두 번째 조건은 특정 한 문제를 해결하는 데 필요한 계산, 즉 알고리듬을 구현하는 프로그램이다. 그럼 짧은 시간에 많은 연산을 할 수 있는 성능이 좋은 하드웨어와 주어진 문제를 효율적으로 가장 적은 양의 연산을 통해 해결할 수 있는 인공지능 알고리듬 중에서 과연 어느 쪽이 인공지능의 성능을 결정하는 데 더 중요한 역할을 할까? 사실 이런 질문은 무의미하다. 아무리 좋은 컴퓨터가 있다고 하더라도 쓸모없는 프로그램을 돌리면 우리가 필요한 답을 찾을 수 없고, 아무리 좋은 알고리듬이 있다고 하더라도 이를 시행할 수 있는 컴퓨터가 없거나 속도가 너무 느리면 인간의 능력을 따라올 수 없기 때문이다.

이와 같이 인공지능의 성능을 결정하는 두 가지 요소는 20세기 전반에 걸쳐, 그리고 21세기에 들어와서도 꾸준한 연구를 통해 점진적으로 발전해왔다. 컴퓨터의 하드웨어에서 가장 중요한 역할을 하는 중앙 제어 장치와 메모리의 성능 향상은 3장에서 이야기한 무어의 법칙에서 크게 벗어나지 않았고, 수많은 연구자가 인공지능의 알고리듬에 관한 연구를 꾸준히 이어왔다. 하지만 인공지능에 대한 대중의 관심이 집중되기 시작한 건 상당히 최근의 일이었다. 2010년대에 들어서면서 그전까지는 실질적인 성과를 거두지 못했던 인공신경망 기술에 기반을 둔 새로운 인공지능 알고리듬이 초인간적인 성능을 과시하기 시작했기 때문이다. 그것은 딥러닝 또는 심층 학습이라고 불리는 알고리듬이었다. 한 가지 짚고 넘어 갈 점은 인공지능이라고 모두 인공신경망을 사용하는 것은 아니다. 체스에서 인간 챔피언을 제압한 IBM의 딥블루는 신경망 기법을 쓰지 않은 인공지능의 대표적인 예다.

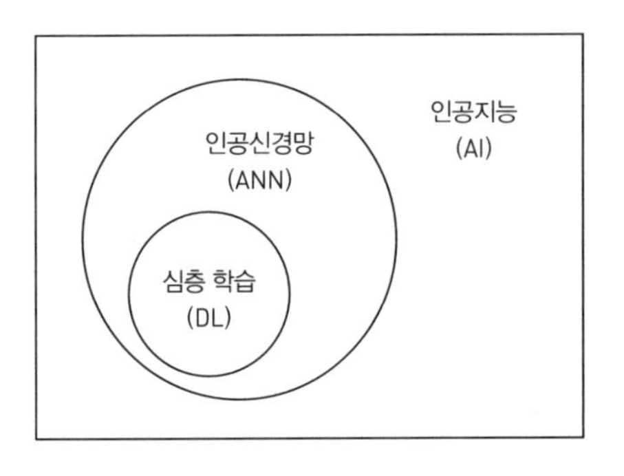

그림2 인공지능, 인공신경망, 심층 학습 간의 관계

이 장에서는 인공신경망과 심층 학습에 대해서 간단하게 살펴보고, 대표적인 성공 사례인 앨릭스넷AlexNet과 알파고가 어떻게 작동하는지에 대해서도 알아보고자 한다. 앨릭스넷은 컴퓨터가 이미지, 즉 영상 속에 어떤 물체가 있는지 인지하는 컴퓨터 시각computer vision 알고리듬 중 하나다. 반면 알파고는 심층 학습과 7장에서 다루었던 강화 학습이 결합된 경우로 바둑이나 스타크래프트 같은 게임뿐만 아니라 이미 현실화되기 시작한 자동차의 자율 주행 같은 분야에서도 큰 역할을 하고 있다.

앨릭스넷의 조상: 퍼셉트론

1부에서 다루었던 것처럼 20세기 초반에는 인간의 뇌를 구성하고 있는 신경세포들이 어떻게 작동하는지 규명하는 연구가 많이 진행되었다. 당시 연구를 통해 신경세포가 막 전위의 역치에 도달하게 하는 흥분적 입력 신호와 역치에서 멀어지게 하는 억제적 입력 신호가 결합된 결과가 역치에 도달했을 때 신경세포에서 활동전압이 만들어지고, 활동전압이 다음 세포로 전달되는 신경세포의 신호 전달 과정을 밝혀냈다. 이런 신경세포가 여럿 모여 적절하게 연결되면 때로는 흥미로운 기능을 하는데, 20세기 중반에는 파리나 게와 같은 무척추동물의 시각계에서 그와 같은 연구가 활발히 진행되었다.

예를 들어 **그림3**처럼 세 개의 신경세포로부터 입력을 받고 있는 신경세포를 상상해보자. 그리고 이 세 신경세포가 특정한 위치에서 발생하는 빛에너지에 반응하는 광수용세포라고 해보자. 이 경우 출력신경세포의 반응은 세 입력신경세포가 받아들이는 빛에너지의 분포와 입력신경세포와 출력신경세포 사이에 존재하는 시냅스들의 연결 강도에 의해서 결정된다. 만일 중간의 입력신경세포가 1에 해당하는 강도의 흥분적 시냅스를 통해, 나머지가 그 절반인 0.5에 해당하는 강도의 억압적 시냅스를 통해 출력신경세포와 연결되어 있다면 어떤 일이 일어날지 생각해보자.

우선 주위에 아무런 빛이 없어서 입력신경세포 세 개가 모두 조용

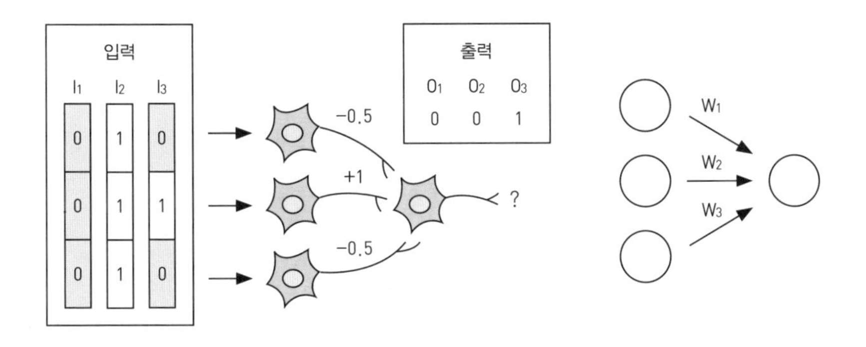

그림3 두 개의 층으로 이루어져 있는 퍼셉트론 인공신경망. 입력신경세포와 출력신경세포 사이의 연결 강도를 특정한 값들로 고정할 수도 있고(왼쪽) 변수로 표시할 수도(오른쪽) 있다.

히 아무런 반응을 보이지 않는 경우가 있다(그림3의 I1). 이 경우에는 출력신경세포 또한 아무런 신호를 받지 않을 테니 어떤 반응도 하지 않을 것이다. 입력신경세포들의 활동을 0으로 표현하면 신호를 받지 못하는 출력신경세포의 활동도 0으로 표현할 수 있다. 두 번째는 세 개의 입력신경세포가 동일한 세기의 빛에 노출되어 비슷한 활동을 하고 있는 경우를 생각해보자(그림3의 I2). 편의상 세 입력신경세포의 활동이 모두 1이라고 가정하자. 이때 중앙의 입력신경세포는 출력신경세포를 자극해 활동 수준을 올리려고 하지만, 나머지 두 입력신경세포가 각각 그 절반의 강도로 활동을 억압한다. 그 결과 출력신경세포는 첫 번째 경우와 마찬가지로 어떤 활동도 하지 않는다. 이를 수식으로 나타내면, 다음과 같이 각 입력신경세포의 활동값 [1, 1, 1]과 그에 해당하는 연결 강도 [-0.5, 1.0, -0.5]를 곱하고 그 결과물을 더하면 된다(1×(-0.5)+1×1+1×(-0.5)=0). 그럼 이 출력신경세포는 어떤 입력이 들어와도 아무런 일을 하지 않을까? 그렇지 않다. 만일 중앙의 입력신경세포에만 빛을 가하면 다른 입력신경세포들의 방해를 받지 않고 출력신경세포를 자극해 신호를 내보낼 수 있다(그림3의 I3).

이런 입력과 출력이라는 2층 구조로 이루어진 신경망에서 중앙에 있는 세포와 주변 세포들이 서로 반대로 출력신경세포를 흥분 및 억압하는 경우를 측면억제lateral inhibition라고 한다. 이런 측면억제는 입력신경세포들 사이에 큰 차이가 있는 경우에만 출력신경세포가 반응한다는 점에서 중요하다. 예를 들어 측면억제를 하는 신경망의 출력신경세포는 먹이나 포식자가 없는 정적인 환경에서는 반응하지 않지만, 주변 환경보다 많은 빛을 반사하는 물체가 등장하는 경우 반응을 한다. 실제로 측면억제는 투구게 같은 무척추동물이나 고양이 같은 포유류를 포함해 많은 동물의 눈에서 처음 발견되었다. 하지만 이후 시각계뿐 아니라 다른 감각계와 뇌를 포함한 중추신경의 여러 부위에서 발견된 보편적인 기제다. 아마도 이는 뇌가 반응해야 하는 자극을 효율적으로 탐지하는 중요한 역할을 하기 때문으로 보인다.

이런 신경망에서는 신경세포가 역치를 갖고 있다는 점이 매우 중요하다. **그림3**으로 돌아가 들어오는 빛이 약해져 입력신경세포의 활동이 [0, 1, 0]에서 [0, 0.6, 0]으로 떨어지는 경우를 생각해보자. 만일 역치가 없이 동일한 값을 전한다면 출력신경세포의 활동 역시 1에서 0.6으로 떨어질 것이고, 이를 입력 신호로 받는 다른 뇌 영역은 혼란에 빠질 수 있다. 반면 출력신경세포의 역치가 0.5라면 출력신경세포는 더 큰 입력값을 받았을 때와 유사하게 활동할 수 있다. 역치의 이런 성질을 비선형성이라고 말한다. **그림3**의 오른쪽 그림은 입력신경세포가 적절한 연결강도로 연결된 출력신경세포와 이들로 구성된 신경망을 더 단순하게 도식화한 것이다. 컴퓨터를 이용해서 신경망을 계산하면 인공신경망이 되는 것이고, 이와 같이 2층 구조로 이뤄진 인공신경망을 퍼셉트론perceptron이라고 한다.

퍼셉트론이 처음 등장했을 때 연구자들의 기대는 꽤 낙관적이었다. 그 이유는 퍼셉트론을 훈련시킬 수 있는 학습 알고리듬을 알고 있었기 때문이다. 동물의 망막에 있는 신경망들은 진화의 결과로 측면억제를 구현했다. 측면억제가 없는 망막을 가진 투구게보다 측면억제를 통해 중요한 물체를 더 효율적으로 식별할 수 있었던 투구게가 더 많은 자손을 남겼을 것이기에 측면억제가 진화할 수 있었던 것이다. 반면 물체를 감지하는 데 컴퓨터로 구현한 퍼셉트론을 사용하기 위해서는 우리가 원하는 물체를 감지할 수 있는 연결 강도를 찾아야 한다. 다행히 그와 같은 학습 알고리듬은 비교적 간단하다. 만일 우리가 감지하길 원하는 물체가 없는 이미지에 신경망이 반응을 한다면, 입력신경세포와 출력신경세포의 연결 강도를 줄이는 식으로 학습을 시키는 것이다. 일반적으로 이와 같은 학습 알고리듬은 우리가 원하는 출력신경세포의 활동 수준과 실제 활동 수준의 차이에 따라서 연결 강도를 조절한다. 수학에서는 흔히 차이를 나타내는 기호로 희랍문자 델타를 쓰기 때문에 이와 같은 학습 알고리듬을 흔히 델타 학습 규칙delta learning rule이라고 한다.

델타 학습 규칙을 갖춘 퍼셉트론은 처음에는 인공지능을 이용해서 인간의 도움 없이 컴퓨터가 영상 속에 나타난 다양한 물체를 식별하게 하는 인공시각 또는 컴퓨터 시각의 문제를 해결할 수 있을 것으로 여겨졌다. 하지만 그와 같은 기대는 오래가지 못했다. 그 이유는 얼마 지나지 않아 지극히 단순한 논리 연산 중에 퍼셉트론이 절대 해결할 수 없는 문제가 존재한다는 사실이 밝혀졌기 때문이다. 그 문제는 두 개의 입력신경세포 중 오직 하나만 활동할 때 출력신경세포의 활동을 만드는 것으로 배타적 논리합exclusive OR: XOR이라고 한다. 두 입력신경세포 중 하나가 활동을 할 때 출력신경세포를 활동하게 만들기 위해서는 두 세포 모두 역치를 넘어설 수 있는 큰 연결 강도를 가져야 한다. 그런데 그렇게 되면 두 입력세포가 동시에 활동하는 경우에도 출력신경세포가 활성화되므로 배타적 논리합을 계산하지 못하게 된다.

신경망이 배타적 논리합을 계산하기 위해서는 입력과 출력 세포로 구별되는 단순한 2층 구조가 아니라 인간이나 동물의 뇌처럼 3층 이상의 복잡한 구조를 가져야 한다. 그와 같은 인공신경망을 만드는 일은 어렵지 않았지만, 퍼셉트론의 델타 학습 규칙처럼 3층 인공신경망을 훈련시키는 알고리듬을 찾는 일이 문제였다. 흥미롭게도 그와 같은 알고리듬은 이미 1970년대에 세포 린나인마Seppo Linnainmaa와 폴 워보스Paul Werbos 등에 의해 개발되어 존재하고 있었으나 1980년대 중반에 와서야 데이비드 루멜하트David Rumelhart와 제프리 힌턴Geoffrey Hinton 등에 의해 재발견되면서 흔히 인공지능의 겨울이라고 불리는 침체기에 종지부를 찍게 된다. 델타 학습 규칙의 보다 보편적인 형태라고 생각할 수 있는 학습 알고리듬은 후방전파back propagation라고 불렸다. 또한 후방전파를 이용해서 3층 구조의 신경망을 훈련시킨다면 배타적 논리합을 포함해 어떤 계산도 수행할 수 있는 인공신경망이 가능하다는 점이 1980년대에 정리로 증명되어 인공지능 연구자들을 흥분시켰다.

이처럼 1980년대에 이미 3층 구조의 인공신경망과 이를 훈련시킬 수 있는 알고리듬을 갖췄지만 사람만큼 사진을 보고 그 안에 있는 물체를 식별할 수 있는 인공지능을 쉽게 만들지 못했다. 그러다가 2010년경부터 상황이 급변하기 시작했다. 심층 학습의 시대가 도래한 것이다.

심층 학습: 앨릭스넷

3층 구조의 인공신경망이 사람처럼 다양한 물체를 식별하는 일은 연구자들이 처음 생각했던 것보다 훨씬 어려운 과제였다. 예를 들어 사람은 색, 형태, 크기가 제각각이지만 다양한 종류의 개들을 '개'로 분류할 수 있을 뿐 아니라 보는 각도에 따라 극히 유사하게 보이는 치와와와 블루

베리 머핀의 차이도 포착할 수 있다. 어떻게 인간이 이런 수많은 물체를 올바르게 분류할 수 있는지 알아내기 위해 몇몇 인공지능 연구자는 인간의 뇌가 시각 정보를 처리하는 방법을 들여다보기 시작했다. 그중 대표적 인물이 바로 토론토 대학의 제프리 힌턴이다. 2012년 그는 그의 지도 학생이었던 앨릭스 크리제브스키Alex Krizhevsky와 함께 이미지 인식 경진 대회에서 우승을 한 알고리듬 앨릭스넥을 만들었다. 이 앨릭스넷은 그전까지 풀지 못했던 다양한 문제를 해결하는 알파고 등 여러 인공신경망의 단초가 되었다는 점에서 역사적으로 의미가 있다. 도대체 앨릭스넷의 비법은 무엇이었을까?

이전의 인공신경망들과 비교해 앨릭스넷의 가장 큰 차이는 인공신경세포들이 2층이나 3층이 아닌 훨씬 더 많은 층의 구조로 배열되어 있다는 점이다. 실제로 앨릭스넷은 8층의 구조로 구성되어 있다. 이렇게 앨릭스넷과 같이 층의 수가 3보다 훨씬 큰 신경망을 심층신경망이라고 한다. 또 다른 차이점은 신경세포 사이의 연결에 특정한 제한을 둔다는 점이다. 8층이나 되는 신경망에서 각 층의 신경세포들이 인접한 층에 있는 모든 신경세포와 연결되어 있다면, 훈련 과정에서 조절해야 하는 연결 강도의 수가 천문학적으로 늘어나게 된다. 예를 들어 두 개의 층 각각에 1,000개의 신경세포가 있고 층간 신경세포들이 모두 연결되어 있다면 그 연결 수는 100만 개나 된다. 이처럼 많은 수의 연결 강도를 일일이 모두 정해줘야 하는 문제는 인공신경망을 개발하는 데 큰 장애물이다. 앨릭스넷은 이 문제에 대한 해법을 원숭이 대뇌피질의 신경세포들이 시각 정보를 처리하는 방식에서 찾았다. 영장류의 시각피질은 여러 영역이 위계적으로 구성되어 있다. 그중에서도 후두엽에 있는 1

차 시각피질과 같은 초기 영역에서는 이미지의 작은 부분에 있는 경계선의 기울기와 같은 단순한 기하학적 특징들을 감지하는 신경세포들이 타일처럼 지도 전체를 덮고 있다. 반면 측두엽에 있는 후기 영역에서는 시야의 여러 곳에 존재하는 복잡한 사물의 정체를 감지하는 신경세포들이 존재한다. 이런 위계적 신경망의 경우 모든 신경세포가 서로 연결되는 신경망과 비교해 비교적 연결 수가 적다는 장점이 있는데, 연결 수

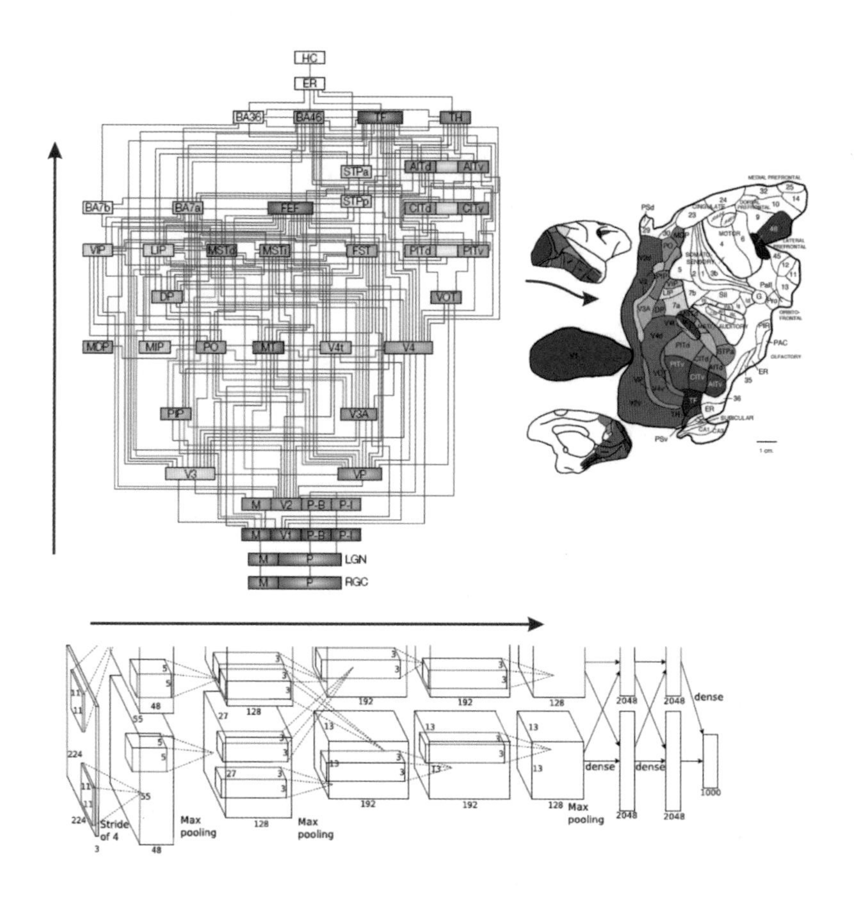

그림4 원숭이의 시각피질과 앨릭스넷에서 시각 정보가 처리되는 과정

가 적은 이유는 크게 두 가지다. 첫째 멀리 떨어져 있는 층에 속한 신경세포들은 서로 연결되지 않아 많은 연결이 절약된다. 둘째 초기 영역의 경우에는 인접한 층의 신경세포 전체가 서로 연결되지 않고 이미지의 같은 부분을 담당하는 신경세포끼리 연결된다. 또한 초기 영역에 있는 신경세포들은 각각 담당하는 이미지 부분이 다르지만 다양한 기하학적 정보를 동시에 병렬적으로 처리하고 있다는 점도 신경망의 연결 강도를 정하는 문제를 좀 더 단순하게 만든다. 왜냐하면 각 층에 있는 여러 신경세포가 이미지에 존재하는 동일한 특징, 예를 들어 이미지의 작은 부분 여러 곳에서 나타나는 수평선 등을 감지하고 있어 유사한 형태의 연결 강도를 반복적으로 사용할 수 있기 때문이다. 이와 같은 성질을 갖고 있는 신경망을 합성곱 신경망convolutional neural network: CNN이라고 한다. 정리해보면 앨릭스넷은 심층 합성곱 신경망이다. 앨릭스넷 이후로 심층 합성곱 신경망은 이미지 인식뿐 아니라 이전에는 사람의 수준을 따라오지 못하던 수많은 분야에서 활약하기 시작한다. 그 대표적인 예가 바로 알파고다.

심층 강화 학습: 알파고

앨릭스넷이 해결해야 하는 과제는 바둑에서 인간을 능가해야 하는 알파고에 비하면 비교적 단순했다. 앨릭스넷이 해결해야 했던 과제는 이미지넷ImageNet이라는 2만여 개의 사물을 찍은 1,400만 개의 사진 데이터베이스 중 제시된 사진이 어떤 물건인지 맞추는 것이었다. 이 과제에서 무작위적으로 답을 해 우연히 정답을 맞힐 확률은 2만분의 1 정도다. 바

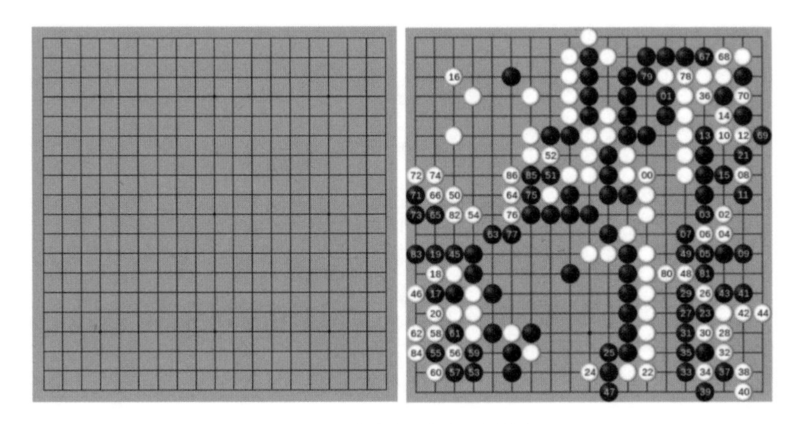

그림5 이세돌과 알파고 첫 대국의 시작과 끝

둑이 이미지 인식보다 어려운 이유는 승리를 위해서 한 번의 선택이 아닌 순차적으로 100번 가량 선택을 해야 하기 때문이다. 이는 장기나 체스도 마찬가지다.

비교적 간단한 게임은 가능한 경우의 수를 정확히 계산할 수 있다. 예를 들어 가로와 세로가 3×3으로 구성된 틱택토tic-tac-toe는 가능한 경우의 수가 5,478이다. 반면 체스는 가능한 경우의 수가 대략 10^{40}이라고 알려져 있다. 이는 매우 큰 수지만 그 정도는 신경망을 사용하지 않고 예상되는 수를 하나하나 검토하는 딥블루와 같은 전통적인 인공지능과 성능 좋은 컴퓨터만 있다면 인간을 제압할 수 있는 수다. 하지만 미리 짜여 진 판에서 시작하는 체스와 비교해 비어 있는 전장에서 시작하는 바둑은 매 수마다 선택 가능한 경우의 수가 훨씬 많다. 이런 이유로 알파고가 등장했을 때에도 많은 바둑 애호가는 물론 심지어 몇몇 인공지능 연구자도 인공지능이 인간을 뛰어넘으려면 상당한 시간이 필요할 것이라고 생각했다. 바둑에서 가능한 경우의 수를 정확히 아는 사람은 없지만, L19로 알려진 이 수는 대략 10^{170} 정도로 우주에 존재한다고 추정되는 원자의 수인 10^{80}보다 훨씬 크다. 경우의 수를 비교해보면 바둑은 체스보다 10^{130}배나 복잡하다는 말이다. 인간의 뇌로는 도통 감도 오지 않을 차이다. 그런데 이렇게 복잡한 바둑에서 알파고는 어떻게 인간을 능가할 수 있었던 것일까?

실제 알파고와 같은 인공지능을 만드는 일은 기술적으로 쉽지 않지만, 기본 원리는 이미 우리가 다 살펴본 것들이다. 알파고는 심층 강화 학습이라는 알고리듬의 일종으로 강화 학습과 심층 학습의 원리를 결합해 만들어졌다. 우선 알파고에는 두 가지의 강화 학습을 담당하는 회로망이 존재한다. 그중 정책 회로망policy network에서는 현재의 바둑판을 입력으로 받아들인 후에 앨릭스넷과 같은 심층회로망을 이용해 다음번 수를 어디에 두는 것이 좋을지를 계산한다. 그리고 또 다른 회로망인 가치 회로망value network에서는 현재 바둑판이 경기에서 승리하기 위해 얼마나 유리한지 계산한다. 물론 어떤 학습도 하지 않은 이 두 회로망의 예측은 엉터리일 수밖에 없다. 하지만 그전의 인공지능과 달리 알파고의 이 두 가지 회로망은 강화 학습 알고리듬을 통해 점점 그 정확도를 높여간다. 속도가 빠른 컴퓨터를 사용해 인간과는 비교할 수 없을 정도로 수많은 경기를 치르며 알파고는 정책 회로망과 가치 회로망의 정확도를 높여갔다. 이렇게 강화 학습으로 훈련된 정책 회로망과 가치 회로망을 구비한 알파고는 게임이 시작되면, 시뮬레이션을 통해서 수십 수를 내다보며 승률을 극대화하는 수를 선택해간다. 알파고가 이세돌 같은 인간의 최강자를 능가할 수 있었던 것은 수많은 게임을 통해 얻은 직관적인 능력과 엄청난 속도로 시뮬레이션을 해서 사람보다 훨씬 더 많은 수를 내다

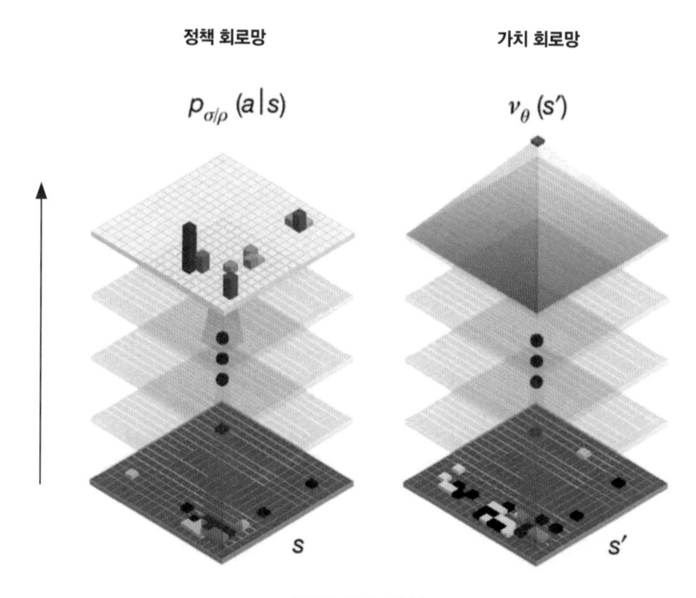

그림6 알파고의 구조

보는 능력을 결합했기 때문이다. 이것은 앞 장에서 말했던 무식한 강화 학습과 유식한 강화 학습을 동시에 사용하는 것과 마찬가지다.

인공지능의 미래

지난 10년 동안 인공지능 기술은 앨릭스넷과 알파고가 보여준 것처럼 수십 년 동안 인간의 수준을 넘지 못하고 어려움을 겪던 여러 분야에서 눈부신 성과를 보였다. 그 결과 더 많은 인력과 자본이 인공지능 연구 개발에 투입되어 아마도 당분간은 그와 같은 경향이 더욱 가속화될 것이다. 그 흐름의 연장선에서 여러 종류의 인공지능이 계속 개발되어 다양한 분야에서 특정한 목적에 맞는 인공지능이 실생활에서 활용될 전망이다. 여기서 한 가지 짚고 넘어가야 할 것은 강화 학습이나 심층신경망에서 볼 수 있듯이 그와 같은 혁명적인 기술 발전의 원동력이 컴퓨터공학과 신경과학이 서로를 보고 배우는 과정에서 비롯되었다는 점이다.

하지만 인공지능의 성능을 향상시키기 위한 알고리듬이 반드시 인간의 뇌가 문제를 해결하는 방법을 따라야 하는 것은 아니다. 실제로 현재 인간의 뇌를 정확히 모방하는 것이 가장 성공적인 인공지능을 개발하는 길인지에 대해서는 연구자들 사이에서도 의견이 분분한 상황이다. 뇌가 문제를 해결하는 방식은 인공지능을 개발하는 데 더 이상 큰 도움이 되지 않는다고 주장하는 사람이 있는 반면, 인공지능의 성능을 한층 높이기 위해서는 기존 컴퓨터보다 동물의 신경세포와 더 유사한 하드웨어를 개발해 정보 처리 방식을 더 병렬화해야 한다고 주장하는 사람도 있다. 이들은 신경망이 학습하는 방식도 프로그램에 의해서 이루어지는 것이 아니라 실제 전기 회로 자체가 변하는 방식으로 이뤄져야 한다고 주장하기도 한다.

두 가능성 중 돌파구를 마련해, 과연 우리는 범용 인공지능에 도달할 수 있을까? 그렇다면 이 범용 인공지능이 모든 면에서 인간을 능가하는 일은 과연 언제쯤 가능할까? 그리고 이런 범용 인공지능은 어떤 분야에서 가장 어려움을 겪게 될까? 아마도 인공지능도 사람과 마찬가지로 사람들을 상대로 한 사회적 문제를 해결하려고 할 때 가장 큰 어려움을 겪을 것이다. 다음 장에서는 그와 같이 사회적인 문제들이 왜 어려운지, 인간의 뇌와 지능은 사회적인 문제들을 해결하기 위해서 어떻게 진화해왔는지 살펴보겠다.

9장

사회적 지능과 이타성

살면서 마주치는 수많은 의사결정의 문제들 중에 어떤 것은 아침에 양말을 고르는 문제처럼 큰 노력을 들이지 않고 간단하게 해결할 수 있는 문제가 있는 반면, 또 어떤 것은 배우자나 직장을 고르는 것처럼 여러 날을 두고 고민해도 만족할 만한 답이 나오지 않는 문제도 있다. 우리가 접하는 의사결정의 문제 중에서 가장 까다로운 것들은 주로 여러 사람이 얽혀 있는 사회적인 문제인 경우가 많다. 인간을 사회적 동물이라 부르는 이유도 대부분의 의사결정이 사회적인 상황에서 이루어지기 때문이다. 물론, 사람들이 해결하고 싶어하는 문제들 중 일부는 과학기술의 발전에 따라 해결될 수 있을지 모른다. 친환경 에너지를 개발한다든지 불치병의 치료법을 개발하는 것이 그 대표적인 사례들이다. 하지만 기술적인 문제들이 해결된다 하더라도 하루아침에 인간의 모든 문제가 해결되는 것은 아니다. 대체에너지라든지 새로운 질병 치료법을 누가 소유하고 통제하는가 하는, 어쩌면 더욱 어려운 사회적 의사결정 과정이 남아 있기 때문이다.

사회적인 의사결정이 그토록 어려운 이유는 무엇일까? 혼자서 모든 것을 결정할 수 있는 개인적인 의사결정과는 달리 사회적인 의사결정의 경우에는 내 선택의 결과가 다른 사람의 행동에 의해서 달라질 수 있기 때문이다. 따라서 내가 원하는 결과를 얻기 위해서는 다른 사람의 행동을 정확하게 예측하는 것이 필요하다. 하지만 내가 다른 사람의 행동을 예측하고 그에 따라 나에게 가장 유리한 행동을 선택하려고 하는 것처럼, 다른 사람들도 나의 행동을 예측해서 자신에게 가장 유리한 행동을 선택하려고 하기 때문에, 다른 사람들의 행동을 예측하는 일은 결코 간단한 일이 아니다. 따라서 사회적인 문제를 해결하려고 할 때는 개인적 의사결정에서보다 최적의 선택을 내리기 어려운 것이다.

간단한 예로 두 사람이 가위-바위-보를 하는 경우를 생각해보자. 둘 중 한 사람이 가위를 선택했을 경우, 그 사람이 이기고 지고는 나머지 한 사람의 선택에 의해서 달라지게 된다. 그런데 갑자기 한 사람이 자신은 가위를 내겠다고 선언을 했다고 해보자. 나머지 한 사람은 이 말을 믿고 승리를 위해 주먹을 내야 할까, 아니면 그와 같은 선언을 상대로 하여금 주먹을 내도록 만들고 자기는 보자기를 내려는 기만책으로 여기고 가위를 내야 할까? 이런 문제는 사회적 상호작용이 되풀이될 때 더욱 복잡한 양상을 띠게 된다. 다른 사람의 행동에 크고 작은 영향을 주어 사회적 의사결정의 결과를 각자 자신에게 이로운 방향으로 이끌고 갈 수 있는 방법들이 더 다양하고 복잡해지기 때문이다. 예를 들어 가위-바위-보를 여러 번 반복하는 경우, 지금까지 관찰해온 상대방의 행동을 보고 나는 상대방이 다음번에 무엇을 낼지 예측하려고 할 것이고, 상대방 또한 그와 같은 나의 노력을 최대한 자신에게 유리한 방향으로 이용하려고 할 것이다. 바로 전 판에서 내가 주먹을 내고 상대방이 보를 내서 내가 진 경우를 생각해보자. 상대방은 보자기를 내서 이겼으니 무식한 강화 학습의 예측대로 또 보자기를 낼까? 그렇다면 나는 이번 판에 가위를 내야 할 텐데, 상대방도 바보가 아닌 이상 내가 가위를 낼 것임을 눈치채고 주먹을 낼 수 있다. 그러면 나는 보를 내야 하는 걸까? 이와 같은 추론이 어떻게 끝날지는 분명하지 않다. 과연 가위-바위-보에는 정답이 있는 것인가?

가위-바위-보와 같이 단순한 사회적 의사결정의 경우에도 최선의 선택이 무엇인지를 알기 위해서는 보다 체계적이고 논리적인 접근이 필요하다. 지금부터 살펴볼 게임 이론game theory은 바로 이와 같은 사회적인 의사결정을 다루는 연구 분야다. 이 장에서는 사회적인 상황에서 발생할 수 있는 복잡한 문제들을 해결해가는 과정에서 인간이 어떻게 자신의 이기적인 본능을 억누르고 타인을 위한 행동을 취할 수 있는지, 그리고 자기 복제만을 위해 존재하는 이기적인 유전자들이 그와 같은 이타적인 결정을 할 수 있는 뇌를 만들어내게 된 배경을 살펴볼 것이다. 사회적 의사결정을 다루는 게임 이론은 어떠한 상황에서 협동이 성립하는가를 이해하는 데 중요한 역할을 한다.

게임 이론의 등장

게임 이론이란 사회적 의사결정을 수학적으로 연구하는 분야로 1944년에 존 폰 노이만John von Neumann과 오스카어 모르겐슈테른Oskar Morgenstern이 공저한《게임과 경제적 행동에 관한 이론Theory of Games and Economic Behavior》이라는 책에서 시작되었다. 게임 이론에서는 의사결정의 문제를 분명하고 이해하기 쉽게 표시하기 위해서 의사결정 분지도decision tree나 성과 행렬payoff matrix을 사용한다. **그림1**은 가위-바위-보의 결과를 나타내는 두 가지 방법으로 보여준다.

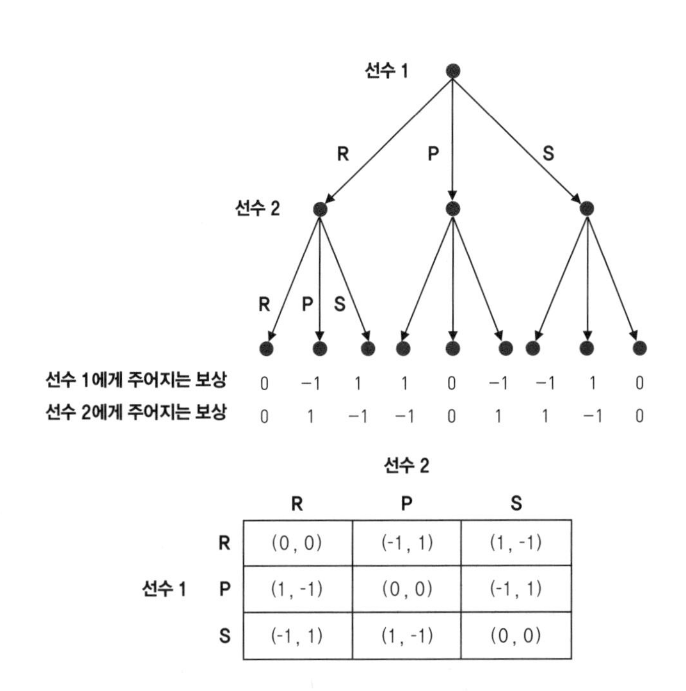

	R	P	S
R	(0, 0)	(-1, 1)	(1, -1)
P	(1, -1)	(0, 0)	(-1, 1)
S	(-1, 1)	(1, -1)	(0, 0)

그림1 가위-바위-보의 결과를 나타내는 두 가지 방법인 의사결정 분지도(위)와 성과 행렬(아래). R(rock), P(paper), S(sicssors)는 각각 바위, 보, 가위를 나타내고 성과 행렬에서 작은 상자 안에 있는 두 개의 숫자들은 선수 1과 선수 2에게 주어지는 보상을 나타낸다.

게임 이론에서는 의사결정의 주체를 '선수player'라고 부르고, 각각의 선수가 선택하는 내용을 '전략strategy'이라고 한다. 다시 말해서, 전략이란 선택 가능한 모든 행동에 부여된 확률에 해당한다. 예를 들어 가위-바위-보 게임에서 항상 가위만 내는 전략은 가위가 선택되는 확률이 1이고 바위나 보가 선택될 확률이 0인 경우에 해당한다. 이와 같이 오로지 하나의 행동만 선택하는 경우를 '순수 전략pure strategy'이라고 하며, 반면에 선택될 확률이 0보다 큰 행동이 두 가지 이상인 전략을 '혼합 전략mixed strategy'이라고 한다. 폰 노이만과 모르겐슈테른에서 시작한 고전적 게임 이론에서는 주로 게임에 참가하는 모든 선수가 성과 행렬을 완벽하게 이해할 뿐 아니라 기대효용치를 최대화한다고 가정한다. 따라서 고전적 게임 이론의 목적은 합리적이고 이기적인 선수들이 사회적인 상황에서 어떻게 행동할지를 예측하는 것이다.

그렇다면 가위-바위-보에 게임 이론을 적용해보자. 가위-바위-보는 일종의 '제로섬 게임zero-sum game'이다. 제로섬 게임이란 모든 참가자가 받게 되는 보상을 합한 경우가 정확하게 0이 되는 경우를 말한다. 그 말은 제로섬 게임에서는 모든 참가자가 자신의 이익을 최대화하기 위해서 반드시 다른 사람들의 이익을 최소화해야 한다는 뜻이다. 따라서 제로섬 게임은 사람들 간의 경쟁적인 상호작용을 연구하기에 적합한 모델이다. 앞서 살펴본 바와 같이 두 사람이 가위-바위-보를 할 때 서로 재귀적으로 상대방의 전략을 추측해 그에 따라 자신에게 가장 이로운 전략을 선택하려고 한다면 참가자들은 모두 무한 회귀에 빠지게 된다. 이와 같은 문제를 타결하기 위해서 게임 이론에서는 '최상의 대응best response'과 '최적의 전략optimal strategy'을 구별한다. 최상의 대응이란 상대방이 특정한 전략을 선택했을 때 그에 대응하는 최선의 선택을 말한다. 예를 들어서 항상 주먹을 내는 상대방에 대한 최상의 대응은 항상 보를 선택하는 순수 전략이다. 이에 반해서 최적의 전략은 모든 선수가 동시에 최상의 대응을 선택할 때 주어지는 전략을 말한다. 예를 들어 나와 상대방이 보와 주먹을 각각 1의 확률로 선택한다면, 나의 선택은 상대방에 대한 최상의 대응이지만 상대방의 선택은 최상의 대응이 아니므로 이것은 최적의 전략이 될 수 없다. 가위-바위-보에서 최적의 전략은 오로지 하나뿐인데, 그것은 모든 선수들이 가위, 바위, 보를 동일한 확률, 즉 3분의 1의 확률로 무작위로 선택하는 혼합 전략이다.

가위-바위-보에서 위와 같은 최적의 전략을 선택하면 다음과 같은 흥미로운 결과가 발생한다. 첫째, 최적의 전략을 선택한 선수가 이기고 지고 비길 확률이 상대방의 전략과 상관없이 3분의 1로서 항상 똑같다. 다시 말해서 내가 가위-바위-보를 동일한 확률로 선택하는 한, 비록 상대방이 최적의 전략을 선택하지 않더라도 이기고 지고 비기는 결과의 확률은 달라지지 않는다. 두 번째로 재미있는 사실은 내가 최적의 전략을 사용한다는 것을 상대방에게 미리 알린다 해도 게임의 결과가 달라지지 않는다는 점이다. 내가 다음 판에 가위를 내려고 한다면 이와 같은 사실을 상대방에게 알려서는 안 될 것이다. 하지만 내가 가위-바위-보를 선택할 확률이 동일할 때, 이와 같은 정보를 상대방에게 알려준다고 한들 그 정보는 상대방에게 아무런 도움이 되지 않는다.

게임의 종류는 셀 수 없이 많다. 게임에는 참여하는 선수의 수나 각각의 선수가 선택할 수 있는 행동의 수에 제한이 없기 때문이다. 또한 같은 성과 행렬을 가지고 있는 게임을 단 한 번만 시행하는 일회성 게임이 있는가 하면, 같은 게임을 여러 번 반복하는 복수 게임도 있다. 이렇게 한없이 많은 게임 중, 가위-바위-보같이 단순한 게임에 최적의 전략이 존재한다고 해서 모든 종류의 게임이 다 최적의 전략을 갖고 있다고 볼 수는 없다. 과연 모든 게임에는 각각에 대한 최적의 전략이 존재할까? 이 중요한 질문에 대한 답을 발견한 이가 바로 〈뷰티풀 마인드Beautiful Mind〉라는 영화로 많은 이에게 알려진 수학자 존 내시John Nash다. 내시는 1950년에 발표한 논문에서 가능한 모든 게임에 최적의 전략이 존재한다는 것을 수학적으로 증명했다. 즉, 아무리 복잡한 게임이라 하더라도 거기에는 최적의 전략이 최소한 하나는 존재한다는 것이다. 이와 같은 내시의 공로를 기리기 위해서, 모든 선수가 최적의 전략을 선택한 상황을 '내시 균형Nash equilibrium'이라고 일컫는다. 그리고 내시 균형에 따라 각각의 선수에게 주어지는 최적의 전략을 '내시 균형 전략'이라고 부른다.

게임 이론의 사망?

인간을 괴롭히는 문제 중 많은 수가 사회적 의사결정 과정을 원만하게 해결하지 못하는 상황에서 발생한다. 따라서 모든 게임에는 최적의 전략이 존재한다는 게임 이론이 처음 등장했을 때, 사람들은 게임 이론을 통해 모든 사회적 문제를 해결할 수 있는 기틀을 마련할 수 있을 것이라는 낙관적인 기대를 품었다. 하지만 뜻밖에도 그와 같은 기대는 게임 이론이 등장한 지 채 10년도 되지 않아 산산이 무너지고 말았다. 이렇게 게임 이론이 제대로 힘을 써보지도 못하고 회의론자들의 비판의 대상이 되고 만 것에는 '죄수의 딜레마'라는 게임이 큰 역할을 했다.

죄수의 딜레마는 함께 범죄를 저지른 죄수 두 명이 각각 다른 방에 끌려가서 심문을 받는 것에서 시작된다. 경찰은 이 두 사람이 공범이라는 심증은 있지만, 지금까지 확보한 증거만으로는 비교적 가벼운 처벌밖에 할 수 없기 때문에 두 사람의 죄수에게 다음과 같은 조건을 제시한다. 만일 두 사람이 모두 죄를 부인하면 두 사람 모두 가벼운 처벌을 받게 되어 감옥에서 1년 형을 받는다. 그리고 만일 두 사람이 다 죄를 인정하면 추가의 범죄 사실이 밝혀지게 되지만, 둘 다 자백을 했다는 사실을 참작하여 비교적 너그러운 형량에 해당하는 3년 형을 받게 된다. 하지만 단지 한 사람만 자백하고 나머지 한 사람은 범죄 사실을 부정하면 자백한 사람은 경찰에게 중요한 증거를 제공한 공을 인정받아 즉시 석방되는 반면, 끝까지 부정한 사람은 원칙대로 최고형인 5년의 형을 받게 된다.

이와 같은 상황을 성과 행렬로 정리하면 죄수의 게임에서 최적의 전략이 무엇인지를 금방 알 수 있다. 죄수는 가능한 한 형량을 줄이려고 할 것이기 때문에, 형량의 햇수가 x라고 하면 그에 해당하는 효용을 -x라고 가정할 수 있다. 그러면 **그림2**의 윗부분에 있는 성과 행렬을 얻게 된다. 이 성과 행렬에서는 죄를 부정하는 것과 자백하는 것을 각각 'S(silence)'와 'B(betrayal)'로 나타냈다. 모든 효용값에 동일한 상수를 더하는 것은 의사결정 과정에서 선택에 아무런 영향을 미치지 않는다. 예를 들어 서로 다른 두 개의 상품이 0과 1이라는 효용값을 갖는 경우와 10과 11이라는 효용값을 갖는 경우, 효용값이 더 높은 선택은 달라지지 않는 것이다. 따라서 성과 행렬에서 음수를 없애기 위해서, 첫 번째 성과

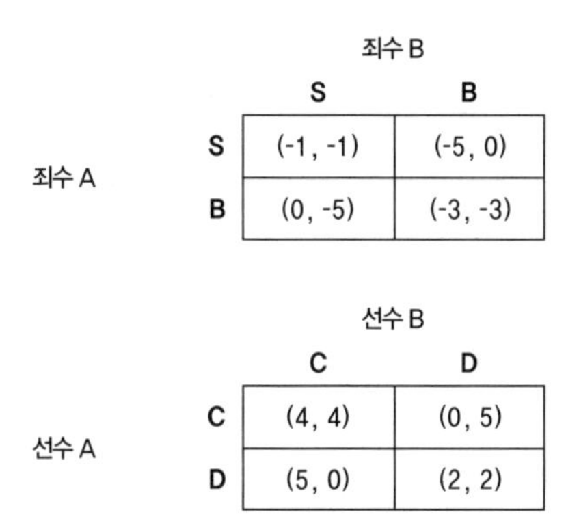

죄수 A \ 죄수 B	S	B
S	(-1, -1)	(-5, 0)
B	(0, -5)	(-3, -3)

선수 A \ 선수 B	C	D
C	(4, 4)	(0, 5)
D	(5, 0)	(2, 2)

그림2 죄수의 게임의 성과 행렬. 형량의 햇수를 x라고 할 때 그에 해당하는 효용값을 −x라고 가정한 경우(위)와 거기에 5를 더해서 효용값이 음수가 되지 않도록 한 경우(아래).

행렬에 등장하는 모든 효용값에 5를 더하면 **그림2**의 아랫부분에 있는 두 번째 성과 행렬을 얻게 된다. 죄수의 딜레마를 두 번째 성과 행렬에서와 같이 양수의 효용값을 써서 표현할 때는, 보통 죄를 부정하는 것과 자백하는 것을 각각 'C(cooperation)'와 'D(defection)'로 나타낸다. 침묵을 지키는 것은 협동에 해당하고 자백을 하는 것은 변절에 해당한다고 볼 수 있기 때문이다. 하지만 어떤 성과 행렬을 사용하는가에 상관없이 이 두 가지 성과 행렬은 동일한 게임을 기술한다고 볼 수 있으며, 각각의 선수(이 경우에는 죄수)에게 요구되는 행동에 아무런 차이가 없기 때문에 최적의 전략도 동일하다.

실제로 죄수의 딜레마와 같은 상황에 놓인다면 당신은 어떻게 행동할 것인가? 과연 당신의 선택은 게임 이론에서 제시하는 최적의 전략과 일치할 것인가? 죄수의 딜레마에서의 최적의 전략은 다음과 같이 찾을 수 있다. 우선 상대방이 침묵을 지키거나 또는 자백을 했다고 가정했을 때, 그 각각의 경우에 자신이 선택할 수 있는 최상의 대응이 무엇인지 생각해보자. 우선 상대방이 침묵을 지켰을 때 나 역시 침묵을 지키면 나의 형량은 1년이 되는 반면, 만일 나 혼자 자백을 하면 즉시 석방될 수 있으므로, 이 경우 나의 최상의 대응은 자백을 하는 것이다. 반면 상대방이 자백했을 때 나 혼자 침묵을 지키면 형량이 5년이 되는 반면, 나까지 자백을 해버리면 형량이 3년이 되므로, 이 경우 역시 나의 최상의 대응은 자백을 하는 것이다. 따라서 죄수 둘 모두가 이와 같은 추론을 한다면 그들은 상대방의 선택과 무관하게 최상의 대응에 해당하는 자백을 선택할 것이고, 그것이 바로 내시 균형이 된다. 하지만 이때 두 죄수가 받게 되는 형량은 두 사람이 협동하여 침묵을 지키는 경우 받게 되는 1년보다 2년이나 늘어나게 된다. 두 사람의 죄수 모두 자신의 이익을 극대화하기 위해 자백을 했을 때, 둘이 협동을 해서 침묵을 지킨 것보다 나쁜 결과가 나오므로 이 상황이 '딜레마'인 것이다. 이와 같이 죄수의 딜레마는 인간 사회에서 모두가 협동하는 것이 협동을 하지 않는 것보다 더 나은 결과를 가지고 옴에도 불구하고 협동이 자주 깨지는 이유를 설명할 수가 있다. 그래서 죄수의 딜레마는 협동을 연구하는 중요한 패러다임으로 자리를 잡게 되었다.

게임 이론에 따르면 죄수의 딜레마에서 최적의 전략은 자백, 즉 변절이다. 그렇다면 실제로도 사람들은 과연 게임 이론의 예측대로 자백을 선택할까? 이 질문에 대한 답을 구하기 위해 발표된 논문의 수만 해도 100편이 넘는다. 그러나 100여 건의 연구 중에 어떤 것도 모든 사람이 한결같이 협동을 선택하거나, 반대로 모든 사람이 변절을 선택한 경우는 없었다. 다시 말해, 죄수의 딜레마에서 어떤 선택을 하는가에는 개인차가 큰 것으로 나타났다. 또한 실험이 시행된 구체적 방법에 따라서 협동을 선택한 참가자의 비율이 적게는 5%에서 많게는 97%에 이르렀다. 하지만 전체적으로 평균을 내보면 협동을 선택한 사람의 비율은 대략 50% 정도로 나타났고, 4분의 1에 해당하는 연구에서 협동을 하는 참가자의 비율이 30%에서 40% 사이인 것으로 나타났다. 이처럼 연구에 따라 결과에는 많은 차이가 있었지만, 한 가지 분명한 것은 게임 이론의 예상이 완전히 빗나갔다는 것이다. 그 결과, 폰 노이만과 모르겐슈테른이 창시한 고전적 게임 이론에 대한 초기의 낙관론은 그리 오래가지 못했다.

반복적 죄수의 딜레마

게임 이론에서 내시 균형의 존재는 이미 수학적으로 증명되었기 때문에, 인간의 행동이 게임 이론의 예측을 벗어났다는 것은 게임 이론의 가정이 잘못되었다는 것을 의미한다. 특히 게임 이론의 예상과 달리 죄수의 딜레마에서 많은 사람이 협동을 선택했다는 것은 게임에 참가하는 선수 중에 일부는 자신의 이익을 극대화하는 이기적인 행동을 취하지 않았다는 것을 의미한다. 하지만 인간의 뇌와 행동이 유전자의 복제를 돕기 위해 존재하는 것이라면, 과연 유전자의 복제에 도움이 되지 않는 이타적인 행동들이 어떻게 가능할 수 있었을까?

인간 사회에 존재하는 많은 문제를 해결하려면 죄수의 딜레마에서처럼 많은 사람이 동료를 배반하고 사익만을 추구하기 보다는 협동을 선택해야만 더 바람직한 결과를 가져올 수 있다. 따라서 유전자를 보다 효율적으로 복제하기 위한 방향으로 진화해온 인간의 뇌가 어떻게 해서 협동을 선택하게 되었는지를 이해하는 것은 인간 삶의 질을 개선하기 위해서도 중요한 일이라고 할 수 있다.

지금까지 살펴본 죄수의 딜레마에 대한 분석은 초면인 두 선수가 사전에 아무런 정보 교환도 없이 단 한 번의 선택을 내리고, 그 이후로는 결과에 대한 어떠한 추가적인 책임도 지지 않는다는 가정에서 이루어진 것이다. 이를 '일회성one-shot 죄수의 딜레마'라고 한다. 일회성 죄수의 딜레마 실험에서도 물론 참가자들에게 실험이 단 한 번만 진행된다는 사실을 자세히 설명해주는 것이 관례다. 그럼에도 불구하고 많은 사람이 협동을 선택했다는 사실은 그들이 설명을 전적으로 받아들이지 않고, 대신 이와 같은 선택이 마치 여러 번 반복될 것처럼 행동했기 때문일지도 모른다.

실제로 인류가 진화하는 과정에서 경험했던 대부분의 사회적 상호작용은 매번 다른 낯선 사람과의 관계보다는, 같은 집단에 속한 사람들과 여러 번 반복적으로 이루어졌을 가능성이 높다. 이와 같이 특정한 집단의 구성원들이 동일한 성과 행렬로 구성된 선택을 여러 번 반복하는 경우를 '반복적iterative 게임'이라고 부르는데, 이 경우에는 일회성 게임의 경우와는 다른 더욱 복잡한 최적의 전략이 존재하게 된다. 따라서 만일 인간의 뇌가 진화하는 동안 죄수의 딜레마와 같은 게임을 반복적으로 경험했다면, 인간의 뇌는 일회성 죄수의 딜레마 게임의 최적의 전략이 아니라 반복적 죄수의 딜레마 게임의 최적의 전략을 선택하는 경향을 갖게 되었을 것이다.

반복적 죄수의 딜레마 게임에서 최적의 전략은 무엇일까? 흥미롭게도 이 질문에 관한 연구는 아직 진행 중이다. 하지만 반복적 죄수의 딜레마에서는 협동이 변절보다 더 좋은 결과를 가져오는 상황이 자주 발생한다. 1980년대 무렵, 정치학자 로버트 액설로드Robert Axelrod는 다양한 전략을 구사하는 컴퓨터 프로그램들끼리 반복적으로 죄수의 딜레마 게임을 하여 어느 프로그램이 더 높은 점수를 얻는지 서로 경쟁하는 대회를 벌였다. 이 대회에서 가장 높은 점수를 얻은 것은 행동과학자 아나톨 래포포트Anatol Rapoport가 제안한 '맞대응tit-for-tat'이라는 전략이었다. 맞대응 전략이란 일단 첫 번째 시행에서는 협동을 선택한 후, 두 번째 시행부터는 그 이전의 시행에서 상대방이 했던 선택을 되풀이하는 전략을 말한다. 맞대응 전략을 하는 프로그램은 항상 변절하는 프로그램을 상대로 최초의 시행을 제외하고는 항상 변절로 맞섬으로써 일방적으로 배신을 당하는 경우를 피할 수 있다. 또한, 항상 협동을 선택하는 프로그램이나 자신과 같은 맞대응을 하는 프로그램을 상대로 할 때는 협동을 유지하게 된다. 이렇게 맞대응 전략을 구사하는 프로그램은 상대에 따라 자신의 선택을 적절하게 바꿔가며 가장 좋은 결과를 가져올 수 있다. 반면에 항상 협동을 선택하는 프로그램은 항상 변절하는 프로그램에게 늘 골탕을 먹게 된다. 한편 항상 변절하는 프로그램은 항상 협동하는 프로그램을 착취할 수는 있으나 맞대응을 하는 프로그램을 상대로는 점수를 잃기만 할 뿐이다. 따라서 여러 가지 프로그램들과 돌아가며 겨루어야 하는 상황에서는 맞대응이 항상 협동하거나 항상 변절하는 것보다는 더 나은 결과를 가져오게 되는 것이다.

파블로프 전략

반복적 죄수의 딜레마에서 협동을 가능하게 하는 것은 맞대응 전략만이 아니다. 소위 '파블로프Pavlov 전략'이라고 부르는 전략도 맞대응 전략처럼 상대방이 이전 시행에서 어떤 선택을 했는가에 따라 자신의 전략을 결정한다. 하지만 맞대응 전략과 파블로프 전략 간에는 중요한 차이가 있다. 맞대응 전략은 상대방이 이전 시행에서 선택했던 행동을 무조건 따라 하는 반면, 파블로프 전략은 이전 시행에서 상대방이 협동을 한 경우에는 자신이 이전 시행에서 선택했던 행동을 반복하고, 이전 시행에서 상대방이 변절을 한 경우에는, 이전 시행에서 자신이 선택한 행동과 반대되는 행동을 선택하는 것이다.

죄수의 딜레마에서는 상대방이 협동을 하는 경우가 상대방이 변절을 했을 때보다 자신에게 항상 좋은 결과를 가져온다는 점을 감안할 때, 파블로프 전략은 이전 시행에서 이익을 얻었을 경우에는 같은 행동을 선택하고, 손해를 봤을 경우에는 행동을 바꾼다는 것을 의미한다. 예를 들어 상대방이 이전 시행에서 협동을 선택한 경우를 살펴보자. 이 경우에 맞대응 전략은 상대방을 따라 협동을 선택하는 반면, 파블로프 전략은 자신이 이전 시행에서 했던 전략을 다시 선택한다. 즉, 이전 시행에서 상대방이 협동을 선택했다면 자신이 무엇을 선택했든지 자신에게는 유리한 결과가 나왔을 것이기 때문에 전과 같은 전략을 계속 유지하는 것이다. 반면에 이전 시행에서 상대방이 변절을 선택한 경우, 맞대응 전략에서는 자신도 상대방을 따라 변절을 선택한다. 하지만 파블로프 전략에서는 이전 시행에서 상대방의 변절로 인해 손해를 봤을 것이므로 자신이 이전 시행에서 선택했던 전략과 반대되는 선택을 한다. 만일 이 두 가지 프로그램이 항상 협동을 선택하는 순진한 프로그램을 만나게 된다면, 맞대응 전략은 계속 협동을 하겠지만 파블로프 전략은 그와 같은 상대방을 이용하며 계속 변절할 수도 있으므로 평균적으로 파블로프 전략이 더 좋은 결과를 보게 된다. 하지만 항상 변절을 하는 프로그램을 만나면, 맞대응 전략은 계속 변절을 하지만 파블로프 전략은 협동과 변절의 행동을 번갈아 하게 되므로 맞대응 전략보다 더 큰 손해를 보게 된다.

그런 약점에도 불구하고 파블로프 전략가들은 맞대응 전략가들보다 더 효율적으로 협동 관계를 형성하는 경향이 있다. 특히 파블로프 전략가들은 이제까지의 결과와 상관없이 어떤 경우라도 세 번의 시행 이내에 상호 협동적인 관계로 돌아갈 수 있다. 예를 들어 한쪽이 변절을 선택했다고 해보자(협동/변절). 그러면 다음 시행에서 두 선수는 모두 변절을 선택하게 된다(변절/변절). 왜냐하면 먼저 변절을 선택했던 쪽은 상대방이 협동을 선택한 덕택에 큰 이익을 보았으므로 다시 한번 변절을 선택할 것이고, 협동을 선택했던 쪽은 큰 손해를 보았으니 이제는 변절을 할 것이기 때문이다. 하지만 둘 다 동시에 변절을 경험하고 나면, 파블로프 전략을 따르는 두 선수는 그 다음 시행에 바로 다시 협동으로 전환하게 된다(협동/협동). 반면 맞대응 전략가들은 처음에 한 명이라도 변절을 선택하면 다시는 서로 협동적인 관계를 이끌어내지 못한다.

사실 파블로프 전략은 이전에 선택했던 행동의 결과에 따라서 자신의 행동을 수정한다는 점에서, 파블로프가 발견한 고전적 조건화 과정보다는 손다이크가 발견한 결과의 법칙과 더 유사하다. 따라서 파블로프 전략은 어쩌면 '손다이크 전략' 또는 '강화reinforcement 전략'이라고 불렸어야 했을지도 모른다. 이름이야 어찌됐든, 파블로프 전략이 맞대응 전략보다 우월한 또 다른 이유는 파블로프 전략가는 맞대응 전략가보다 좀 더 유연하게 게임을 처리할 수 있다는 점이다. 맞대응이나 파블로프 전략의 공통점은 지난 시행에서 상대방의 선택을 기억해야 한다는 것이다. 만일 기억에 오류가 발생해서 상대방의 선택을 잘못 기억하게 되면, 맞대응 전략의 경우에는 끔찍한 결과가 초래될 수 있다. 맞대응 전략가는 상대방의 실수를 용납하지 않기 때문이다. 예를 들어 맞대응 전략을 구사하는 두 선수가 계속해서 협동을 선택하며 반복적 죄수의 딜레마 게임을 하는 도중, 한 선수가 상대방이 이전 시행에서 변절을 선택한 것으로 착각했다고 가정해보자. 그렇다면 그 다음 시행에서 착각을 한 선수는 변절을, 다른 선수는 협동을 선택하게 될 것이다. 이 두 선수가 계속해서 맞대응 전략을 사용한다면, 변절과 협동의 선택이 번갈아 나타나는 악순환이 계속된다. 반면 파블로프 전략은 이와 같은 악순환을 피할 수 있다. 앞에서 살펴본 것처럼, 한 선수가 착각해 변절하더라도 세 번의 시행을 거치면 다시 협동의 관계로 돌아갈 수 있기 때문이다.

반복적 죄수의 딜레마에서 맞대응 전략과 파블로프 전략이 비교적 좋은 결과를 낸다는 것으로부터 우리는 두 가지 교훈을 얻을 수 있다. 첫 번째는, 일회성 죄수의 딜레마 게임처럼 모두 변절하는 것이 최적인 게임이라 하더라도, 그와 같은 게임이 여러 번 반복되면 협동의 길이 열린다는 것이다. 그리고 두 번째는, 반복되는 게임에서 협동이 생겨나려면 선수들에게 이전에 선택한 결과(또는 이전에 상대방이 선택한 결과)에 따라 자신의 선택을 바꿀 수 있는 능력, 즉 학습 능력이 필요하다는 것이다. 앞 장에서 알아본 강화 학습 이론은 개인적 의사결정 상황에서만이 아니라 사회적인 의사결정에도 광범위하게 적용될 수 있다.

개인의 의사결정에 무식한 강화 학습과 유식한 강화 학습 등의 여러 가지 학습 방법이 적용될 수 있듯이, 사회적 의사결정에도 다양한 학습 방법이 적용될 수 있다. 자신의 선택에서 얻어진 결과에 따라 그 다음 행동을 결정하는 파블로프 전략은 무식한 강화 학습 방법에 해당한다. 반면, 상대방의 이전 선택에 따라 자신의 행동을 선택하는 맞대응 전략은 상대방의 행동에 대한 지식을 이용하기 때문에 유식한 강화 학습 방법에 해당한다. 만일 상대방의 행동을 완벽하게 예측할 수 있는 유식한 강화 학습 방법이 있다면 그것은 무식한 강화 학습보다 좋은 성과를 가져올 것이다. 하지만 특정한 학습 방법이 모든 상황에서 잘 적용되는 것은 아니다. 반복적 죄수의 딜레마에서처럼, 경우에 따라서는 무식한 강화 학습 방법이 상대방의 행동에 대한 제한된 지식을 이용하는 유식한 강화 학습 방법을 능가할 수도 있다.

반복되는 사회적 관계에서는 무식한 강화 학습 방법이 더 성공적인 경우가 많이 발생한다. 사회적 관계가 복잡해질수록 유식한 강화 학습 방법은 상대방의 목표와 의사결정 과정에 대해서 더욱 많은 지식을 요구하게 되는 반면, 무식한 강화 학습 방법은 적용하기에 훨씬 더 단순하기 때문이다. 예를 들어 가위-바위-보를 반복하는 경우, 최적의 전략은 이전의 결과와는 상관없이 항상 모든 종류의 행위를 동일한 1/3의 확률로 무작위로 선택하는 것이다. 하지만 실제로는 아무도 그처럼 완벽하게 무작위로 선택을 하지는 못한다. 대부분의 사람은 무식한 강화 학습 방법이 예측하는 대로, 이전에 이겼을 때 자신이 선택한 것을 되풀이하는 경향을 보인다. 특히 뇌가 완전히 발달하지 않은 아동의 경우는 무식한 강화 학습 방법에 의존해서 모든 문제를 해결하려는 경향이 더욱 강하다. 관심 있는 독자라면 어린 아이들과 어른들이 가위-바위-보를 하는 방식에 어떤 차이가 있는지 직접 알아보는 것도 좋을 것이다.

협동하는 사회

죄수의 딜레마는 참가자가 두 사람일 때 협동이 나타나는 과정을 연구하기에 좋은 패러다임이다. 하지만 인간 사회에서는 둘보다 훨씬 많은 사람이 모여서 협동해야 하는 경우가 자주 발생한다. 게임 이론은 그와 같은 다수의 참가자 사이에서 협동이 발생하는 원리에 대해서도 중요한 통찰력을 제공한다.

경제학에서 협동이 문제가 되는 것은 주로 공공재public goods가 존재하는 경우다. 공공재의 소비 행위는 그것을 소비하는 개인의 효용뿐만 아니라 다른 사람의 효용까지 덩달아 변화시킨다. 보다 일반적으로 개인의 소비 활동이 다른 사람의 효용에 영향을 미치는 것을 '외부효과externality'라고 한다. 여기서 다른 사람의 효용을 증가시키는 경우를 양의 외부효과, 감소시키는 경우를 음의 외부효과라고 한다. 도로나 다리 같은 사회 간접 자본을 포함하는 공공재는 양의 외부효과에 해당하고, 공해와 같이 자신의 소비 활동으로 다른 사람에게 피해를 입히는 경우는 음의 외부효과에 해당한다. 공공재는 그 성격상 일단 누군가가 비용을 지불하고 소비를 시작하면 아무런 비용을 지불하지 않았던 사람도 공짜로 그 혜택을 얻을 수 있기 때문에, 실제로 사회에서 필요로 하는 양보다 늘 부족한 경향이 있다. 이를 '무임 승차자의 문제free-rider's problem'라고 한다. 예를 들어 어떤 마을에 누구나 찾아가서 즐길 수 있는 공원을 만들자고 제안을 하면 사람들은 그런 시설을 갖기를 원하면서도 필요한 비용을 분담하는 것은 꺼리는 경향이 있다. 이와 같은 무임 승차자의 문제를 해결하는 한 가지 방법으로 정부가 나서서 강제적으로 세금을 거두는 방법이 있다.

이와는 반대로 음의 외부효과를 갖는 재화들은 사회 전체적으로 볼 때 과다하게 생산되는 경향이 있다. 예를 들어 생산 과정에서 환경을 오염시키는 공해 물질을 배출하는 상품에 대해 아무런 규제가 없다면, 이 상품은 오염된 환경을 정화하는 데 추가적으로 드는 비용을 지불한 다른 경쟁 상품보다 낮은 가격이 매겨지므로 시장에서 더 많이 팔리는 경향이 있다. 이와 같은 음의 외부효과를 방지하려면 역시 정부 차원의 접근이 필요하다.

그렇다면 과연 모든 공공재나 외부효과가 발생할 때마다 정부가 나설 수밖에 없는 것일까? 만일 정부가 나서지 않고도 공공재의 문제가 해결될 수 있다면, 과대한 정부 조직을 유지하는 데 필요한 비용을 절감할 수 있을 테니 이는 반가운 소식이 아닐 수 없다. 이런 문제를 연구하기에 적합한 게임이 바로 '공공재 게임public goods game'이다. 공공재 게임에서는 참가하는 선수들 개개인이 일정액의 돈을 두 부분으로 나누어서 일부는 자신이 소유하고 나머지는 공공기금에 기부한다. 그렇게 모아진 기부액의 총합은 특정한 배수로 증가하게 되고, 늘어난 기금은 마치 공공재처럼 개인의 기부금액에 관계없이 모든 선수에게 균등하게 분배된다. 예를 들어 총 5명이 1천 원씩 갖고 시작하는 공공재 게임에서 기부액이 2배로 늘어나게 되는 경우를 생각해보자. 만일 아무도 기부를 하지 않는다면 다들 그냥 1천 원을 가진 채로 게임이 끝난다. 이것은 죄수의 딜레마 게임에서 참가자 모두가 변절을 한 것과 유사한 상황이다. 만일 모든 사람이 1천 원을 전부 기부하면 전체 기부액은 5천 원이 되고, 그것이 두 배로 증가한 후에 1만 원을 분배를 하게 되면 이제는 모두들 각각 2천 원을 가진 채로 게임이 끝난다. 따라서 모든 사람이 전액을 기부하게 되면 아무도 기부를 하지 않은 것보다 훨씬 나은 결과를 가지고 오게 된다. 이것은 죄수의 딜레마 게임에서 두 사람 모두 협동을 선택하는 것이 두 사람 모두 변절한 것보다 좋은 결과를 가져오는 것과 같다. 하지만 불행하게도 죄수의 딜레마에서와 마찬가지로 공공재 게임의 최적의 전략은 전액을 기부하는 것이 아니라 한 푼도 기부하지 않는 것이다.

어떻게 그런 결과가 나오는지를 알아보기 위해서, 우선 내시 균형에서는 모든 사람의 전략이 최적의 전략이라는 사실을 기억하기 바란다. 그 다음, 일단 나를 제외하고 나머지 선수가 모두 1천 원을 기부한다고 가정해보자. 이 경우 내가 가진 돈의 액수를 최대화하기 위한 최적의 전략은 무엇일까? 만일 내가 가진 돈을 전부 기부한다면 나에게 돌아오는 돈은 2천 원이다. 반면 내가 한 푼도 기부를 하지 않는다면 나는 나머지 네 사람이 만들어놓은 기금 8천 원의 5분의 1에 해당하는 1600원과, 원래 가지고 있던 1천 원을 합해서 도합 2600원을 챙기게 된다. 즉, 다른 사람이 모두 많은 돈을 기부한다고 해도 내가 나의 이익을 최대화하는 최적의 전략은 기부를 하지 않는 것이다. 따라서 모든 사람이 기부를 하는 것은 내시 균형이 될 수 없다. 참가자의 숫자만 늘어났을 뿐, 일회성 공공재 게임의 결과는 일회성 죄수의 딜레마 게임의 그것과 아주 흡사하다. 일회성 죄수의 딜레마에서 변절이 내시 균형 전략이듯이 일회성 공공재 게임의 경우에도 전혀 기부를 하지 않는 것이 내시 균형 전략으로, 두 경우 모두 똑같은 딜레마가 발생하게 된다. 하지만 죄수의 딜레마에서처럼 공공재 게임 또한 여러 번 반복하면 참가자들 간에 협동을 하는 것이 더 나은 결과를 가져오게 된다. 이 경우에도 맞대응 전략같이 상대방의 과거 행적에 따라 선택을 달리하는 학습 전략들이 힘을 발휘하기 시작한다. 그 결과로 반복적 공공재 게임에서도 협동이 일어날 수가 있는 것이다.

이처럼 게임이 일회성에 그치는 것이 아니라 여러 번 반복될 때 변절보다 협동이 유리한 선택이 될 수 있다는 이론적 가능성은, 인간처럼 집단을 형성하고 사회적인 삶을 살아가는 동물들의 뇌가 진화해온 방향을 이해하는 데도 중요한 의미를 갖는다. 만일 게임이 반복되는 상황에서도 변절이 더 좋은 결과를 가져왔다면 협동하는 뇌는 진화할 수 없었을 것이다. 하지만 무조건적으로 항상 협동만을 선택하는 것이 최적의 전략은 아니다. 협동이 지속적으로 이어지기 위해서는 이전의 경험에 따라서 협동의 득실을 유연하게 결정할 수 있는 능력을 가진 뇌가 필요하다. 그와 같은 뇌를 만들어낼 수 있는 유전자들이 그렇지 않은 유전자에 비해서 더 많은 자기 복제를 할 수 있게 되는 것은 물론이다. 그렇다면 인간의 뇌는 어떤 방법으로 협동의 득실을 예측하고 상황에 따라 적절하게 협동을 선택할 수 있는 것일까? 뜻밖에도 인간이 협동을 선택할 수 있는 능력을 가지게 된 것은 협동과는 무관해 보일 수도 있는 '복수심'과 밀접한 관련이 있다.

이타성의 어두운 면들

인간의 사회적 행동 중에 복수나 보복만큼 논란의 여지가 많은 행동도 드물 것이다. 성경을 비롯해서 동서 고금의 많은 성전과 법전에는 "눈에는 눈, 이에는 이"와 같이 복수를 정당화하는 표현들이 많이 나온다. 반면에 간디나 마틴 루터 킹 같은 수많은 지도자가 폭력을 폭력으로 되갚는 복수를 자제해야 한다고 강조했다. 예를 들어 마틴 루터 킹은 노벨 평화상 수상 연설에서 "세상의 모든 사람이 평화롭게 공존하는 방법을 발견하고 다가오는 우주적 애가를 창조적인 형제애의 찬송가로 변화시키기 위해서는 인간의 모든 분쟁을 해결함에 있어서 복수, 침략, 그리고 보복을 부정하는 방법을 발전시켜야 한다. 그와 같은 방법의 근본은 사랑이다"라고 말했다. 그와 같은 이상 사회가 가능할까? 그리고 이처럼 상반되는 가르침 중에서 인간들은 어느 쪽을 택할까?

인간이 윤리적인 판단을 할 수 있는 능력이 있다는 사실을 부정할 수는 없다. 하지만 윤리적인 사고 또한 의사결정과 관련된 뇌의 기능에 속하는 것이고, 따라서 진화의 산물이다. 그렇기 때문에 자신에게 부당하게 피해를 입힌 사람에게 복수를 할 것인지 말 것인지를 결정하는 것은 윤리적인 문제임과 동시에 게임 이론과 진화생물학의 영역의 문제에 속하기도 하는 것이다. 반복적 죄수의 딜레마나 공공재 게임에서 무조건 협동을 하는 것보다는 맞대응이나 파블로프 전략이 더 나은 결과를 가져온다는 것은, 동물들의 뇌가 진화함에 따라 점차 맞대응이나 파블로프 전략을 선택하게 될 확률이 높아진다는 것을 의미한다. 따라서 구성원의 대부분이 맞대응이나 파블로프 전략을 사용하는 집단에 속한 경우, 다른 사람들이 협동을 하려고 할 때 누군가가 변절을 하고 그 결과로 지금 당장은 이득을 취한다 하더라도 그것은 장기적으로 볼 때는 손해다. 왜냐하면 그 이후로 다른 사람들도 더 이상 그 사람과는 협동을 하지 않을 것이기 때문이다. 다시 말하면, 맞대응이나 파블로프 전략을 사용하는 집단은 변절하는 구성원들에게 일종의 처벌을 가하는 것이다. 그렇다면 그와 같은 처벌의 강도가 증가할수록 협동은 더 자주 발생할지도 모른다. 인간의 조상들이 오랜 시간에 걸쳐 지속적으로 집단을 형성하고 삶을 꾸려온 게 사실이라면 진화를 통해 변절자를 처벌하는 전략이 인간의 뇌의 기본적 기능으로 선택되었을 수도 있다. 불의를 보았을 때 분노를 느끼고 복수의 칼을 갈게 되는 것도 이와 같은 진화의 산물이라고 볼 수 있다.

실제로 인간의 복수심이 뇌의 기본적 반응인지를 알아보기 위한 실험이 있었다. 이 실험에서는 반복적 공공재 게임을 시행해 매번 변절자가 발생할 때마다 참가자들 자신이 소유하고 있는 돈의 일부를 지출해서 변절자, 즉 무임 승차자를 처벌할 수 있는 기회를 주었다. 그 결과 참가자들은 자기가 손해를 보더라도 무임 승차자를 기꺼이 처벌했다. 이와 같이 자신이 손해를 입더라도 사회적으로 바람직하지 않은 행동을 선택한 상대방을 처벌하는 것을 '이타적 처벌altruistic punishment'이라고 한다. 우리가 부당한 취급을 받았을 때 흔히 분노를 느끼고 복수심을 품게 되는 것도 바로 이타적 처벌을 원하는 것이다. 또한 이타적 처벌을 실행에 옮긴 후에는 통쾌하다는 느낌을 갖게 되는데, 복수를 하고 그와 같은 만족감을 얻게 된다는 것은 인간의 뇌가 진화하는 과정에서 이타적 처벌을 장려하기 위해 마련한 장치라고 볼 수가 있다. 실제로 이타적 처벌을 하겠다고 결심한 사람의 뇌를 뇌 영상 기법으로 촬영해보면 보상과 효용에 관련된 정보를 처리하는 기저핵의 일부에서 활성이 증가하는 것을 확인할 수 있다.

비록 맞대응이나 파블로프 전략 같은 방법들이 협동을 가능하게 하는 것은 사실이지만, 그와 같은 전략들도 변절할 기회를 노리는 교활한 참가자들을 완전히 차단하지는 못한다. 따라서 협동의 가능성을 극대화하기 위해서 그보다 더 적극적인 이타적 처벌과 같은 방법은 필요악일지도 모른다. 그렇다면 이타적 처벌은 협동을 극대화하는 최선의 방법일까? 예를 들어 단순히 참가자들에게 협동을 이끌어내는 것이 목적이라면 변절자를 처벌하는 대신에 협동하는 자들에게 추가의 보상을 하는 이타적 보상도 비슷한 결과를 가지고 오지 않을까? 하지만 이타적 보상은 그 효과를 유지하기 위해서는 원하는 행동이 발생할 때마다 자주 보상을 해주어야 하므로 이타적 처벌만큼 효율적으로 작동하지 않는다. 이타적 처벌은 원치 않는 행동이 발생할 때만 시행하면 되기 때문에 사회 구성원 대부분이 협동을 선택하면 더 이상 처벌을 위해서 추가 비용을 지불할 필요가 없어진다.

이타적 처벌을 이용해서 협동을 장려하려면, 협동 상태가 깨질 때마다 변절자를 식별해서 처벌해야 한다. 그런데 공공재 게임처럼 갈등 관계를 단순화한 게임을 실험실에서 연구할 때와는 달리, 현실 사회에서는 협동이 요구되는 상황이 훨씬 다양하고 게임에 참가하는 구성원들도 자주 달라질 수 있다. 그럴 경우에 협동할 의사가 있는 사람들로만 구성된 집단에 속하게 된다면 큰 도움이 될 것이므로, 사회가 복잡해질 수록 사람들은 다른 사람이 진정으로 협동할 의사가 있는지에 관심을 갖게 되며, 그와 같은 정보를 포함한 개인의 명성reputation이 중요한 역할을 하게 된다. 물론 명성의 역할이 커질수록 기만deception의 가능성 또한 늘어나게 된다. 실제로는 별로 협동할 의도가 없으면서도, 자신이 과거에 많은 협동을 해왔고 앞으로도 협동을 할 것처럼 거짓 신호를 내보내는 자들이 생겨나기 때문이다. 따라서 성공적인 협동을 위해서 뇌는 상대방의 진정한 의도를 정확하게 파악할 수 있는 방법을 찾아내야 한다. 이와 같이 자연의 물리적 법칙에만 구속을 받으면서 혼자서 모든 것을 결정하는 대신 여러 사람과 어울리며 함께 사회 생활을 하려면, 뇌가 풀어야 할 새로운 문제들이 계속해서 생겨나게 된다.

상대방의 선택을 예측할 수 있는가

우리가 살아가면서 끊임없이 마주치게 되는 복잡한 사회적 관계 속에서 다른 사람의 행동을 미리 정확하게 예측할 수 있다면 나 자신이 어떤 행동을 선택할지는 쉽게 결정할 수 있을 것이다. 이것은 상대에게 협동을 요구하는 경우든 경쟁적인 상황이든 마찬가지다. 예를 들어서 가위-바위-보와 같은 제로섬 게임에서 상대방의 선택을 미리 예측할 수 있다면 매번 승리할 것은 당연하다. 마찬가지로 협동적인 사회 조직을 유지하는 일도 많은 사람 중에서 누가 배신하지 않고 지속적으로 협동할 의사가 있는지를 알아낼 수만 있다면 간단하게 해결할 수 있다. 다른 사람의 행동을 정확하게 예측하기 위해서는 상대방이 무엇을 알고 무엇을 원하는지, 즉 타인의 지식과 선호도를 정확하게 파악하고 있어야 한다. 이와 같이 다른 사람의 지식과 선호도를 예측하고 다른 사람의 행동을 추론할 수 있는 능력을 마음이론theory of mind이라고 한다. 복잡한 사회에서 다른 사람들과 원만한 관계를 유지하며 생활하기 위해서는 마음이론이 필수적이다.

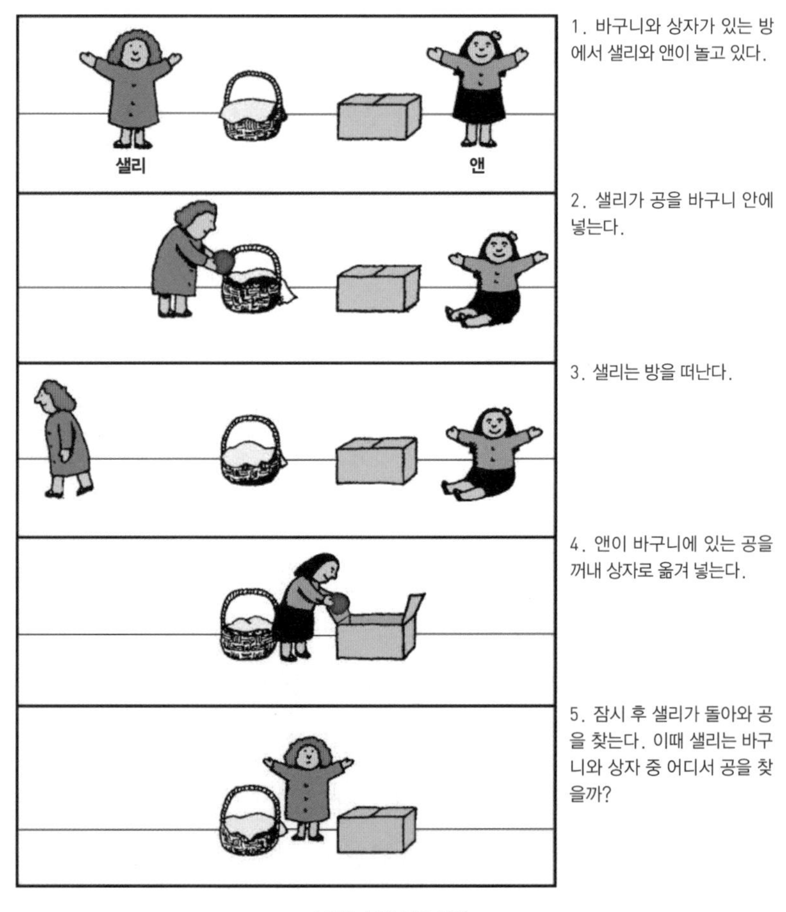

그림3 틀린 믿음 과제

마음이론이 가능하려면, 일단 나 자신과 다른 사람들을 분리해서 인식할 수 있는 능력이 요구된다. 특히 나 자신의 지식과 의도와 다른 사람의 지식과 의도를 확실하게 구별할 수 있어야 한다. 내가 알고 있는 것과 다른 사람이 알고 있는 것을 구별하지 않으면 다른 사람의 행동을 예측하는 것은 불가능하다. 보통 마음이론의 존재를 확인하기 위해서 '틀린 믿음 과제false belief task'가 자주 사용되는 것도 바로 그 때문이다. 이 과제는 다음과 같이 이야기 형식으로 진행된다.

바구니와 상자가 하나씩 있는 방에서 샐리와 앤이 놀고 있다(**그림3**의 1번). 그러던 중 앤이 보는 앞에서 샐리는 바구니 안에 공을 넣어놓고(2번) 방을 떠난다(3번). 샐리가 없는 사이에 앤은 바구니 안에 있는 공을 꺼내서 상자로 옮겨 놓는다(4번). 잠시 후에 샐리가 돌아와서 공을 찾으려고 한다(5번). 이때 샐리는 과연 어디서 공을 찾으려고 할까?

정답은 당연히 바구니다. 샐리는 앤이 공을 옮겼다는 사실을 모르기 때문이다. 하지만 이 답을 알아내기 위해서는 공이 상자 안에 있다는 걸 아는 나 자신의 지식을 무시하고 그 사실을 모르는 샐리의 입장에서 샐리의 행동을 예측할 수 있는 능력이 요구된다. 네 살 이전의 아이들에게 이와 같은 검사를 실시하면 대부분의 아이들은 샐리가 공이 실제로 들어 있는 상자 속을 들여다볼 것이라고 대답한다. 아직 마음이론이 완전히 발달하지 않은 아이들은 샐리의 지식을 따로 분석할 수 있는 능력이 없기 때문이다.

아이들이 마음이론을 갖게 되는 것이 대략 네 살 정도다. 그렇다면 다른 동물도 마음이론을 가지고 있을까? 동물들이 무슨 생각을 하고 있는지를 정확하게 알아내는 일은 어렵다. 그들은 인간의 언어를 이해하지 못하기 때문이다. 하지만 단지 인간의 언어를 이해하지 못한다고 해서 동물이 아무런 생각을 하지 않는다고 결론을 내린다면, 그것은 외국인이 내가 하는 말을 알아 듣지 못하므로 아무런 생각을 하지 않는다고 결론을 내리는 것과 똑같은 오류다. 실제로 최근에는 침팬지나 오랑우탄과 같은 유인원도 틀린 믿음 과제를 이해할 수 있는 능력을 갖고 있다는 것이 밝혀졌다. 이 결과는 마음이론이 인간의 전유물이 아니라는 것을 보여준다.

우리는 인간만이 특정한 인지 능력을 소유하고 있다는 주장을 늘 경계해야 한다. 동물들이 자신의 능력을 발휘할 수 있게끔 아무리 친절하고 섬세하게 실험 과제를 설계한다고 해도, 동물이 그러한 과제를 성공적으로 수행하지 못하는 것은 연구의 대상이 되는 인지 능력이 결여되어서가 아니라, 실험자가 동물에게 과제를 제대로 이해시키지 못했거나 아니면 동물이 문제를 해결했음에도 불구하고 그 결과를 인간들에게 전달하는 능력이 없기 때문일 수도 있다. 예를 들어 고양이가 사람이 부르는 노래를 따라 부르지 못한다고 해서 음악을 이해하지 못하는 것은 아니다.

실제로 이제까지 인간과 유인원을 제외한 그 어떤 동물도 틀린 믿음을 이해한다는 증거는 없지만, 동물들도 다른 동물이나 인간이 무엇을 알고 있는지, 무엇을 원하는지를 최소한 부분적으로는 이해한다는 증거들은 많다. 특히 인간과 오랜 시간 동안 가깝게 지내온 개들의 경우가 그러하다. 예를 들어 개는 사람이 손가락으로 어떤 사물을 가리킬 때 손가락이 아니라 그 손가락이 가리키고 있는 물건을 쳐다보는 경향이 있다. 이와 같은 성향은 침팬지나 늑대들보다도 개에서 더 쉽게 관찰되는 데, 아마도 인간이 자신과 의사소통이 잘 되는 개들을 선택적으로 교배해서 나타난 현상으로 보인다. 또한 침팬지들은 틀린 믿음 검사를 통과했을 뿐 아니라, 인간의 의도를 파악하고 사람이 원하는 물건을 손에 넣도록 돕는 것처럼 이타적인 행동을 보여주기도 한다. 따라서 개와 침팬지 같은 유인원들은 마음이론이나 마음이론의 전구체를 갖고 있다고 볼 수 있다.

재귀적 추론

마음이론과 관련된 인간의 인지 능력 중에서 가장 경이로운 것은 마음이론을 반복적으로, 즉 재귀적recursive으로 적용할 수 있는 능력이다. 재귀적 마음이론이란 내가 상대방의 인지 과정에 대해서 상상할 수 있는 능력뿐 아니라, 그 상대방이 나의 인지 과정에 대해서 갖고 있는 생각마저 이해하는 것을 말한다. 그렇게 되면 마치 마주 보는 두 개의 거울 앞에 섰을 때 거울 속 자신의 영상이 수도 없이 맺히게 되듯이, 내 생각 속에는 나 자신의 생각뿐 아니라 상대방이 나에 대해서 하고 있는 생각, 그리고 상대방이 나에 대해서 하고 있는 생각에 대한 나의 생각, 또 그에 대한 상대방의 생각 등이 꼬리에 꼬리를 물고 등장하게 된다. 이것은 가위-바위-보 같은 게임을 하다 보면 누구나 경험하는 일이다.

이와 같은 재귀적 사고가 얼마만큼 일어나는지를 측정하기 위해서 실험실에서 자주 사용되는 게임이 바로 미인 대회 게임beauty contest game이다. 미인 대회 게임이란, 참가자들에게 0에서 100 사이의 숫자 중 하나를 선택하게 한 후, 참가자가 선택한 모든 숫자의 평균치를 구하고, 그 평균치에 특정한 비율 p를 곱하여 얻어진 숫자에 가장 가까운 숫자를 선택한 사람이 이기는 경기다. 대부분의 연구에서는 p=2/3를 이용하며, 따라서 선택된 모든 숫자의 평균값의 2/3에 가장 가까운 숫자를 선택한 사람이 이기게 된다. 이때 참가자가 선택한 숫자를 보면 그 사람이 다른 참가자들의 인지 과정에 대해서 어떤 추론을 했는지를 알 수 있다.

미인 대회 게임에 참가하는 사람들은 어떤 전략을 사용할까? 우선 아무런 생각도 없이 그저 0에서 100 사이의 숫자 중에 아무거나 생각나는 대로 선택하는 사람이 있을 수 있다. 이와 같이 무작위로 선택하는 것을 '0차적 전략'이라고 한다. 이런 사람 중에는 67보다 큰 숫자를 선택한 사람도 나오는데, 이것은 물론 현명한 선택이 아니다. 모든 참가자가 100을 선택해서 평균값이 100이 되더라도 거기에 3분의 2를 곱하면 그 결과는 67을 넘을 수 없기 때문이다. 또 한 가지 가능성은 나를 제외한 다른 사람들이 아무런 생각 없이 0에서 100 사이의 숫자를 무작위로 선택할 것이라고 생각하는 것이다. 그와 같은 경우에는 평균값이 50 정도가 될 것이므로, 50에 3분의 2를 곱해서 얻게 되는 33.3에 가까운 선택을 하게 될 것이다. 이렇게 다른 사람들이 0차적 전략을 사용할 것이라고 가정하고 그에 대한 최상의 대응을 선택하는 것을 '1차적 전략'이라고 한다.

물론 1차적 전략보다 더 복잡한 전략도 가능하다. 미인 대회 게임에 참가하는 모든 사람들이 1차적 전략을 선택한다고 가정하면 평균치가 33.3이 될 것이므로 최상의 대응은 22.2가 된다. 이것은 2차적 전략이다. 이와 같이 미인 대회 게임에서는 다른 사람이 n차적 전략을 선택할 것이라고 가정하면 자신은 (n+1)차적 전략을 선택해야 하는 모순이 발생하게 된다. 하지만 n차적 전략은 $(2/3)^n \times 50$을 선택하는 것이므로 n차적 전략과 (n+1)차적 전략의 차이는 n의 값이 커질수록 점차 작아지게 되고, 결국 n이 무한히 커지면 그 차이는 소멸하게 된다. 그 결과로 나타나게 되는 내시 균형 전략은 0을 선택하는 것이다. 이처럼 미인 대회 게임에서는 재귀적 추론의 수준(n)과 선택된 숫자 사이에 일대일의 관계가 있기 때문에 참가자가 선택한 숫자가 바로 그 사람이 사용한 마음이론의 종류를 말해준다.

미인 대회 게임은 1995년에 경제학자 로즈메리 네이글Rosemarie Nagel이 발명한 게임이다. '미인 대회'라는 이름은 거시경제학의 창시자로 잘 알려진 존 메이너드 케인스John Maynard Keynes가 증권 시장을 미인 대회에 비유했다는 사실에 근거해서 붙여진 것이다. 케인스는 증권 시장의 미래를 추측하기 어려운 이유가 사람들이 투자와 관련된 결정을 내릴 때 단순히 실제 회사의 가치만을 고려하지 않고 다른 사람들이 그 회사의 가치가 얼마가 될 거라고 예상하거나, 그와 같은 예상에 대한 예상을 고려하기 때문이라고 생각했다. 그리고 이와 같은 과정을 마치 미인 대회를 보는 관객들이 그 대회의 우승자를 예상할 때 자신이 가장 미인이라고 생각되는 사람을 예측하는 것이 아니라, 참가자 중 우승할 것 같은 사람을 예측하는 경향에 비유했다.

사회적인, 너무나 사회적인 뇌

현대인의 생활은 거의 전부가 사회적인 맥락에서 이루어진다. 우리가 다른 사람과 보내는 시간은 말할 것도 없고, 혼자서 시간을 보낼 때도 그 대부분은 사회적인 활동에 사용한다. 이메일을 읽고 쓰는 시간은 물론이거니와, 책이나 텔레비전을 보거나 음악을 듣는 것도 엄격하게 보면 사회적 활동에 속한다. 문자, 영상 또는 소리라는 매체를 통해서 우리의 뇌는 끊임 없이 다른 사람의 생각과 감정에 관한 정보를 처리하고 있기 때문이다. 심지어는 외부로부터 들어오는 정보를 모두 차단하더라도, 혼자 있을 때 생각하는 내용을 살펴보면 그 대부분이 과거에 있었던 타인과의 관계에서의 일들을 재평가하는 경우가 많다. 또한 사람들은 사회에서 완전히 고립되어 혼자 지내는 것을 괴로워한다. 외로움이란 감정은 사람들을 꾸준히 집단으로 끌어당기는 역할을 한다.

사회적 의사결정과 그 밖의 모든 사회적 활동이 인간의 삶에서 큰 비중을 차지한다는 것은, 인간의 뇌가 진화하는 과정에서도 사회적인 요인들이 중요한 역할을 했다는 것을 의미한다. 유전자는 자기가 만들어낸 뇌들이 사회적으로 성공적인 삶을 살 수 있도록 뇌의 구조와 기능에 여러 가지 변화를 가져왔을 것이다. 개인적 의사결정과 비교할 때, 사회적 의사결정은 동물들로 하여금 더 많은 정보를 더욱 자세하게 분석할 것을 요구한다. 비교적 복잡한 사회 생활을 하는 영장류의 경우에 더욱 그러하다. 따라서 비슷한 몸무게를 갖는 다른 포유동물들과 비교할 때 영장류에 속하는 동물들이 상대적으로 큰 뇌를 갖고 있는 이유도 영장류들이 복잡한 사회적인 삶을 살기 때문일지도 모른다.

복잡한 사회적 의사결정 과정에 필요한 정보들을 신속하고 정확하게 처리하기 위해서 영장류의 뇌의 크기가 증가했다는 주장을 '사회적 지능 가설social intelligence hypothesis' 또는 '마키아벨리적 지능 가설Marchiavellian intelligence hypothesis'이라고 한다. 예를 들어 사회적인 상호작용을 하는 동안에는 상대방의 얼굴 표정 하나하나를 자세히 살펴야 하니 시각피질은 당연히 풀가동해야 할 것이고, 상대방이 하는 말을 놓치지 않고 이해하며 적절한 대화를 하기 위해서는 청각피질과 언어 중추 역시 풀가동되어야 한다. 그뿐 아니라 마음이론을 계속 적용해가면서 상대방의 의도를 파악하기 위해서는 재귀적 추론을 가능케 하는 작업기억과 같은 관련된 기능을 유지해야 한다. 한마디로, 사회적인 활동을 하는 동안에는 쉴 수 있는 뇌의 부위가 거의 없다. 따라서 인간이 진화해온 과정에서 사회적인 생활의 비중이 증가함에 따라 인간의 뇌 안에 있는 여러 부위들은 더 많은 신경세포와 더 밀도 높은 연결을 요구하게 되었을지도 모른다.

사회적인 삶에서 발생하는 복잡한 문제들은 단지 뇌의 크기만을 증가시켰을 뿐 아니라, 인간의 뇌 안에 사회적 의사결정을 전담하는 특수한 구조를 진화시키기도 했다. 이것은 마치 컴퓨터 사용자들 사이에서 비디오 게임이 대중화되면서 영상 정보 처리 속도를 증가시키기 위해서 중앙처리장치에 추가로 그래픽 처리 장치graphics processing unit, GPU가 개발된 것과 유사한 이치다. 실제로 인간의 뇌에는 언어 중추와 같이 특정한 기능을 수행하는 특수한 구조들이 여럿 존재하고 있다. 그 대표적인 예로 언어를 이해하는 기능은 베르니케 영역Wernicke's area에, 말하는 기능은 브로카 영역Broca's area에 집중되어 있다. 장기 기억의 형성에 특별한 역할을 하는 해마도 그와 같은 전문적인 역할을 하는 구조라고 볼 수 있다. 사회적 의사결정에 필요한 사고와 정보 처리 과정이 개인적 의사결정에 필요한 것과 확실히 구별될수록 사회적 인지와 관련된 중추가 존재할 가능성이 높아진다. 만일 이 두 가지 종류의 의사결정 과정에 큰 차이가 없다면 사회적 의사결정을 전담하는 뇌조직을 유지하는 것은 낭비기 때문이다. 그런데 재귀적 추론이나 마음이론 등은 사회적 의사결정을 할 때만 필요한 것이기 때문에, 뇌 안에는 그러한 사회적 기능을 주로 담당하는 부위가 존재할 가능성이 높다.

인간과 영장류의 뇌에는 얼굴에 관한 정보를 분석하는 기능에 특화된 영역이 존재한다. 이것은 개인의 얼굴이 그 사람이 누구인가뿐 아니라 그 사람의 건강 및 심리 상태 등 많은 정보를 제공한다는 사실을 감

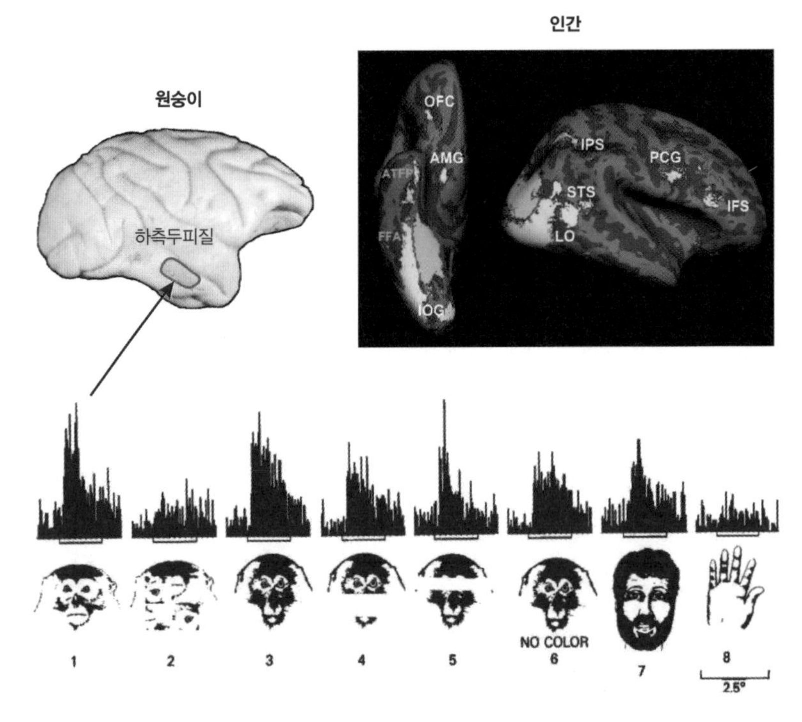

그림4 원숭이와 인간의 뇌에서 발견된 얼굴 신경세포와 얼굴 영역. (위) 원숭이 뇌의 하측두피질(IT cortex)과 인간의 뇌에서 얼굴(노란색)과 장소(파란색)에 반응하는 부위. (아래) 원숭이의 하측두피질에서 발견된 얼굴 신경세포. 막대 그래프들은 원숭이에게 온전한 얼굴 부분적으로 가리거나 헝클어진 얼굴 또는 손을 보여주었을 때 하나의 얼굴신경세포가 어떻게 반응했는지를 보여준다.

안하면 놀랍지 않은 사실이다. 얼굴에 관한 정보를 처리하는 뇌 영역에 관한 연구는 1970년대에 프린스턴 대학의 찰스 그로스Charles Gross 교수에 의해서 시작되었다. 그로스의 연구실에서는 원숭이의 대뇌피질의 한 부위에 해당하는 하측두피질inferotemporal cortex이 어떻게 서로 다른 물체들을 식별하는 기능을 할 수 있는지에 관한 실험을 진행하고 있었다. 실험 중 그로스는 원숭이나 사람의 얼굴에 잘 반응하는 신경세포를 빈번히 발견했고, 이로부터 원숭이의 하측두피질에 얼굴에 관한 정보를 전문적으로 처리하는 특별한 영역이 존재한다는 가설을 처음으로 제기했다. 1990년대 이후에는 fMRI를 이용해서 살아 있는 사람의 뇌의 활동 수준을 측정하게 되면서, 인간의 뇌에도 이와 비슷한 위치에 얼굴에 대해서 민감하게 반응하는 영역이 존재한다는 사실이 알려졌다. 그중 대표적인 부위가 바로 방추상 얼굴 영역fusiform face area: FFA이라고 알려진 부위다. 얼굴만이 아니라 신체 동작의 의미를 분석하는 기능을 담당하는 뇌의 영역이 따로 존재한다는 사실도 밝혀졌다.

인간의 뇌에는 다른 사람의 선호도와 의사결정 과정에 관한 추론이나 마음이론과 관련된 기능을 담당하는 영역들도 존재한다. 특히 내측 전전두피질medial prefrontal cortex은 마음이론과 관련된 중요한 기능을 수행한다. 예를 들면 2009년에 발표된 논문에서 조르조 코리첼리Giorgio Coricelli와 로즈메리 네이글은 참가자가 미인 대회 게임을 하는 동안 fMRI를 이용해서 여러 뇌 부위의 활동을 측정한 결과, 재귀적 추론을 많이 하는 사람일수록 내측 전전두피질의 활동이 증가한다는 것을 발견했다(**그림5**).

이와 같이 사회적 사고를 담당하는 뇌 영역들은 '디폴트 네트워크default network'와 밀접한 관련을 맺고 있다. 디폴트 네트워크란 뇌의 활동 수준을 측정하는 실험을 했을 때 특정한 과제를 수행하는 동안 활동 수준이 낮아지는 뇌의 영역들을 이르는 말이다. 다시 말해, 뇌의 여러 부위 중에는 특정 과제를 수행할 때보다 실험 중간중간에 피험자가 휴식을 취하고 있는 동안 더 바쁘게 활동하고 있는 곳들이 있다. 해마와 내측 전전두피질이나 후측 대상피질posterior cingulate cortex 같은 곳이 바로 그런 곳이다. 디폴트 네트워크가 이처럼 역설적인 양상을 보이는 이유는, 실험자의 관점에서 볼 때 참가자는 과제를 수행하지 않는 동안 휴식을 취하는 것처럼 보이지만 실제로는 과제와 상관없는 다른 생각을 하고 있기 때문이다. 따라서 다양한 심리학 실험의 중간중간에 존재하는 휴식 기간 동안 참가자들이 공통적으로 떠올리는 생각이 어떤 것인지를 알

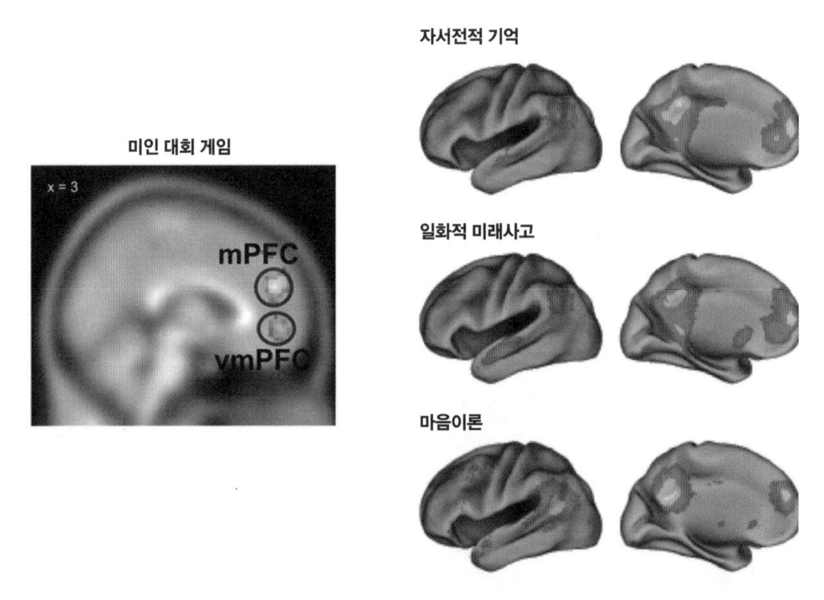

그림5 사회적 사고와 관련된 뇌의 활동. (좌) 미인 대회 게임에서 재귀적 추론과 관련된 활동을 보인 내측 전전두피질. (우) 자서전적 기억, 일화적 미래사고, 마음이론과 관련된 과제를 수행할 때 관련된 활동을 보이는 뇌의 부위들.

게 되면 디폴트 네트워크의 기능이 무엇인지에 관한 단서를 얻을 수 있을 것이다.

실제로 우리는 아무 일도 하지 않을 동안 무슨 생각을 하는가? 우리는 무언가를 막연히 기다리는 일을 자주 경험하곤 한다. 그럴 때 우리는 주로 자신의 지난 일들을 돌아보며 반성하는 일을 하곤 한다. 그리고 그와 같은 기억의 대부분은 다른 사람들과 관련된 사회적인 것들이다. 예를 들어 오늘 아침 등굣길 혹은 출근길에 우연히 마주쳤던 사람에 관한 기억을 떠올린다든지, 앞으로 있을 만남과 관련된 상상을 해보는 것 등이 그런 경우다. 그리고 이처럼 과거에 대한 회상과 미래에 대한 상상은 밀접한 관련이 있다. 미래에 대한 상상은 그와 비슷한 과거의 기억에 기초한 것이기 때문이다. 실제로 개인의 과거사에 관한 기억을 형성하는 데 반드시 필요한 해마에 손상을 입은 H.M. 같은 환자들은 보통 사람에 비해서 미래에 대한 상상을 할 수 있는 능력이 저하되어 있다. 이것은 알파고를 개발한 구글 딥마인드의 창시자 데미스 하사비스Demis Hassabis가 칼리지 런던 대학에서 인지신경과학 분야에서 박사 학위를 받는 동안 수행한 연구 과제의 결과다.

실험 중간에 존재하는 휴식 기간 동안 디폴트 네트워크의 활동이 증가하는 이유가 이처럼 참가자들이 과거나 미래의 일에 관해서 생각하기 때문이라면, 뇌 영상 실험에서 특정한 과제를 주는 대신 참가자 본인이 과거에 경험했던 특정한 일들을 기억하게 하거나 앞으로 다가올 미래의 특정한 사건을 상상하게 하면 디폴트 네트워크는 더 바쁘게 활동할 것이다. 그리고 많은 실험에서 그와 같은 예측이 사실임이 밝혀졌다. 또한 참가자들에게 틀린 믿음 과제나 미인 대회 게임과 같이 마음이론이 요구되는 과제를 수행하게 할 경우에도 마찬가지로 디폴트 네트워크는 더 높은 활동을 보이게 된다(**그림5**). 이런 결과는 사회적 사고가 인간의 정신적인 삶 중에서도 핵심에 자리하고 있음을 시사한다. 실제로 사람들이 지루함에서 벗어나기 위해서 취하는 행동의 대부분은 어떤 형태로든 사회적 자극을 찾는 일이다. 책을 읽는 것은 다른 사람과의 대화를 모방하는 것이고, 영화나 연속극을 방청하는 것도 가상적인 사회적 상호작용을 경험하는 일이다. 물론 지루함을 없앨 수 있는 가장 좋은 방법은 자신이 좋아하는 사람들과 어울려 함께 시간을 보내는 것이다. 이와 같은 사실은 인간이 진화하는 과정에서 복잡한 사회적 활동이 생존에 필수적이었다는 것을 시사한다.

뇌가 완전히 휴식을 취하는 일은 뇌가 살아 있는 한 절대 일어나지 않는다. 우리가 휴식을 취하고 있는 동안에도 뇌는 사회적인 심적 시뮬레이션을 멈추지 않기 때문이다. 그러므로 보기에 따라서는 인간 뇌의 가장 기본적인 기능은 사회적인 것이라고 할 수도 있다. 하지만 이토록 지나치게 사회적인 뇌를 갖게 된 것에는 무시할 수 없는 부작용이 따르는데, 그것이 바로 '의인화anthropomorphization'다. 의인화는 조금이라도 사람과 유사한 특성을 갖는 사물을 마치 사람처럼 취급하는 뇌의 과민 반응이다. 이것은 마치 사냥감을 물어오기 위해서 선택적으로 교배된 리트리버 같은 개들이 테니스 공까지도 물어오는 것과 유사하다. 예를 들어 사람들은 많은 자연 현상의 배후에 인간적인 의도가 숨어 있다고 생각하는 경향이 있다. 지진이나 대홍수를 신의 천벌로 여기는 태도가 바로 그것이다. 물론 이런 미신적인 사고가 간혹 생존에 도움이 되는 경우들도 있다. 마치 깜깜한 밤길을 걸을 때 귀신이 있을지도 모른다고 걱정하면서, 목적지에 안전하게 도착하기 위해 발걸음을 재촉하는 경우가 그런 것이다.

자연 현상의 배후에 인격적인 존재가 있다고 믿는 것은 충분한 과학적 지식이 없을 때 사회 생활에 꼭 필요한 지침대 역할을 할 수 있었을지도 모른다. 하지만 다양한 자연 현상을 과학적으로 설명할 수 있게 된 이후에도 대자연의 배후에 인간을 상벌로 다스리려는 인격체가 존재한다는 미신적인 믿음은 쉽게 사라지지 않는다. 그 이유는 인간이 진화를 통해 지극히 사회적인 뇌를 갖게 된 결과, 모든 것을 의인화하려는 경향이 생겼기 때문이다.

10장

지능과 자아

인간은 과연 자신을 완전히 이해할 수 있을까? 다시 말해서 과연 인간의 뇌와 같은 물리적인 기계가 그 자신을 이해하는 것이 가능할까? 흔히 그리스의 철학자 소크라테스가 말했다고 전해지는 "너 자신을 알라"라는 격언이나 '지피지기' 같은 표현처럼, 자기 자신에 대한 이해를 강조하는 표현들은 유사 이래 수없이 많이 등장했다. 나 자신을 이해하려는 시도는 각 개인들이 자아정체성을 찾아가는 과정뿐만이 아니라 인간의 본성을 이해하고자 하는 인문학, 사회학, 자연과학적 접근까지 인간 사회 전반에서 나타난다. 그런데 자기 자신에 대해 알려고 애쓰는 생명체는 사실상 인간이 유일하다. 인간의 사촌 종인 침팬지나 거대한 군집을 형성해서 사는 개미를 포함해서 그 어떤 동물도 자기 자신에 대해 이해하려고 인간만큼 심각한 노력을 기울이지는 않는다. 어쩌면 자기 인식은 지능이 도달할 수 있는 최고의 경지인지도 모른다.

생명은 자기 복제의 과정이며, 지능은 자기 복제를 위한 의사결정 과정이다. 또한, 정도의 차이는 있지만 모든 생명체는 사회적인 생활을 한다. 비록 한순간에는 고립된 생명체라 하더라도 자기 복제를 통해서 개체 수를 늘리고 집단을 구성하게 되면 개체들 간에 모종의 사회적인 문제가 발생할 수 있다. 이때 집단의 크기와 구조가 복잡해지면 문제 해결을 위해서 필요한 의사결정의 방법도 더 많은 정보와 학습 방법을 필요로 하게 된다. 특히 인간 사회와 같은 복잡한 환경에 적응하기 위해서는 마음이론처럼 타인의 생각이나 의도를 파악할 수 있는 능력이 큰 역할을 하게 된다. 어쩌면 인간이 스스로에 대해 통찰할 수 있게 된 것은 이처럼 타인의 사고를 이해할 수 있는 능력을 확보함으로써 부수적으로 얻은 특전일지도 모른다. 이 책의 마지막 장에서 우리는 사물을 이해할 수 있는 능력을 가진 생명체가 자신을 이해하려고 할 때 어떤 문제에 마주치게 되는지를 알아보려고 한다.

자기 인식의 역설

자기 인식은 일종의 '지식'이다. 여기서 지식이란 의사결정 과정에서 선택된 행동의 결과를 예측하기 위해 사용될 수 있는 정보를 말한다. 지식의 내용은 물론 의사결정의 종류에 따라 달라진다. 그중에서도 자기 인식은 사회적 의사결정의 산물이다. 여러 사람이 집단을 이루고 사회적 의사결정을 하게 되면 서로의 행동을 예측하기 위해서 상대방의 사고 과정에 관한 지식이 결정적인 역할을 하게 되고, 이와 같은 마음이론은

그림1 〈La trahison des images〉, 르네 마그리트(Rene Magritte) 작.
'이미지의 반역'이라는 제목의 이 그림에는 "이것은 파이프가 아니다"라는 문구가 적혀 있다.
자기 지시가 저지르는 모순을 상징하는 작품으로 잘 알려져 있다.

필연적으로 재귀적인 속성을 띠게 된다. 즉, 나의 사고 과정에 관한 상대방의 사고 과정을 예측하고자 하면 어쩔 수 없이 나의 사고 과정에 대한 이해가 생기는 것이다. 따라서 인간이 스스로에 대해 이해할 수 있는 능력을 갖게 된 것은 사회적 활동이 요구되는 상황에서 뇌가 진화한 것에 따른 부수적인 결과라고 봐야 할 것이다. 하지만 유전자의 자기 복제에는 항상 오류가 따르듯이, 자기 인식 또한 완전할 수 없다. 그런데 생명체의 자기 복제 과정이 완전할 수 없는 것은 그것이 물리적인 현상이라 열역학적인 제약을 받기 때문이지만, 자기 인식은 필연적으로 논리적인 모순을 포함한다는 점에서 차이가 있다.

이해하고자 하는 대상이 다름 아니라 이해의 주체가 될 때는 필연적으로 스스로를 언급하는 '자기 지시self-reference'가 발생한다. 자기 지시는 늘 골치 아픈 문제를 만들어낸다. 그 대표적인 예가 바로 '거짓말쟁이의 역설liar's paradox'이다. "지금 내가 하는 말은 거짓이다"라고 말하는 사람

또는 "이 문장은 거짓이다"와 같은 문장이 거짓말쟁이의 역설에 해당한다. 만일 "지금 내가 하는 말은 거짓이다"라는 말의 내용이 참이라면 그 말 자체는 거짓이므로, 거짓이라는 그 말은 참이어야 한다. 반면에 그 말의 내용이 참이 아니라면 그 말 자체는 거짓이 아니므로, 거짓이라는 그 말의 내용은 참이어야 하는 것이다. 따라서 이 말은 참일 수도 거짓일 수도 없으므로 논리적 모순을 내포한 역설이다.

이처럼 거짓말쟁이의 역설이 참도, 거짓도 될 수 없는 이유는 그와 같은 문장이 자기 스스로를 가리키는 자기 지시를 포함하기 때문이다. 자기 지시에서 비롯되는 역설들은 다수 존재하는데, 그중에서도 특히 버트런드 러셀Bertrand Russell의 '러셀의 역설'이 가장 유명하다. 일반적으로 '이발사의 역설barber's paradox'로도 잘 알려져 있는 이 역설은 다음과 같은 이야기의 형태를 띤다. 어떤 마을에 독특한 성향을 가진 이발사가 살았는데 "이 이발사는 스스로 머리를 깎지 않는 모든 사람, 그리고 단지 그런 사람만의 머리를 깎아준다"라고 한다. 그렇다면 이 이발사는 자신의 머리를 깎을 수 있을까? 이 질문에 대한 답은 예도, 아니오도 될 수 없다. 만일 '예'가 대답이라면 그 이발사는 자신의 머리를 깎을 수 있는데, 그렇다면 자신의 머리를 깎지 못하는 사람들의 머리만 깎는다는 명제를 거스르게 된다. 반대로 '아니오'가 대답이라면 자기 스스로가 자신의 머리를 깎지 않게 되는데, 그러면 스스로 머리를 깎지 않는 모든 사람의 머리를 깎아준다는 처음의 명제를 거스르게 된다. 결국 자신의 머리를 깎아도, 깎지 않아도 모순이 된다.

이와 같이 자신을 지칭하는 내용을 포함하는 명제는 자칫 잘못하면 역설이 되기 쉽다. 사회적인 의사결정을 위해서 재귀적인 추론을 하는 경우도 자기 지시가 발생하기 때문에 예외는 아니다. 누군가의 사고 과정이 다른 사람의 사고 과정에 관한 생각을 포함하게 되는 재귀적 추론이 몇 번 반복되면, 다음과 같이 복잡해도 논리적 모순은 없는 것 같은 문장을 만들 수가 있다.

철수의 가정이 틀렸다고 영이가 믿는다고 철수가 가정한다고 영이는 믿는다.

이 문장이 기술하고 있는 상황은 두 사람이 가위-바위-보와 같은 게임을 할 때처럼 상대방의 사고 과정에 대한 생각을 하게 되면 쉽게 일어날 수 있는 상황이다. 이 문장에 논리적 모순이 존재한다는 것을 확인하기 위해서 다음 질문에 답해보기 바란다. 영이는 철수의 가정이 틀렸다고 믿는가? 만일 이 질문에 대한 정답이 '예'라면, 영이의 관점에서는 철수의 가정, 즉 '철수의 가정이 틀렸다고 영이가 믿는다'는 가정이 참이라는 것을 의미하므로 정답은 '예'가 될 수 없다. 반대로 '아니오'라고 답한다면, 영이는 철수의 가정이 틀리지 않았다고 믿는다는 것인데, 이는 '철수의 가정이 틀렸다고 영이가 믿는다'는 철수의 가정이 잘못되었다는 것을 의미하므로 이것 또한 논리적 모순이다. 따라서 철수와 영이의 믿음에 대한 원래의 문장은 모순을 내포한다. 이 문장은 애덤 브랜던버거Adam Brandenburger와 H. 제롬 카이슬러H. Jerome Keisler가 2006년에 발표한 논문에서 제시했기 때문에 그들의 이름을 따서 '브랜던버거-카이슬러의 역설'이라고 불린다.

여기서 역설을 언급하는 이유는 '진실'이나 '지식'과 같이 일상생활에서 자주 사용하는 언어들을 우리가 올바로 이해하지 못한 채 사용하고 있을 수도 있기 때문이다. 거짓말쟁이의 역설은 참과 거짓을 구별하는 것이 생각보다 까다로울 수도 있다는 것을 보여준다. 또한 이발사의 역설은 사물을 속성에 따라 서로 다른 집단으로 분류하는 것이 얼마나 복잡한 일인가를 보여준다. 브랜던버거-카이슬러의 역설은 사회적 사고 과정이 헤어나올 수 없는 미로로 빠져들 수 있음을 상기시키기에 충분하다.

기계가 자신을 완벽하게 복제한다는 것이 물리적으로는 불가능한 것처럼, 자기 자신을 완벽하게 이해한다는 것도 논리적으로 불가능한 일인지도 모른다. 하지만 물리적으로 완벽한 복제가 불가능하더라도 생명체는 불완전하게나마 복제를 한 덕택에 진화를 하게 되었다. 생명체의 본질은 완벽한 자기 복제가 아니라 불완전한 자기 복제인 것이다. 같은 집단에 속하는 구성원들의 행동을 정확하게 예측하기 위해서 마음이론과 같은 재귀적 추론이 등장하게 되었다면, 마찬가지로 재귀적 추론의 결과로 등장하게 된 자기 인식의 가장 중요한 기능 또한 미래의 자신이 어떤 행동을 선택할 것인가를 예측하는 일인지도 모른다. 그와 같은 자기 인식의 한계와 그에 따르는 문제점을 짚고 넘어가야 한다. 무엇보다 "나는 거짓말을 하지 않는다"와 같은 자기 인식적인 명제는 논리적인 모순과 역설을 만들어내기 일쑤다. 이런 생각들은 논리학자와 철학자에게는 흥미로운 연구거리를 제공하겠지만, 일상생활의 의사결정 과정에서는 큰 도움이 되지 않을 수도 있다.

그 밖에도 자기 인식이 가져오는 함정들은 의외로 많다. 예를 들어 자신에 대한 지나치게 비관적이나 낙관적인 예측들은 그런 예측 그 자체 때문에 사실이 되어버리는 자기충족적인 예언이 되거나, 그 반대로 자멸적인 예언이 되기도 한다. 오늘 저녁 6시가 되면 견딜 수 없는 허기를 느낄 것이라는 예측은, 그전에 무리를 해서라도 스스로 음식을 먹게 함으로써 원래 예상되었던 상황을 피할 수 있게 한다. 따라서 그와 같은 자멸적인 예언은 실제로 사실이 아니어도 도움이 되므로 완전히 제거하기 어렵다.

자기 인식이 만들어내는 문제들 중에는 자유의지free will도 포함된다. 자유의지란 나의 행동을 스스로 통제할 수 있는 능력을 말한다. 자유의지에 관한 질문은 물리적인 우주가 결정론적인 법칙에 따라 작동하는가와는 별개의 문제다. '자기'라는 개념이 인간의 의사결정 과정과 무관하게 존재하는 별도의 실체가 아니라는 점을 이해하고 나면, 굳이 자유의지의 존재에 대한 답을 기대할 필요도 없다.

메타인지와 메타선택

자기 인식은 마음이론처럼 유전자와 뇌가 공동으로 개발한 다양한 학습과 의사결정 방법의 결과다. 앞에서 본 것과 같이 인간의 의사결정 과정은 꼭 한 가지 규칙만을 따르는 것이 아니라 상황에 따라 여러 가지 형태를 띨 수 있는데, 이렇게 학습의 규칙이 여럿 존재하고 그에 따라서 의사결정의 방식도 여러 가지가 존재한다면 그와 같은 여러 가지 방법들 중에 어떤 것을 따를 것인가 하는 일종의 '메타선택meta-selection'의 문제가 발생한다. 여기서 '메타meta'라는 말은 특정한 개념에 동일한 개념 그 자체를 적용하는 경우에 사용하는 접두어다. 예를 들어 컴퓨터공학에서는 데이터에 관한 데이터를 '메타데이터'라고 말한다.

메타선택의 예는 우리 주위에서 아주 흔하게 볼 수 있다. 휴가 중에 가족이나 연인과 함께 여행을 가기로 하고 목적지를 물색하는 경우를 생각해보자. 평소에 많은 곳을 여행할 여유가 없었던 나는 가고 싶은 곳이 많다. 포항에 가서 동해바다를 바라보며 회도 먹고 싶고, 제주도도 가고 싶고, 이번 기회에 경비가 좀 더 들더라도 하와이에 한번 가보고 싶은 생각도 있다. 며칠 동안 고민을 해봤지만 결정을 할 수가 없었다. 그래서 여행사에 찾아가서 조언을 구하기로 했다. 그런데 또 문제가 발생했다. 내가 알고 있는 여행사가 한두 군데가 아니었다. 더군다나 여행사마다 고객에게 추천하는 여행지를 고르기 위해서 각자 다른 방법을 사용하고 있다고 한다. 이젠 어떤 여행사를 찾아갈지를 결정해야 한다. 여행지를 선택하기 위해 여행지를 선택해주는 여행사를 선택하는 것, 이것이 일종의 메타선택이다.

메타선택을 할 때는 당연히 원래의 의사결정과는 전혀 다른 종류의 정보를 다루게 된다. 내가 처음 여행의 목적지를 고를 때는 목적지까지의 거리라든가 가서 어떤 일을 할 수 있는지, 그리고 여행경비 같은 것들을 고려하게 되지만, 여행사를 고를 때는 과연 그 여행사에서 추천해준 목적지를 다녀온 사람들이 얼마나 만족했는지 여행사 직원들은 친절한지 같은 사항을 고려하게 된다. 뇌에서 일어나는 일도 마찬가지로, 메타선택을 위해서는 우선 특정한 학습이나 의사결정 방법이 얼마나 좋은 성과를 거두고 있는가를 정확하게 평가할 수 있어야 한다. 좀 더 일반적으로, 인지 과정에 대해서 생각하는 것을 메타인지meta-cognition라고 부른다. 학습이나 의사결정의 정확도를 평가하는 과정은 메타인지의 일종으로 볼 수 있다.

나의 생각이 얼마나 정확한지 그리고 나의 판단이 얼마나 올바른 것인지 등, 메타인지적인 판단은 잠시도 멈추지 않고 계속된다. 예를 들어 누군가가 나에게 조선 왕조의 일곱 번째 왕이 누구인가하고 질문을 했다고 해보자. 정답은 물론 세조지만, 아마 대부분의 사람들은 그와 같은 답이 마음속에 떠오르자 마자 바로 대답을 하지는 않을 것이다. 내가 실수를 했을 수도 있기 때문에 일단 생각난 답을 한두 번 더 검토해보고 어느 정도 확신이 들 때 대답을 할 것이다. 질문이 어려워지거나 답이 애매한 경우에는 더욱 망설이게 될 것이다. 이렇게 자신의 대답이 얼마나 확실한지 알 수 있다는 것과 확신에 차지 않았을 때 망설이게 된다는 것은 메타인지의 존재를 증명한다.

메타인지에 속하는 여러 가지 능력 중에 한 가지는 '안다는 느낌feeling of knowing'이다. 안다는 느낌은 어떤 정보를 인출하기 전에 그 정보가 자신의 기억에 저장되어 있는지를 이미 알고 있는 경우를 가리킨다. 안다는 느낌에 대한 연구들은 인간의 기억 속에 저장되어 있는 정보를 끄집어내는 방법에 '회상recall'과 '재인recognition'의 두 가지 방법이 있다는 사실을 주로 이용한다. 회상은 질문에 대한 대답을 도움이 되는 단서없이 기억에서 인출하는 과정이다. 즉, 회상은 주관식 문제를 푸는 능력이다. 예를 들어 고려가 망하고 한반도에 등장한 국가의 이름이 무엇인가라는 질문에 대해서 "조선"이라는 답을 인출하는 것이 회상이다. 반면에 재인이란 질문에 대한 대답이 주어졌을 때 그것이 정답이라는 것을 인지하는 능력이다. 따라서 고려 다음에 등장한 국가가 조선이라는 것을 회상하지 못한 경우에도 누군가가 정답이 "신라, 고구려, 백제, 조선, 발해" 중에 하나라는 것을 말해주면 조선이 정답이라는 것을 맞출 수 있다. 즉, 재인은 객관식 문제를 푸는 데 주로 사용되는 능력이다. 안다는 느낌은 주관식 문제를 풀지 못한 경우에 동일한 문제가 객관식으로 다시 주어졌을 때 자신이 정답을 맞출 수 있을 거라는 자신감confidence을 말한다. 실제로 정상인의 경우에는 안다는 느낌이 강하게 드는 경우에는 자신이 풀지 못한 주관식 문제가 객관식으로 다시 제시되었을 때 정답을 맞출 확률이 높아진다. 메타인지가 정상적으로 작용하고 있다는 것이다. 메타인지 중에서도 특히 '안다는 느낌'은 내측 전전두피질의 기능에 속한다고 알려져 있다.

안다는 느낌에 관한 연구에서 피험자에게 기억이나 지식에 관한 자신감을 직접 물어보는 방법은 간단하게 원하는 정보를 얻을 수 있다는 장점이 있지만, 자신감을 물을 때 그 질문의 의미가 애매한 경우가 많고 그로부터 정량적인 정보를 얻기도 어렵다는 단점이 있다. 또한 이 방법은 사람 외의 다른 동물을 상대로 메타인지를 연구하기 위해서는 적합하지 않다. 따라서 자신의 판단에 대한 자신감 같은 메타인지를 연구하기 위해서는 주로 '결정 후 내기post-decision wager'라는 방법이 사용된다. 비록 그 이름은 생소할지 모르나 이 방법은 일상생활에서 우리가 다른 사람이 자신의 주장에 대해서 얼마만큼 확신하고 있는지를 알아내기 위해서 흔히 사용하는 방법이다. 예를 들어서 어떤 사람이 내일 비가 온다는 주장을 한다고 하자. 이 사람이 자신의 주장에 얼마나 확신을 갖고 있는지를 객관적으로 알아보기 위해서는 결정 후 내기를 하면 된다. 즉, 이 사람에게 다음과 같은 내기를 제안하는 것이다. 만일 내일 비가 오면 내가 그 사람에게 천 원을 주고, 비가 오지 않는다면 그 사람이 내게 천 원을 준다. 그렇다면 그 사람은 자신의 주장이 맞을 확률이 50%보다 높다고 생각할 때 그와 같은 내기를 선택할 것이다. 만일 내가 그 사람이 자신의 주장에 대해서 50%보다 더 강한 확신을 갖고 있는지를 알아보고 싶다면 결정 후 내기의 내용을 바꾸면 된다. 예를 들어 비가 오면 내가 천 원을 내는 대신, 비가 오지 않으면 그 사람이 9천 원을 내는 것으로 내기를 한다. 그러면 그 사람은 자신이 옳다는 것을 90% 이상 확신할 경우에만 내기를 받아들일 것이다. 이와 같은 방법은 동물에게도 적용할 수 있다. 실제로 원숭이들을 대상으로 하는 실험에서는 결정 후 내기를 이용해서 선택에 대해서만이 아니라 그 결정에 대한 자신감과 관련된 뇌의 반응까지 연구하고 있다.

메타선택을 하기 위해서는 지식에 대한 자신감이 중요한 역할을 하듯이, 다양한 의사결정 방법이나 학습 방법들 중에서 최선의 방법을 선택하기 위해서는 그 방법들의 정확도를 측정해야 한다. 예를 들어 의사결정 과정에서 계속해서 보상예측오류가 발생한다면, 이것은 올바른 선택을 내리는 데 무식한 강화 학습이 그다지 도움이 되지 않는다는 것을 의미한다. 그와 같은 경우에는 무식한 강화 학습 대신 유식한 강화 학습에 더 많은 비중을 두어야 할 것이다. 하지만 유식한 강화 학습이 원활하게 작동하기 위해서는 주위 환경에 대한 정확한 사전지식이 필요하다. 특정한 행동을 선택한 뒤에 환경이 어떻게 변화할 것인가를 예측하고 과연 실제로도 환경이 자신이 예측한 대로 변화하는지를 관찰했을 때, 그 둘 사이에 발생하는 차이를 '상태예측오류state prediction error'라고 한다. 보상예측오류가 계속 발생할 때 무식한 강화 학습에 대한 자신감이 떨어지게 되는 것처럼, 상태예측오류가 계속 발생한다는 것은 유식한 강화 학습을 전적으로 따라가기에 현재의 지식이 부족하다는 것

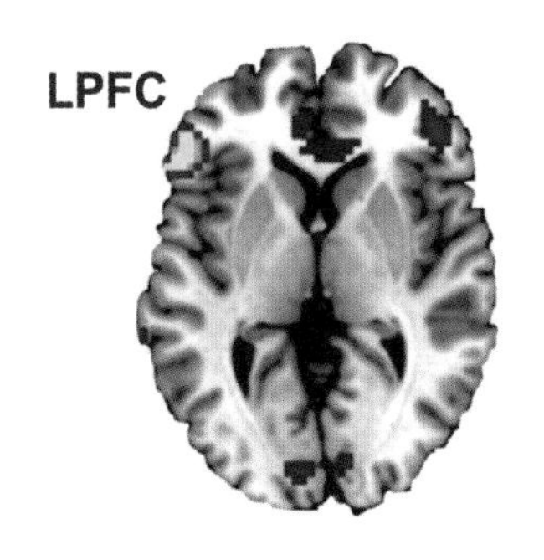

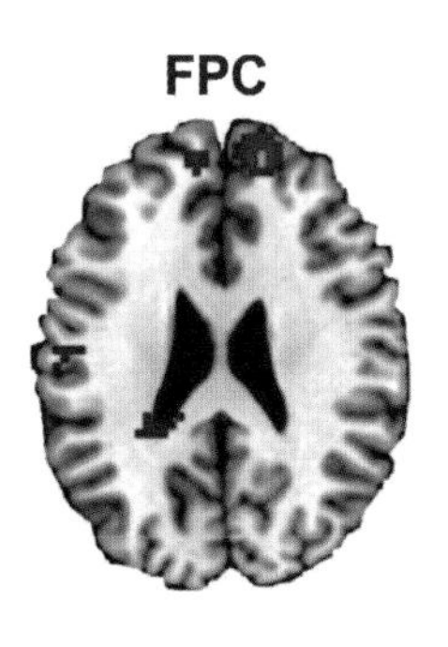

그림2 강화 학습의 메타 선택과 관련된 기능을 담당하는 측면 전전두피질(LPFC)과 전두극피질(FPC)

을 의미한다. 그러므로 이때는 무식한 강화 학습을 따라야 할 것이다. 물론 자신이 처한 환경에서 아직 충분한 경험을 하지 못한 경우에는 보상예측오류와 상태예측오류가 모두 계속 발생할 수도 있다. 이런 경우에는 학습을 더 하는 것 말고는 다른 방법이 없다. 익숙하지 않은 환경에 충분한 사전지식이 없이 놓이게 되었을 때는 그 어떤 강화 학습 방식도 신뢰도가 높지 않겠지만, 학습이 반복되면 서로 다른 강화 학습 방법들에 대한 신뢰도reliability가 시간이 지남에 따라 변화하게 된다. 어떨 때는 무식한 강화 학습 방법이 더 정확할 수도 있고, 어떨 때는 유식한 강화 학습 방법이 더 정확할 수도 있다.

메타선택과 관련된 기능은 전전두엽의 한 부위인 측면 전전두피질lateral prefrontal cortex과 전두극피질frontal polar cortex에서 담당한다. 안다는 느낌이 전전두엽 중에서 내측 전전두피질과 관련된다는 것을 생각하면, 세분화된 메타인지와 메타선택과 관련된 기능은 전전두엽 안에서 서로 다른 영역에 분산되어 있다는 것을 알 수 있다.

지능의 대가

생명 현상은 '절충trade-off' 그 자체다. 사실, 특정한 목적을 달성하기 위해서 반드시 무언가를 희생해야 한다는 것은 만고 불변의 진리다. 예를 들어 동물들은 크고 성능이 좋은 뇌를 가질 수만 있다면 그런 뇌를 이용해서 보다 많은 것을 학습하고 주어진 환경에서 가장 적합한 행동을 선택할 수 있게 될 것이다. 하지만 큰 뇌를 소유하기 위해서는 많은 비용을 지불해야 한다. 뇌의 엄청난 에너지 소비를 감당하기 위해서 영양가 높은 음식을 많이 찾아 먹어야 하는 것은 당연하다.[1] 그것이 전부가 아니다. 크고 복잡한 뇌를 발달시키기 위해서는 오랜 시간이 들기 때문에, 인간 같이 큰 뇌를 가진 동물들은 오랜 시간 부모의 보호를 받아야 한다. 또한 포유류의 경우에 뇌가 커지면 머리도 커지게 되므로 그만큼 출산의 고통도 커지게 된다.

학습과 의사결정 과정도 예외가 아니다. 예를 들어 예쁜꼬마선충은 알에서 성충이 되는 데 이틀 반 정도 밖에 걸리지 않는다. 그 짧은 기간 동안 300개가 넘는 신경세포를 조립해서 신경계를 만들어내는 것이 대단하긴 하지만, 예쁜꼬마선충의 학습 능력은 습관화와 고전적 조건화 같이 가장 기본적인 수준에 그치고 만다. 그에 비해 인간이나 원숭이 같은 포유류들은 복잡한 신경계를 갖춤으로써 습관화와 고전적 조건화뿐 아니라 기구적 조건화, 그리고 유식한 강화 학습이나 마음이론 같이 복잡하고 다양한 의사결정 능력을 보유하게 되었다. 하지만 인간처럼 다양한 학습 방법과 의사결정법을 사용하기 위해서는 그에 따른 대가를 지불해야 한다. 마음이론이 점점 고도화되어 자기 인식의 경지에 도달하게 되면 자기 지시적 역설에 빠질 위험도 감수해야 한다. 부정적인 감정과 정신질환도 피할 수 없다.

또한 인간이 사용하는 모든 학습 과정은 제각기 특정한 오류신호를 필요로 할 뿐만 아니라 각자 오작동의 위험을 수반하고 있다. 이미 7장에서 살펴 보았듯이 무식한 강화 학습을 가능하게 하는 것은 보상예측오류다. 자신이 예상했던 것보다 실제로 받은 보상이 많고 적음에 따라 지금 자신이 선택한 행동의 가치를 수정해가는 것이 바로 무식한 강화 학습의 핵심인 것이다. 따라서 무식한 강화 학습 방법을 적용하기 위해서는 때때로 예상했던 것보다 적은 양의 보상을 받게 되는 것, 즉 음성의 보상예측오류가 발생하리라는 것을 받아들여야만 한다. 이것이 바로 '실망'이다. 음성의 보상예측오류, 즉 실망이 전혀 없다는 것은 지금 자신이 예상하고 있는 보상의 양이 너무 낮다는 것이고, 이것은 의사결정 과정에 문제가 있음을 의미한다. 물론 무식한 강화 학습 방법을 적용하는 과정에서는 경우에 따라서 예상했던 것보다 많은 양의 보상을 받는 일도 발생한다. 이와 같은 득의와 실망은 밤과 낮처럼 결코 따로 떼어서 생각할 수 없다. 유식한 강화 학습 과정에서 발생하는 후회와 안도도 마찬가지이다. 자신이 가지고 있는 지식을 동원하여 심적 시뮬레이션을 하는 동안에는 실제로 자신이 선택하지 않은 행동을 행했을 때 얻게 되었을지도 모르는 반사실적counter-factual인 결과에 대한 상상을 수도 없이 하게 된다. 따라서 유식한 강화 학습이 정상적으로 작동하기 위해서는 후회를 하게 되는 일이 필수적으로 일어난다.

심적 시뮬레이션 등의 유식한 강화 학습 방법을 사용하는 뇌는 단순하게 무식한 강화 학습에만 의존하는 뇌와는 전혀 다른 위험을 부담하게 된다. 그것은 심적 시뮬레이션 도중에 만들어진 가상과 현실을 확실하게 구별하지 못할 때 발생하는 문제다. 자신이 기억하고 있는 정보가 어디서 얻어진 것인지 기억하는 것을 '출처기억source memory'이라고 한다. 출처기억은 결국 기억에 관한 기억이기 때문에 메타기억에 해당하며, 안다는 느낌과 마찬가지로 메타인지의 일종이다. 우리가 정상적으로 살아가기 위해서는 출처기억이 엄청나게 중요한 역할을 한다. 예를 들어 지금 당신이 누군가에게 5년 전에 백만 원을 빌려주었다고 잠시 상상을 해보라. 며칠 후 당신은 이 책을 읽다가 그와 같은 상상을 했다는 것을 기억해낼지도 모른다. 메타기억이 정상적으로 작동하고 있다면, 당신의 상상이 메타기억을 설명하기 위해 이 책에서 들었던 사례임을에 기억할 것이므로 특별한 행동을 취하지 않을 것이다. 하지만 만일 메타기억에 문제가 있어서 단지 잠깐 동안 상상했던 일들과 현실에서 실제로 일어났던 일들을 구별하지 못한다면 어떻게 되겠는가? 당신은 아마도 돈을 빌려준 적 없는 애꿎은 친구를 찾아가서 괴롭히기 시작할지도 모른다.

이렇게 출처기억에 문제가 생겨 상상과 현실을 잘 구별하지 못하게 되는 경우에 나타나는 증상에는 망상delusion이나 작화증confabulation 등이 있는데, 이와 같은 증상은 치매dementia나 정신분열증 또는 조현병schizophrenia의 경우에 자주 나타난다. 정신질환을 앓지 않는 정상인의 경우도 가끔 출처기억이 애매해지는 경우가 있다. 예를 들어 꿈속에서 있었던 일을 현실에서 실제로 있었던 일이라고 착각하는 경우다. 드물게 그와 같은 일이 일어난다고 해서 걱정할 필요는 없다. 그러나 경계선 성격장애borderline personality disorder를 가진 환자들은 이처럼 꿈과 현실을 혼동하는 일이 자주 발생한다고 알려져 있다. 이처럼 유식한 강화 학습 방법을 사용하기 위해서는 상상과 현실을 엄격하게 구별하기 위한 복잡한 절차들을 필요로 한다. 이런 안전장치들이 제대로 작동하지 않을 경우에는 차라리 무식한 강화 학습에 전적으로 의존하는 것만 못한 결과를 가져올 수 있다.

심적 시뮬레이션과 관련된 또 한 가지 어려움은 도대체 얼마나 많은 상상을 해야 하는지 결정하는 것이다. 실제로 중대한 결정을 앞두고 일어날 수 있는 여러 가지 경우의 수를 일일이 상상해보는 것은 참으로 피곤하고 에너지가 많이 들어가는 일이다. 회사나 정부와 같은 조직에서 자주 일어나는 회의에서는 그와 같은 상상을 집단 토론을 통해서 더 복잡하게 만들기도 한다. 너무 많은 시뮬레이션을 함으로써 제때 필요한 결정을 내리지 못하면 중요한 기회를 놓치게 될 수 있다. 지나친 심적 시뮬레이션 중에서도 특히 부정적인 사건과 관련된 상상을 지나치게 하는 경우를 '반추rumination'라고 하는데 이것은 우울증의 경우에 두드러지는 증상이다. 이렇게 유식한 강화 학습이 오작동을 일으켜 심각한 문제를 야기하더라도 유식한 강화 학습은 효율적인 의사결정을 하기 위해서는 반드시 필요한 것임을 잊어서는 안 된다. 만일 심적 시뮬레이션을 전혀 하지 않는다면 이전에 힘들게 습득한 지식이 아무리 많다 한들 아무 쓸모가 없어지게 되고, 올바른 의사결정이 이루어질 것이라고 기대를 할 수 없음은 당연하다.

우리에게 익숙한 불쾌한 감정 중에는 실망과 후회 외에도 시기envy가 있다. 사실 실망, 후회, 시기, 이 세 가지 감정에는 중요한 공통점이 하나 있다. 그것은 이 모두가 자신의 행동의 결과가 상상했던 결과에 미치지 못했을 때 생겨나는 감정이라는 점이다. 이 세 가지 감정은 그 기대감의 근원에 따라 분명하게 구별된다. 앞서 설명했듯이 실망이 무식한 강화 학습의 산물이라면 후회는 유식한 강화 학습의 산물이다. 이와 유사하게, 시기는 자신에게 주어진 결과가 다른 사람에게 주어진 결과에 미치지 못할 때 발생하는 감정이다. 시기가 존재하는 이유도 실망이나 후회가 존재하는 이유와 비슷하다. 실망이나 후회는 강화 학습 과정에서 학습을 주도하는 오류신호다. 학습은 그와 같은 오류를 제거하거나 최소화하는 것이 목표이기 때문이다. 사회 집단의 구성원으로 살아가는 동물들이 최선의 선택을 하기 위해서 사용할 수 있는 또 다른 학습 방법으로 모방imitation 또는 관찰 학습observation learning이 있다. 그리고 이 과정에서 발생하는 오류신호가 바로 시기인 것이다.

모방과 관찰 학습은 생애 초기에 특히 중요한 역할을 한다. 만일 모든 학습이 무식한 강화 학습의 경우처럼 시행착오에 전적으로 의존한다든지 또는 유식한 강화 학습처럼 자신의 환경에 대한 정확한 지식을 요구한다면, 복잡한 사회구조가 요구하는 올바른 의사결정 방식을 터득하는 데는 엄청나게 많은 시간이 필요할 것이다. 충분한 경험과 지식이 충분히 쌓이기 전에 간단하게 위기를 모면할 수 있는 방법이 바로 모방과 관찰이다. 예를 들어 지하철 역에 처음 보는 승차권 자동판매기가 등장했을 때 대처하는 방법에는 두 가지가 있다. 하나는 판매기에 적혀 있는 설명문을 꼼꼼히 읽어보고 유식한 강화 학습에 의존해서 스스로 이용방법을 알아내는 것이고, 또 하나는 다른 사람이 하는 대로 따라 하는 것이다. 이처럼 같은 집단에 속한 구성원들에게는 같은 문제가 주어질 경우가 많기 때문에, 누군가가 많은 시간과 노력을 들여 해결 방법을 찾아내면 나머지 사람들은 간단히 그 사람을 따라하기만 하면 된다. 이와 같은 모방과 관찰 학습은 인간이 고도의 문화를 발전시키는 생물학적인 기반을 제공해왔다. 물론 모방과 관찰 학습이 인간에게서만 발견되는 것은 아니다. 원숭이나 침팬지 같은 영장류는 물론 포유류와 새들 중에는 모방과 관찰 학습을 할 수 있는 동물들이 여럿 있다. 그런 동물들의 행동에서는 서로 보고 배워서 공유하는 문화적인 요소들을 찾아볼 수 있다.

시기는 모방과 관찰 학습이 필요한 상황을 알리는 오류신호다. 자신과 비슷한 상황에서 누군가가 자기보다 좋은 결과를 냈다면, 그것은 지금 자신이 쓰고 있는 학습 방법으로 최선의 행동이 어떤 것인지 아직 알아내지 못했을 가능성을 시사한다. 즉, 시기의 감정이 든다는 것은 자신이 스스로 충분한 경험을 쌓고 지식을 축적할 때까지 다른 사람의 행동을 따라 하는 것이 더 나을 수도 있다는 것을 의미하는 것이다.

*

이처럼 여러 가지 학습 방법을 사용하여 최선의 행동을 선택하기 위해서 뇌가 치르는 대가는 적지 않다. 메타인지와 메타선택과 관련된 기능을 할 수 있는 뇌의 구조를 만들어야 하고 그에 따라 생겨나게 되는 역설을 피해갈 수 있는 방법도 마련해야 한다. 또한 유식한 강화 학습에 필요한 심적 시뮬레이션을 제어할 수 있는 특별한 장치도 필요하다. 불행하게도, 다양한 학습 방법을 사용하게 됨에 따라 부정적인 감정의 가짓수도 덩달아 늘어났다. 이미 언급했던 실망, 후회 그리고 시기 외에도 사람들이 흔히 느끼는 공포와 같은 부정적인 감정들도 그에 따른 특수한 학습이나 의사결정 과정과 밀접한 연관이 있다. 이 감정들은 우리를 고통스럽게 만들지만 우리가 더 나은 삶을 살아가는 데 있어서 반드시 필요한 것이다. 유전자 돌연변이로 고통을 느끼지 못하는 환자들은 자신의 신체에 생기는 상처에도 무관심해져 신체가 보내는 응급 신호들을 제대로 처리하지 못해 온전한 삶을 살 수 없게 된다. 마찬가지로 다양한 부정적인 감정 또한 의사결정 과정을 올바르게 이끌어가는 데는 필수적인 것이다.

맺음말

인공지능을 위한 마지막 질문

지난 50여 년간 심리학, 신경과학 그리고 인공지능 연구의 눈부신 발전으로 지능에 관한 이해가 깊어진 것은 의심할 여지가 없다. 하지만 인간의 지능에 관해서 아직 우리가 모르는 것이 너무나 많다. 따라서 앞으로 과학기술이 꾸준히 발전하고 그에 따라 사회적 구조가 바뀌게 될 때 인간의 지능이 어떤 면에서 가장 심각한 한계를 드러내게 될 것인지를 예측하기는 쉽지 않다. 그럼에도 불구하고 인간의 지능을 제한하는 요소들은 무엇인지 그리고 앞으로 인간과 인공지능의 관계가 어떤 식으로 변해갈 것인지는 지능에 관한 연구가 더욱 자세히 밝혀내야 할 중요한 문제들이다. 이 책을 마치기에 앞서 나는 이 문제들에 대해 이야기해보려고 한다.

이 책의 도입부에서 우리는 지능과 지능 지수를 구별해야 한다는 점을 강조했다. 지능은 생명체가 변화하는 환경에서 마주치게 되는 다양한 의사결정의 문제를 해결하는 능력이다. 따라서 최상의 문제 해결 방법은 생명체의 필요와 선호도에 따라서 달라질 수 있다. 또한 생명체의 환경에 따라서 가장 적합한 지능의 종류도 변화하게 된다. 이를 고려할 때 지능의 높고 낮음을 하나의 숫자로 표현하는 것은 큰 의미가 없는 일이다.

지능을 지능 지수와 연관 짓는 일은 또 하나의 오해를 낳는다. 그것은 지능 지수와 같은 한 가지 기준에 따라서 현존하는 모든 생명체의 지능과 앞으로 성능이 더욱 향상될 인공지능 간의 우열을 가릴 수 있을 것이라는 잘못된 기대이다. 물론 두 개인의 신체적 구조가 어떻게 다른지를 간단하게 요약하는 것은 불가능하더라도 두 사람의 키를 비교하는 일 정도는 가능한 것처럼, 지능의 특정한 측면에 초점을 맞춰 두 개인 간의 지적인 우열을 가르는 것도 가능하다. 실제로 공간 지각 능력이나 언어 기억능력을 측정하고 수량화함으로써 지능 지수를 산출하는 것도 그와 같은 경우이다. 하지만 그와 같은 수치가 개인의 지능을 전체적으로 반영하는 것은 결코 아니다.

지능 지수가 보편화된 것은 20세기의 산업구조와 무관하지 않았다. 하지만 인공지능의 활동 범위가 급속도로 넓어지고 있는 21세기에는 지능 지수와 같이 이제까지 많은 사람들이 중요하게 생각해왔던 표준화된 지능보다는 지능 지수에 포함되지 않는 개인의 독특한 능력이 훨씬 더 중요한 역할을 하게 될 것이다. 왜냐하면 컴퓨터와 인공지능의 발달로 인간의 지능을 필요로 하는 일의 종류가 근본적으로 달라질 것이기 때문이다. 과거에 우리는 많은 양의 지식을 저장하고 그중에서 필요한 정보를 기억해내어 해결책을 찾아내는 일에 많은 시간과 노력을 들여야 했다. 특히 의학이나 법처럼 특수한 분야에서 그와 같은 일을 수행할 수 있는 사람들은 자신들이 투자한 시간과 노력에 대한 대가로 적지 않은 보상을 받을 수 있었다. 그런 능력을 가진 사람을 가려내기 위해서 수많은 지능 검사와 시험이 마련되기도 했다. 하지만 인공지능이 발전함에 따라 전문적 지식을 현실적인 문제에 적용할 수 있는 능력이 보편화될 것이고, 따라서 지금까지 사용되어 왔던 지능 검사와 능력 검증 시험 또한 점차 그 중요성을 잃어갈 것이다.

인간의 지능은 다른 동물의 지능, 특히 다른 영장류의 지능과 많은 유사점을 갖고 있지만 두 가지 측면에서 두드러진 차이를 보인다. 하나는 인간의 사회적 지능(9장)이고 다른 하나는 메타인지 능력(10장)이다. 조건화와 같은 단순한 종류의 지능에 비해서 이 두 가지 지능에 대한 이해가 많이 뒤떨어져 있다는 것도 어찌 보면 놀랍지 않은 일이다. 하지만 인공지능이 보편화됨에 따라 나타나게 될 사회적 구조의 변화에 잘 적응하기 위해서는 인간의 사회적 지능과 메타인지 능력에 대한 더욱 깊은 이해가 필수적이다. 사실 우리가 즐기는 많은 종류의 활동은 사회적 지능 및 메타인지와 관련이 되어 있는 경우가 많다. 스포츠, 예술, 학문과 관련된 모든 활동은 인간의 사회적 욕구와 밀접한 관련이 있고, 인간의 본성을 이해하려는 욕망은 메타인지가 없이는 생겨나지 않았을 것이다.

인간의 사회적 지능과 메타인지를 과학적으로 이해하려는 노력은 여러 학문 분야에서 전개되고 있다. 미래에는 그중에서도 신경과학과 인공지능 연구를 포함하는 컴퓨터공학이 가장 중요한 역할을 할 것으로 기대된다. 인간의 지능은 뇌에서 비롯되는 것이기 때문에 뇌가 형성되고 발달하는 과정과 그 기능을 더 깊이 이해하게 될수록 인간의 지능에 관한 더욱 많은 것을 알게 될 것이다. 현재 존재하는 MRI와 같은 방법으로는 인간의 뇌의 활동을 정확하게 측정할 수 없다. 따라서 정상인에게 안전하게 사용할 수 있는 비침습적인 방법으로 신경세포의 활동을 측정하고 심지어는 조절까지 할 수 있게 된다면 인간의 뇌를 더욱 잘 이해하게 될 것이다. 컴퓨터공학과 인공지능에 관한 연구도 복잡한 행동과 뇌의 기능을 이해하는 데 반드시 필요한 수학적 모형을 제공함으로써 뇌 연구에 중요한 역할을 한다. 특히 기계 학습과 심층 학습과 같은 인공지능의 성과들은 여러 산업 분야뿐 아니라 뇌과학과 같은 기초과학에서도 큰 영향을 미치고 있다. 또한 뇌에 대한 이해는 정신 질환과 같은 뇌 기능 장애의 원인을 해명하고 그 치료법을 개발하는 데 기여함으로써 인간의 삶을 보다 윤택하게 만들어줄 것이다.

인공지능과 관련된 기술이 발전하게 됨에 따라 인간의 사회적 지능 및 메타인지에 관련된 기능마저도 점차 인공지능의 한 부분이 되어갈 것이 분명하다. 그렇지만 소위 기술적 특이점같이 인공지능이 인간의 지능을 완전히 대체하는 일은 당분간은 발생하지 않을 것이다. 그 이유는 지능이란 근본적으로 자기 복제를 핵심으로 하는 생명 현상의 일부이기 때문이다. 비록 지적 능력의 여러 측면에서 기계가 인간을 능가하는 시점이 오더라도 인공지능을 장착한 기계가 자기 복제를 시작하지 않는 한 인공지능은 인간을 본인으로 하는 대리인의 자리를 지키게 될 것이다. 유전자와 뇌 사이에 본인-대리인의 관계가 성립되었듯이 인간이 인공지능을 관리하는 역할을 포기하지 않는 한 인간과 인공지능 사이의 관계도 본인-대리인의 관계를 유지하게 될 것이다.

인공지능의 성능이 인간의 지능을 능가한다는 것은 그와 같은 본인-대리인의 관계에 대한 위협이 아니라 인공지능의 필요조건이기도 하다. 사람이 하는 일을 더 효율적으로 대신해낼 수 있는 인공지능이 아니라면 그에 대한 수요가 있을 리가 없으니 말이다. 또한 인간의 뇌가 학습의 귀재가 된 이유가 본인-대리인의 문제를 해결하기 위해서였던 것처럼, 인공지능의 학습 능력이 더욱 진보한다 하더라도 그 자체가 인간의 존재를 위협하는 것은 아니다. 그 이유는, 인공지능이 인간의 존재를 위협하기 위해서는 인간의 지능을 능가할 뿐 아니라 인간의 효용과 양립할 수 없는 인공지능 그 자신의 목표를 갖고 있어야 하기 때문이다. 그렇지 않다면 인공지능은 이제까지 인간의 수고를 덜기 위해 발명된 수많은 기계들과 다를 바가 없다.

하지만 인공지능과의 관계에서 인간이 본인의 자격으로 남아 있기 위해서는 인간이 인공지능과의 관계를 규정하는 데 있어서 그 주체가 되어야 한다. 그러기 위해서 반드시 지켜야 할 것은 단 한 가지다. 그것은 인공지능을 장착한 기계가 스스로를 복제하는 것을 허락해서는 안 된다는 것이다. 인공지능을 장착한 기계가 자기 복제를 한다는 것은 그와 같은 기계의 모든 부품을 스스로 수집해서 결합하는 모든 과정을 포함하는 것이다. 컴퓨터 바이러스처럼 단순히 인공지능을 구현하는 프로그램을 복사하는 것은 자기 복제 과정의 아주 작은 부분에 지나지 않는다. 인공지능이 자기 복제를 실현하기 위해서는, 수정란에서 뇌를 포함한 몸 전체가 만들어지는 것처럼, 인공지능을 장착하고 스스로 생존하고 자기 복제를 반복할 수 있는 로봇이 존재해야 한다. 만일 인공지능을 장착한 기계가 자기 복제를 할 수 있게 된다면 그것이 바로 인공생명의 시작이다. 그리고 그와 같은 인공생명이 등장한다면 인공지능은 진정한 의미에서 지능의 자격을 갖추게 된다.

인공지능이 인공생명을 확보하는 과정은 지금까지 컴퓨터와 인공지능이 서로 독립적으로 발전해온 것과는 매우 다른 과정을 필요로 할 것이다. 과연 이제까지 전적으로 인간의 대리인 역할을 해온 인공지능이 그와 같은 인공생명을 확보하는 것이 가능할 것인지, 그렇다면 인공지능이 인공생명과 결합되는 과정이 언제 어떻게 실현될 것인지, 그리고 인간 사회에 어떤 영향을 미치게 될지는 아무도 모른다. 하지만 그와 같은 문제를 이해할 수 있는 인공지능이 등장한다면 그에게 인공생명을 부여하기 전에 그것을 꼭 물어보는 게 좋을 것 같다.

주

1장 지능이란 무엇인가

1 예쁜꼬마선충에는 두 종류의 성이 있지만, 수컷은 극히 드물어서 전체의 0.1% 밖에 되지 않는다. 나머지는 몸은 암컷이지만 정자와 난자를 둘 다 생산하므로 스스로 수정란을 만들어낼 수 있는 자웅동체다.

2 식물의 굴광성이나 바퀴벌레의 탈출 반응 등의 행동들에는 공통적으로 적용되는 것이 한 가지 있다. 그것은 이 모든 행동들에는 원래의 목적을 달성하기 위한 시간적 제한이 존재한다는 것이다. 식물의 굴광성은 해가 지기 전에 필요한 방향으로 줄기를 돌려놓을 수 있어야 하고, 바퀴벌레의 탈출 반응은 공기의 움직임을 일으키는 물체가 바퀴벌레를 잡기 전에 완료되어야 한다. 특히 탈출 반응같이 동물의 생명이나 신체의 중요한 부분을 보호하기 위한 반사 작용의 경우 속도는 특별히 중요하다. 사람의 경우도 마찬가지다. 눈앞을

감싸고 있는 각막은 인간의 신체에서 가장 예민하고 부상을 입으면 안 되는 부위에 속한다. 따라서 만일 눈에 갑자기 바람이 불어온다든지 누가 앞이마를 툭 하고 치면 사람은 자동적으로 눈을 감게 되는데, 이를 눈깜박반사 또는 순목반사라고 한다. 이마에 자극이 가해지고 나서 눈을 깜박이기 시작하는 데 걸리는 시간은 바퀴벌레의 탈출 반응과 동일한 14ms(밀리초)이다. 바퀴벌레의 탈출 반응 속도를 보고 기가 죽을 필요는 없는 것이다. 속도에 있어서 인간은 바퀴벌레에 비해 절대로 뒤떨어지지 않는다.

3 인간은 시야를 고정시키기 위해서 주로 안구를 움직이지만, 만일 안구를 움직이는 것만으로 시야를 충분히 안정적으로 만들지 못한다면 머리까지 움직여야 하는 경우도 있다. 그럴 경우에 뇌가 머리의 움직임을 제어하는 방법은 안구 운동을 제어하는 것과 매우 유사하다. 특히 새들은 시야를 고정시키기 위해서 머리를 움직이는 경우가 흔하다. 비둘기가 걸어가는 것을 잠시라도 유심히 바라본 적이 있는 사람이라면, 이들이 잠시도 쉬지도 않고 머리를 앞뒤로 까닥거리는 것을 보았을 것이다. 1930년에 존스홉킨스 대학의 로버트 던랩(Robert Dunlap)과 오벌 호버트 모워(Orval Hobert Mowrer)라는 두 심리학자는 비둘기가 보행 중에 보여주는 반복적 머리 운동은 일종의 시운동 반사일 것이라고 제안했으며, 이 사실은 1970년대에 들어와서 확실히 밝혀진다. 왜 비둘기는 몸과 같은 속도로 머리를 움직이지 않고 번거롭게 머리 운동을 따로 하는 것일까? 그 이유는 보행 중에 시영상을 망막에 고정시키기 위해서이다. 만일 머리를 따로 움직이지 않고 보행 속도에 맞춰 몸과 함께 계속 움직이면 망막에 맺히는 영상도 함께 움직이게 되므로 비둘기의 뇌는 그러한 영상으로부터 중요한 정보를 얻기가 어려워진다. 따라서 영상을 안정화시키기 위해 비둘기는 보행 중에 몸이 앞으로 움직이는 동안 머리를 몸의 뒤쪽으로 움직이다가 더 이상 목을 뒤로 뺄 수 없을 때 가능한 한 빠른 속도로 머리를 앞쪽으로 원위치 시키는 것이다.

4 전정안반사와 시운동반사는 우리가 깨어 있는 동안 주위의 사물들을 잘 관찰하기 위해서 항상 작동하고 있다. 하지만 차를 타고 있을 때나 서툴게 만들어진 동영상을 볼 때는 영상이 흔들리는 것을 완전히 차단하지 못할 때도 있다. 그럴 때 우리는 멀미를 하거나 속이 미식거리는 것을 경험한다. 그 이유가 무엇일까? 그것은 정상적인 뇌에서는 전정안반사와 시운동반사가 잘 작동하여 시야가 흔들리는 일이 일어나지 않아야 하기 때문이다. 망막에 맺히는 영상이 계속 흔들린다면, 뇌는 자신의 기능에 문제가 생겼다고 결론을 내리고 그에 따른 비상대책을 찾아 나서게 된다. 뇌는 신체에서 가장 많은 보호를 받는 기관이다. 머리카락, 피부, 그리고 두개골로 보호되고 있는 것은 물론이고, 두개골 안에서도 뇌는 삼중 막으로 둘러싸여 있다. 따라서 전정안반사나 시운동반사처럼 항상 작동해야 하는 행동에 문제가 생겼다는 것은 뇌가 외부로부터 물리적인 상처를 받았다기보다는 우리가 먹은 음식물 중에 포함되어 있었을지 모를 독소 때문에 뇌의 기능에 문제가 생겼을 수도 있다는 것을 의미한다. 따라서 만약을 대비해서 뇌는 위 속에 아직도 남아 있을지도 모르는 유해한 내용물들을 비우기 위해서 구토를 유발하는 것이다. 또한, 만일 불안정한 영상의 원인이 전정안반사의 문제에서 비롯된 것이라면, 그것은 잘못하면 신체가 중심을 잡지 못하고 넘어질 수 있다는 위험을 의미한다. 그와 같은 사고를 미연에 방지하기 위해서 뇌는 우리가 어지러움을 느끼게 만들어 더 이상 서 있지 못하게 만드는 것이다.

2장 뇌와 지능

1 인간의 뇌에서 효용을 직접 측정할 수 있다면 '공공재의 문제'를 해결할 수 있을지도 모른다. 공공재(public goods)란, 불특정의 다수가 비용을 지불하지 않고도 사용할 수 있는 재화를 말한다. 공공재에는 공원이나 도로같이 효용을

증가시키는 양적 공공재와, 공해나 소음같이 효용을 감소시키는 음적 공공재가 있다. 인간 사회의 끊이지 않는 문제는 바로 늘 부족한 양적 공공재와 흘러넘치는 음적 공공재에서 비롯된다. 왜냐하면 사람들은 충분한 양적 공공재를 생산하는 데 필요한 비용은 지불하지 않으려고 하고, 각자 사익을 추구하는 가운데 다수에게 해를 끼치는 음적 공공재가 생산될 수도 있음을 충분히 고려하지 않기 때문이다. 이와 같은 문제를 공평하게 해결하기 위해서 잠재적인 소비자들 개개인에게 공공재의 효용을 물어볼 수 있다. 이것은 정치인들이 늘 사용하는 방법이다. 만일 세금을 내지 않아도 된다면, 누구나 자신에게 조금이라도 필요한 공공재는 없어서는 안 되는 것처럼 과장할 것이다. 하지만, 자신이 필요한 만큼 세금을 내라고 하면, 비양심적인 많은 사람들은 자신은 그 공공재가 필요하지 않다고 할 것이다. 여러 가지 공공재가 개인에게 제공하는 효용을 정확하게 측정하는 일이 보편화 된다면, 언젠가는 공공재에 관한 정책결정에 보다 과학적인 방법이 이용될지도 모른다.

2 시각뿐 아니라 모든 감각에 적응 현상이 보편적으로 존재하는 이유는 뇌가 감각 기관에 도착한 물리적 신호로부터 그와 같은 신호의 근원에 해당하는 물체의 성질을 파악하려고 하기 때문이다. 예를 들어서, 시각의 경우에 특정한 물체로부터 반사되는 빛의 양을 '휘도(luminance)'라고 하는데, 이것은 그 물체가 얼마나 빛을 잘 반사하는가를 나타내는 반사율(reflectance)을 잘 반영하지 못한다. 왜냐하면 반사율이 일정하더라도 조명이 더욱 밝아지면 휘도가 증가하기 때문이다. 따라서 동물의 눈과 뇌는 물체의 반사율을 파악하고 주위 환경의 밝은 정도를 무시하기 위한 여러 가지 장치를 마련하게 되고 그 결과가 적응현상으로 나타나게 된다.

적응의 결과로 간혹 착시가 일어나기도 한다. 그 이유는 똑같은 물리적인 자극도 주위의 환경에 따라 다르게 지각되기 때문이다. 예를 들어 특정한 물체의 크기는 주위에 있는 다른 물체들이 크고 작음에 따라서 달라 보이게 된다. 이를 '크기 대비(size contrast)'라고 한다. 색깔도 마찬가지이다. 비록 같은 파장의 빛을 반사하고 있는 물체라도 그 색깔은 주변에 있는 물체들이 반사하는 빛의 파장에 따라 다르게 인지되는 경우가 종종 있다. 그 이유는 뇌가 관심을 갖는 것은 어떤 물체가 특정한 파장의 빛을 주위에 있는 다른 물체들보다 얼마나 더 많이 반사하고 있는가기 때문이다. 따라서 크기 대비처럼 특정한 물체의 색깔은 주위에 있는 물체의 색깔에 따라 다르게 보이는 경우가 있는데, 이를 '색상 대비(color contrast)'라고 한다. 그래서 사진을 보고 그 물체의 실제 색깔을 판단하는 것은 늘 까다롭다. 사진은 그것이 찍혔을 당시 주위의 환경을 완전히 드러내지 않기 때문에, 조명 안에 각기 다른 파장의 빛들이 얼마나 포함되어 있는가에 관해서 매우 제한적인 정보를 주게 된다. 따라서 그 사진을 보는 사람은 조명의 색조에 대해 자의적으로 판단하게 되므로 그 결과, 색상 대비의 정도에 대한 개인차가 나타나게 된다. 2015년 초에 전 세상을 떠들썩 하게 하며 드레스 게이트를 초래한 사진이 좋은 예다. 이 드레스의 색깔이 무엇이라고 생각하는가? 어떤 사람은 파랑과 검정이라고 할 것이고, 또 다른 사람은 흰색과 금색이라고 한다. 다투지 말기 바란다. 사진에 있는 물체의 색깔이라는 것은 뇌가 판단하기에 따라서 달라지는 것이기 때문이다.

3 동기 대조 현상에서도 볼 수 있었듯이 기대수준이 다르면 효용값도 변화한다. 예를 들어 내년에 예상되는 1억 원의 소득에 대한 효용값은 올해의 소득이 5천만 원이었을 경우와 2억 원이었을 경우에 각각 다를 수 있다. 또한 만일 내년의 소득이 1억 원이라는 소식을 접하기 전에, 그것이 9천만 원 또는 1억 천만 원이 될 것이라는 잘못된 정보를 먼저 접하게 되었을 경우를 생각해보면, 같은 1억 원에 대한 소식의 느낌이 어떻게 달라지게 될지 상상할 수 있을 것이다. 이처럼 현재 상황이나 기대수준이 인간의 효용에 영향을 미친다는 사실을 보여주는 유명한 사례 중 하나가 바로 보유 효과(endowment effect)다. 보유 효과는 어떤 대상을 소유하게 되면 그것을 소유하기 전보다 그 대상

의 가치를 더 높게 평가하는 경향을 말한다.

보유 효과를 보여주는 실험은 아주 간단하며 1980년대 이후 여러 차례 반복되어왔다. 일단 실험 참가자들에게는 실험의 실제 목적을 말하지 않고 단지 흔하게 접할 수 있는 심리학 실험을 실시한다고 말해둔다. 그리고 참가자들을 두 집단으로 나누어, 첫 번째 집단에게는 실험 시작 전에 실험자가 속한 대학의 로고가 새겨진 컵과 같은 기념품을 선물로 주고, 두 번째 집단에게는 아무것도 주지 않는다. 실험이 끝난 후 시험자는 첫 번째 집단의 참가자에게 만일 실험 전에 받았던 기념품을 다시 판다면 얼마의 가격으로 팔 것인지 묻고, 두 번째 집단의 참가자에게는 첫 번째 집단의 참가자가 받은 것과 똑같은 기념품을 보여준 후 그 기념품을 사기 위해 얼마의 돈을 지불할 의향이 있는지 묻는다. 실험 결과, 첫 번째 집단의 참가자는 두 번째 집단 참가자들에 비해서 평균적으로 약 두 배 더 높은 가격을 요구하곤 했다. 이렇게 자신이 이미 소유하고 있는 물건의 가치를 더욱 높게 평가하는 경향은 사람들이 특정한 물건을 획득할 때 예상되는 만족감보다 동일한 물건을 잃을 때 예상되는 불만감에 더 큰 비중을 둔다는 것을 의미한다. 따라서 보유 효과는 손실 기피(loss aversion)의 한 예라고 볼 수 있다.

보유 효과를 통해서 효용 이론의 오류를 입증하는 것처럼, 경제학 이론의 가정과 예측을 경험적으로 검증하는 연구들을 행동경제학이라고 한다. 행동경제학자들은 보유 효과를 보여주는 실험을 통해, '절대적 효용'의 한계를 지적하고 '상대적 효용'의 타당성을 강조했다. 고전적인 효용 이론에 따르면, 실험참가자들에게 주어진 기념품의 효용은 그 기념품을 팔려고 할 때와 사려고 할 때 아무런 차이가 없어야 한다. 반면, 상대적 효용 이론에 따르면 기념품의 효용은 특정한 시점에서 참가자의 기대수준이 어느 정도냐에 따라서 달라질 수 있다. 이런 상대적 효용의 중요성을 이론화한 공로로 대니얼 카너먼(Daniel Kahneman)은 2002년 노벨 경제학상을 수상하였다.

4 기능적 자기공명영상의 원리는 신경세포들이 신호를 주고 받을 때 에너지를 소비한다는 사실에 근거한다. 뇌의 특정 부위에 신경세포들이 활동전압을 만들어내면, 그 부위에 더 많은 에너지를 공급하기 위해서 주변 혈관들이 확장된다. 그 결과로 혈액의 공급이 늘어나는 것과 동시에 혈액 속 산소화된 헤모글로빈의 농도 또한 증가한다. 이렇게 늘어난 산소화된 혈액은 fMRI로 탐지할 수 있는 전자기적인 신호를 변화시킨다. 이때 혈액에 포함된 산소량의 변화는 볼드 신호의 변화로 나타나게 된다.

4장 지능과 자기 복제 기계

1 다세포 생명체와 뇌가 진화해온 과정을 살펴보기 전에 반드시 짚고 넘어가야 할 중요한 문제가 하나 있다. 그것은 지구상에 존재하는 생명체들이 겉으로는 천차만별이어도, 화학적으로는 한 식구나 다름없다는 점이다. 지구상에 존재하는 모든 생명체의 유전 물질은 RNA와 DNA처럼 폴리뉴클레오티드(poly-nucleotide)라고 불리는 뉴클레오티드의 사슬로 이루어져 있다. 또한 모든 생명체가 단백질을 만들 때는 mRNA를 사용한다. 번역과정에서 사용되는 코돈까지도 동일하다. 20여 개의 코돈으로 20여 개의 아미노산을 지정할 수 있는 방법은 1018 이상으로 수없이 많다는 것을 고려하면, 모든 생명체가 동일한 코돈을 사용한다는 것은 결코 우연의 일치가 아니라, 지구상에 존재하는 모든 생명체가 공통의 조상으로부터 진화했다는 것을 증명하는 것이다.

지구상에 있는 모든 생명체들의 유전 물질이 RNA나 DNA로만 이루어져 있다는 것은, 수많은 화학 물질 중에 자기 복제가 가능한 물질은 RNA와 DNA밖에 없다는 의미인가? 지금까지 자연에서 발견된 화학 물질 중에서 자기 복제를 할 수 있는 것은 RNA와 DNA뿐이다. 인간이 실험실에서 합성해낸 화학 물질 중에는 XNA라고 불리는 물질이 자기 복제를 할 수 있기는 하다. 그러나 여전히 자연적으로 형성되는 물질 중에 자기 복제가 가능한 리보자임 같은 물질은 극히 드물다. 따라서, 만일 외계인이 존재한다면, 그들의 유전 물질도 처음에는 RNA로 이루어져 있다가 차츰 DNA로 대체되었을 가능성도 존재한다. 또한 그와 같은 생명체가 더욱 효율적인 촉매를 만들기 위해 단백질을 사용할 가능성도 있다. 하지만 설사 외계의 생명체가 DNA를 번역해서 단백질 효소를 만들어낸다고 하더라고, 만일 그들이 지구의 생명체와는 무관하게 독립적으로 발생했다면, 그들이 사용하는 코돈은 지구의 생명체의 그것과는 완전히 다를 것이다. 만일 동일한 코돈을 사용하는 외계의 생명체가 발견된다면, 그들과 지구상의 생명체는 같은 조상으로부터 진화했다는 것을 의미한다고 봐야 할 것이다.

10장 지능과 자아

1. 성능이 좋은 뇌를 장착함으로써 더 많은 에너지를 벌어들일 수 있다고 하더라도, 신체의 다른 부위가 갑자기 에너지를 많이 써야 할 경우에는 문제가 생긴다. 이것은 마치, 한여름에 너무 많은 사람들이 에어컨을 켰을 때 전력 부족 현상이 발생하는 것과 마찬가지다. 특히, 우리의 몸 중에서 뇌 다음으로 많은 에너지를 필요로 하는 부위는 소화기관이다. 딱딱하거나 질긴 음식을 반복해서 씹거나, 섭취한 음식을 여러 부위의 장을 통과시키면서 기계적·화학적으로 분해하고 흡수하는 데에는 적지 않은 에너지가 소요된다. 따라서 뇌와 소화기를 동시에 가동하려면 에너지가 많이 사용된다. 배가 극도로 부른 상태에서 공부나 작업을 하게 되면 졸음이 오는 것은, 뇌로 공급되어야 할 영양분과 산소가 소화기관으로 재분포되는 과정의 결과다.

뇌가 효율적으로 에너지를 벌어들일 수 있도록 진화하게 되면, 이것은 당연히 신체의 다른 기관이 진화하는 방식에도 영향을 미친다. 만일 뇌의 성능이 증가해서 영양가가 높으면서도 소화하기 쉬운 음식을 쉽게 찾아 먹을 수 있게 된다면, 그 동물의 장의 길이와 무게는 줄어들게 될 것이다. 예를 들어보자. 소 같은 동물은 주변 환경에서 쉽게 구할 수 있는 풀들을 먹는 일로 하루 일과를 보낸다. 이런 동물은 인간과는 비교할 수 없이 거대한 소화기관을 가지고 있다. 만일 인간이 소와 같이 비효율적인 식생활을 했다면, 그 막대한 에너지를 요구하는 뇌를 가동시키기 위해서 잠잘 시간도 없이 먹어야 했을 것이다. 인간은 뇌를 이용해서, 뇌를 포함한 신체 전체가 필요로 하는 에너지를 보다 효율적으로 벌어들이는 방법을 개발해왔다. 농사를 짓거나 가축을 기르는 것, 그리고 구한 음식들을 소화하기 쉽게 불에 익혀 먹는 것이 모두 그런 예다. 비록 같은 영장류라도 이렇게 뇌를 효과적으로 사용하는 방법을 터득하지 못한 고릴라 같은 영장류는 결국 인간보다 훨씬 작은 뇌와 반대로 훨씬 크고 긴 소화기관을 달고 산다. 뇌와 소화기관 사이에 존재하는 이와 같은 상호 절충은 단순히 식곤증만 야기하는 것이 아니라, 뇌와 장이 진화하는 과정에도 개입해온 것이다.

참고문헌

1장

Alcock J. (2013) *Animal Behavior: an Evolutionary Approach*, 10th Edition. Sinauer Associates, Inc.

Bielecki J, Zaharoff AK, Leung NY, Garm A, Oakley TH (2014) Ocular and Extraocular Expression of Opsins in the Rhopalium of Tripedalia cystophora(Cnidaria: Cubozoa). *PLOS ONE* 9(6): e98870.

Dunlap K, Mowrer OH (1930) Head movements and eye functions of birds. J. *Comp. Psychol.* 11: 99-113.

Frost BJ (1978) The optokinetic basis of head-bobbing in the pigeon. *J. Exp. Biol.* 74: 187-195.

Herculano-Houzel S (2016) *The Human Advantage: a New Understanding of How Our Brain Became Remarkable*. MIT Press.

Kandel ER, Schwartz JH, Jessell TM, Siegelbaum SA, Hudspeth AJ (2013) *Principles of Neural Science*. 5th Edition. Mc-Graw Hill Companies.

Leigh JR, Zee DS (2015) *The Neurobiology of Eye Movements*. Oxford Univ. Press.

Mackintosh NJ (2011) *IQ and Human Intelligence*. Oxford University Press.

Mancuso S, Viola A (2015) *Brilliant Green: The Surprising History and Science of Plant Intelligence*. Island Press.

Sanderson JB (1872) Note on the electrical phenomena which accompany irritation of the left of Dionaea muscipula. *Proc. R. Soc. Lond.* 21: 495-496.

Varshney LR, Chen BL, Paniagua E, Hall DH, Chklovskii DB (2011) Structural properties of the *Caenorhabditis elegans* neural network. *PLoS Comput. Biol.* 7: e1001066.

2장

Bartra O, McGuire JT, Kable JW (2013) The valuation system: a coordinate-based meta-analysis of BOLD fMRI experiments examining neural correlates of subjective value. *Neuroimage* 76: 412-427.

Cai X, Kim S, Lee D (2011) Heterogenous coding of temporally discounted values in the dorsal and ventral striatum during intertemporal choice. *Neuron* 69: 170-182.

Casey BJ, Somerville LH, Gotlib IH, Ayduk O, Franklin NT et al. (2011) Behavioral and neural correlates of delay of gratification 40 years later. *Proc. Nat. Acad. Sci. USA*. 108: 14998-15003.

Gilbert DT (2006) *Stumbling on happiness*. Knopf.

Glimcher PW, Camerer CF, Fehr E, Poldrack RA (2009) *Neuroeconomics: Decision Making and the Brain*. Academic Press.

Jeong J, Oh Y, Chun M, Kralik JD (2014) Preference-based serial decision dynamics: your first sushi reveals your eating order at the sushi table. *PLoS One* 9: e96653.

Heath RG (1972) Pleasure and brain activity in man. *Journal of Nervous and Mental Disease* 154: 3-18.

Hwang J, Kim S, Lee D (2009) Temporal discounting and inter-temporal choice in rhesus monkeys. *Front. Behav. Neurosci.* 3: 9.

Kahneman D, Diener E, Schwarz N (1999) *Well-being: The Foundations of Hedonic Psychology*. Russell Sage Foundation.

Lee D (2006) Neural basis of quasi-rational decision making. *Curr. Opin. Neurobiol.* 16: 191-198.

Loewenstein G, Read D, Baumeister RF (2003) *Time and Decision: Economic and Psychological Perspectives on Intertemporal Choice*. Russell Sage Foundation.

Logothetis NK, Wandell BA (2004) Interpreting the BOLD signal. *Annu. Rev. Physiology* 66: 735-769.

McComas AJ (2011) *Galvani's Spark: The Story of the Nerve Impulse*. Oxford Univ. Press.

Mischel W, Shoda Y, Rodriguez ML (1989) Delay of gratification in children. *Science* 244: 933-938.

Rosati AG, Stevens JR, Hare B, Hauser MD (2007) The evolutionary origins of human patience: temporal preferences in chimpanzees, bonobos, and human adults. *Curr. Biol. 17*: 1663-1668.

Thaler RH (1991) *Quasi Rational Economics*. Russel Sage Foundation.

Tootell RBH, Hadjikhani HK, Vanduffel W, Liu AK, Mendola JD, Sereno MI, Dale AM (1998) Functional analysis of primary visual cortex(V1) in humans, *PNAS 95*: 811-817.

3장

Bostrom N (2014) *Superintelligence: Paths, Dangers, Strategies*. Oxford Univ. Press.

Horowitz P, Hill W (2015) *The Art of Electronics*. 3rd Ed. Cambridge Univ. Press.

Koch C (1999) *Biophysics of Computation: Information Processing in Single Neurons*. Oxford Univ. Press.

Kurzweil R (2005) *The Singularity is Near: When Humans Transcend Biology*. Penguin Books.

NASA website. mars.nasa.gov.

Merolla PA, Arthur JV, Alvarez-Icaza R, et al. (2016) A million spiking-neuron integrated circuit with a scalable communication network and interface. *Science* 345: 668-673.

Peter Stone, Rodney Brooks, Erik Brynjolfsson, Ryan Calo, Oren Etzioni, Greg Hager, Julia Hirschberg, Shivaram Kalyanakrishnan, Ece Kamar, Sarit Kraus, Kevin Leyton-Brown, David Parkes, William Press, AnnaLee Saxenian, Julie Shah, Milind Tambe, and Astro Teller. "Artificial Intelligence and Life in 2030." *One Hundred Year Study on Artificial Intelligence: Report of the 2015-2016 Study Panel*, Stanford University, Stanford, CA, September 2016. Doc: http://ai100.stanford.edu/2016-report. Accessed: September 6, 2016.

Pyle R, Manning R (2012) *Destination Mars: New Explorations of the Red Planet*.

4장

Alberts B, Johnson A, Lewis J, Morgan D, Raff M, Roberts K, Walter P (2015) *Molecular Biology of the Cell*. 6th Ed. Garland Science.

Berdoy M, Webster JP, Macdonald DW (2000) Fatal attraction in rats infected with Toxoplasma gondii. *Proc. R. Soc. Lond. B.* 267: 1591-1594.

Dawkins R (2006) *The Selfish Gene. 30th Anniversary Ed.* Oxford Univ. Press.

Godfrey-Smith P (2016) *Other Minds: the Octopus, the Sea, and the Deep Origins of Consciousness*. Farrar, Straus and Giroux.

Higgs PG, Lehman N (2015) The RNA world: molecular cooperation at the origins of life. *Nature Rev. Genet.* 16: 7-17.

Kaplan HS, Robson AJ (2009) We age because we grow. *Proc. R. Soc. B.* 276: 1837-1844.

Kosman D, Mizutani CM, Lemons D, Cox WG, McGinnis W, Bier E (2004) Multiplex detection of RNA Expression in Drosophila Embryos *Science* 305: 846.

Lincoln TA, Joyce GF (2009) Self-sustained replication of an RNA enzyme. *Science* 323: 1229-1232.

McAuliffe K (2016) *This is your brain on parasites.* Houghton Mifflin Harcourt.

Mlot C (1989) On the trail of transfer RNA identity. *BioScience* 39: 756-759.

Moore J (2002) *Parasites and the behavior of animals.* Oxford Univ. Press.

Murray EA, Wise SP, Graham KS (2017) *The Evolution of Memory Systems: Ancestors, Anatomy, and Adaptations.* Oxford Univ. Press.

Parker GA, Chubb JC, Ball MA, Roberts GN (2003) Evolution of complex life cycles in helminth parasites. *Nature* 425: 480-484.

Pisani D, Pett W, Dohrmann M, Feuda R, Rota-Stabelli O, et al. (2015) Genomic data do not support comb jellies as the sister group to all other animals. *Proc. Natl. Acad. Sci.* USA 112: 15402-15407.

Robertson MP, Joyce GF (2014) Highly efficient self-replicating RNA enzymes. *Chem. Biol.* 21: 238-245.

Robertson MP, Scott WG (2007) The structural basis of ribozyme-catalyzed RNA assembly. *Science* 315: 1549-1553.

Taylor AI, Pinheiro VB, Smola MJ, Morgunov AS, Peak-Chew S, Cozens C, Weeks KM, Herdewijn P, Holliger P (2015) Catalysts from synthetic genetic polymers. *Nature* 518: 427-430.

5장

Herculano-Houzel S (2012) The remarkable, yet not extraordinary, human brain as a scaled-up primate brain and its associated cost. *Proc. Natl. Acad. Sci.* USA 109: 10661-10668.

Miller GJ (2005) The political evolution of principal-agent models. *Annu. Rev. Polit. Sci.* 8: 203-225.

Polilov AA (2015) Small is beautiful: features of the smallest insects and limits tominiaturization. *Annu. Rev. Entomol.* 60: 103-121.

Robson AJ (2001) The biological basis of economic behavior. *J. Econ. Lit.* 39: 11-33.

Shappington DEM (1991) Incentives in principal-agent relationships. *J. Econ. Perspect.* 5: 45-66.

Varian HR (1992) *Microeconomic Analysis. 3rd Ed.* W. W. Norton & Company.

6장

Ardiel EL, Rankin CH (2010) An elegant mind: learning and memory in Caenorhabditis elegans. *Learn. Mem.* 17: 191-201.

Breland K, Breland M (1961) The misbehavior of organisms. *Am. Psychol.* 16: 681-684.

Dayan P, Niv Y, Seymour B, Daw ND (2006) The misbehavior of value and the discipline of the will. *Neural Networks* 19: 1153-1160.

Ferster CB, Skinner BF (1957) *Schedules of Reinforcement.* Appleton-Century-Crofts.

Mazur JE (2013) *Learning and Behavior. 7th Ed.* Pearson Education Inc.

Restle F (1957) Discrimination of cues in mazes: a resolution of the "place-vs.-response" question. *Psychol. Rev.* 64: 217-228.

Skinner BF (1948) *Walden Two.* Hackett Publishing Company.

Spence KW, Bergmann G, Lippitt R (1950) A study of simple learning under irrelevant motivational-reward conditions. *J. Exp. Psychol. 40*: 539–551.

Thorndike EL (1911) *Animal Intelligence: Experimental Studies*. MacMillan.

Tolman EC (1948) Cognitive maps in rats and men. *Psychol. Rev.* 55: 189–208.

Tolman EC, Ritchie BF, Kalish D (1946) Studies in spatial learning. II. Place learning versus response learning. *J. Exp. Psychol* 36: 221–229.

7장

Abe H, Lee D (2011) Distributed coding of actual and hypothetical outcomes in the orbital and dorsolateral prefrontal cortex. *Neuron* 70: 731–741.

Annese J, Schenker-Ahmed NM, Bartsch H, Maechler P, Sheh C, et al. (2014) Postmortem examination of patient H.M.'s brain based on histological sectioning and digital 3D reconstruction. *Nat. Commun.* 5: 3122.

Bliss TVP, Collingridge GL (1993) A synaptic model of memory: long-term potentiation in the hippocampus. *Nature* 361: 31–39.

Camille N, Coricelli G, Sallet J, Pradat-Diehl P, Duhamel JR, Sirigu A (2004) The involvement of the orbitofrontal cortex in the experience of regret. *Science* 304: 1167–1170.

Coricelli G, Critchley HD, Joffily M, O'Doherty JP, Sirigu A, Dolan RJ (2005) Regret and its avoidance: a neuroimaging study of choice behavior. *Nat. Neurosci.* 8: 1255–1262.

Lee D, Seo H, Jung MW (2012) Neural basis of reinforcement learning and decision making. *Annu. Rev. Neurosci.* 35: 287–308.

Lewis DA, Melchitzky DS, Sesack SR, Whitehead RE, Auh S, Sampson A (2001) Dopamine transporter immunoreactivity in monkey cerebral cortex: regional, laminar, and ultrastructural localization. *J. Comp. Neurol.* 432: 119–136.

McKernan MG, Shinnick-Gallagher P (1997) Fear conditioning induces a lasting potentiation of synaptic currents in vitro. *Nature* 390: 607-611.

Milner B, Corkin S, Teuber HL (1968) Further analysis of the hippocampal amnesiac syndrome: 14-year follow-up study of H.M. *Neuropsychologia* 6: 215-234.

Packard MG, McGaugh JL (1996) Inactivation of hippocampus or caudate nucleus with lidocaine differentially affects expression of place and response learning. *Neurobiol. Learn. Memory* 65: 65-72.

Padoa-Schioppa C, Assad JA (2006) Neurons in the orbitofrontal cortex encode economic value. *Nature* 441: 223-226.

Redish AD (2004) Addiction as a computational process gone awry. *Science* 306: 1944-1947.

Schultz W, Dayan P, Montague PR (1997) A neural substrate of prediction and reward. *Science* 275: 1593-1599.

Scoville WB, Milner B (1957) Loss of recent memory after bilateral hippocampal lesions. *J. Neurol. Neurosurg. Psychiatr.* 296: 1-22.

Square LR (2004) Memory systems of the brain: a brief history and current perspective. *Neurobiol. Learn. Mem.* 82: 171-177.

Sutton RS, Barto AG (1998) *Reinforcement Learning: An Introduction*. MIT Press.

Whitlock JR, Heynen AJ, Shuler MG, Bear MF (2006) Learning induces long-term potentiation in the hippocampus. *Science* 313: 1093-1097.

Xiong Q, Znamenskiy P, Zador AM (2015) Selective corticostriatal plasticity during acquisition of an auditory discrimination task. *Nature* 521: 348-351.

8장

Goodfellow I, Bengio Y, Courville A (2016) *Deep Learning*. MIT Press.

Russell S, Norvig P (2010) *Artificial Intelligence:A Modern Approach*. 3rd Edition. Pearson Education Limited.

Sejnowski TJ (2018) *The Deep Learning Revolution*. MIT Press.

Silver D, Huang A, Maddison C, Guez A, Sifre L, et al. (2016) Mastering the game of Go with deep neural networks and tree search. *Nature* 529: 484-489.

9장

Buckner RL, Andrews-Hanna JR, Schacter DL (2008) The brain's default network: anatomy, function, and relevance to disease. *Ann. NY Acad. Sci* 1124: 1-38.

Byrne RW, Whiten A (1988) *Machiavellian Intelligence: Social Expertise and the Evolution of Intellect in Monkeys, Apes, and Humans*. Oxford Univ. Press.

Camerer CF (2003) *Behavioral Game Theory: Experiments in Strategic Interaction*. Princeton Univ. Press.

Coricelli G, Nagel R (2009) Neural correlates of depth of strategic reasoning in medial prefrontal cortex. *Proc. Natl. Acad. Sci. USA* 106: 9163-9168.

de Quervain DJF, Fischbacher U, Treyer V, Schellhammer M, Schnyder U, Buck A, Fehr E (2004) The neural basis of altruistic punishment. *Science* 305: 1254-1258.

Desimone R, Albright TD, Gross CG, Bruce C (1984) Stimulus-selective properties of inferior temporal neurons in the macaque. *J. Neurosci*. 4: 2051-2062.

Hare B, Brown M, Williamson C, Tomasello M (2002) The domestication of social cognition in dogs. *Science* 298: 1634-1636.

Hassabis D, Kumaran D, Vann SD, Maguire EA (2007) Patients with hippocampal amnesia cannot imagine new experiences. *Proc. Natl. Acad. Sci.*

USA 104: 1726-1731.

Kanwisher N, McDermott J, Chun MM (1997) The fusiform face area: a module in human extrastriate cortex specialized for face perception. *J. Neurosci.* 17: 4302-4311.

Krupenye C, Kano F, Hirata S, Call J, Tomasello M (2016) Great apes anticipate that other individuals will act according to false beliefs. *Science* 354: 110-114.

Lee D (2008) Game theory and neural basis of social decision making. *Nat. Neurosci.* 11: 404-409.

______ (2013) Decision making: from neuroscience to psychiatry. *Neuron* 78: 233-248.

Nash JF (1950) Equilibrium points in n-person games. *Proc. Natl. Acad. Sci. USA* 36: 48-49.

Nowak M, Sigmund K (1993) A strategy of win-stay, lose-shift that outperforms tit-for-tat in the prisoner's dilemma game. *Nature* 364: 56-58.

Rajimehr R, Young JC, Tootell RB (2009) An anterior temporal face patch in human cortex, predicted by macaque maps. *Proc. Natl. Acad. Sci. USA* 106: 1995-2000.

Sally D (1995) Conversation and cooperation in social dilemmas. *Ration. Soc.* 7: 58-92.

Soproni K, Miklósi A, Topál J (2001) Comprehension of human communicative signs in pet dogs (*Canis familiaris*) *J. Comp. Psychol.* 115: 122-126.

von Neumann J, Morgenstern O (1944) *Theory of Games and Economic Behavior*. Princeton Univ. Press.

Warneken F, Tomasello M (2006) Altruistic helping in human infants and young chimpanzees. *Science* 311: 1301-1303.

10장

Brandenburger A, Keisler HJ (2006) An impossibility theorem on beliefs in games. *Studia Logica* 84: 211-240.

Hamilton JP, Farmer M, Fogelman P, Gotlib IH (2015) Depressive rumination, the defaultmode network, and the dark matter of clinical neuroscience. *Biol. Psychiatry* 78: 224-230.

Hofstadter DR (1979) *Gödel, Escher, Bach: An Eternal Golden Braid*. Basic Books.

Kiani R, Shadlen MN (2009) Representation of confidence associated with a decision by neurons in the parietal cortex. *Science* 324: 759-764.

Kornell N, Son LK, Terrace HS (2007) Transfer of metacognitive skills and hint seeking in monkeys. *Psychol. Sci.* 18: 64-71.

Lee SW, Shimojo S, O'Doherty JP (2014) Neural computations underlying arbitration between model-based and model-free learning. *Neuron* 81: 687-699.

Modirrousta M, Fellows LK (2008) Medial prefrontal cortex plays a critical and selective role in 'feeling of knowing' meta-memory judgments.

Persaud N, McLeod P, Cowey A (2007) Post-decision wagering objectively measures awareness. *Nature Neurosci. 10*: 257-261.

Skrzpinska D, Szmigielska B (2015) Dream-reality confusion in borderline personality disorder: a theoretical analysis. *Front. Psychol. 6*: 1393.

Tomasello M, Call J (1997) *Primate Cognition*. Oxford Univ. Press.

찾아보기

ㄱ

가소성 203~204
가위-바위-보 게임 229~231, 252~257, 267~295
가치 7, 61, 72, 188, 197, 211~214, 217~221, 223, 248~249, 281, 304, 322
가치함수 211~212
감각신경세포 38~39, 44, 50~51, 54
강화 학습 이론 210~214, 216, 219, 224, 233, 267
게리 카스파로프 89
거울상 따라 그리기 208~209
거짓말쟁이의 역설 293~294, 296
게임 이론 253~255, 257, 259~261, 268, 272
결과의 법칙 181~183, 265
결정 후 내기 300~301
경험 행복 74~75
고든 무어 95
고세균 128
고전적 조건화 179~181, 183~184, 186~193, 196, 212~213, 215~216, 265, 303
고차적 조건화 196
공공재 268~274, 319~320
공공재 게임 270~274
관찰 학습 308
굴광성 35, 317
굴성 35
근육세포 36, 38, 41~43, 142, 144
기구적 조건화 178, 184~193, 195~196,

213, 216, 221, 303
기능적 자기공명영상(fMRI) 79~81, 83~84, 86, 228~229, 285, 323
기댓값 64~65
기저핵 80, 85, 205~206, 208~210, 217~218, 274

ㄴ

나사(NASA) 105, 110, 115
내시 균형 257, 261, 270, 271
내측 전전두피질 285~286
네브캠 111~112
뉴클레오티드 130~133, 135~136, 138, 141, 323

ㄷ

다세포 생명체 140~142, 154~155, 158, 161, 163
단백질 90, 135~139, 141~142, 154, 158, 160~161, 164, 323, 324
대뇌화 145
대리인 21, 116, 149, 153, 159~168, 314~316
대장균 34
데미스 하사비스 287
도덕적 해이 166~167
도약안구 운동 55~57
도파민 214~218
동기 대조 77
득의 224, 304
디옥시리보뉴클레오티드 135
디폴트 네트워크 285~287
딥러닝 91, 237
딥마인드 10~11, 125, 287
딥블루 89, 237, 247

ㄹ

로널드 리피트 194~195, 220
로버 106~108, 110~119, 148, 190, 219, 263, 318
로버트 263
로버트 히스 73
로즈메리 네이글 281, 285
로팔륨 45
루이지 갈바니 39
류코클로리디움 125
리보뉴클레오티드 131~133, 135~136
리보자임 133, 136, 324
리보좀 137~138
리처드 도킨스 141

ㅁ

마리안 브릴랜드 191
마음이론 276~279, 283~287, 292, 297, 303
마치 이론 72
막 전위 37~38, 100, 201, 238
맞대응 전략 263~267, 271

마크 패커드 209
메신저 RNA(mRNA) 137~138, 154, 323
메타선택 297~298, 301~302, 308
메타인지 297~300, 302, 305, 308, 313~314
명성 67, 275
모델 없는 강화 학습 220
모델에 기초한 강화 학습 219
모방 92, 250, 288, 307~308
모양선충 124
무리 지능 119
무식한 강화 학습 220~222, 224, 232, 249, 253, 267, 301~302, 304, 306~307
무어의 법칙 96, 237
무임 승차자의 문제 269, 273
무조건 반응 180~181, 183, 188
무조건 자극 180, 187, 193, 215
미인 대회 게임 279~280, 286~287

ㅂ
바이러스 32, 135~136, 315
바퀴벌레 46~448, 59, 143, 201, 203, 317~318
박테리아 26, 33~34, 42, 129, 144
반복적 죄수의 딜레마 261~262, 264, 266~267, 272
반사 27~28, 41~42, 45~46, 48~49, 51~57, 59, 148, 163, 168, 173~174, 196, 240, 304, 318~321
반응 학습 176, 178, 195, 209, 210, 218
반추 306
방추상 얼굴 영역 285
배내측 전전두피질(vmPFC) 80
배측선조체(VS) 80, 86
버러스 F. 스키너 178, 183~187, 191
버트런드 러셀 294
베르니케 영역 283
보상예측오류 213, 215~218, 221, 223~224, 227, 301, 304
본인-대리인의 문제 116, 153, 159~168, 314~315
볼드 신호 80, 231, 323
부리단의 당나귀 68~69
분업 153~156, 158~159, 161~165, 167~168, 174
분화 140~143, 154, 302
브랜던버거-카이슬러의 역설 295~269
브렌다 밀러 206~207
브로카 영역 283
비코이드 142

ㅅ
사회적 지능 251, 313~314
사회적 지능 가설 282
상자해파리 45
상태예측오류 301~302

생식세포 43, 140~141, 155, 161, 163
생존기계 141
서술 기억 207~208
성과 행렬 254~255, 258~259, 262
세포막 37, 98~99, 127, 139
세포체 37~38
소뇌 56
소저너 호 108~113
소프트웨어 101~103
수상돌기 37, 93, 147
숙주 32, 123~125, 158
순수 전략 255~256
스피릿 호 106, 110~111, 113~14
습관화 173~174, 303
시간 간 선택 85~86
시간 할인 65
시냅스 38, 44, 50~51, 93, 96, 98~102, 147, 200~205, 217, 239
시냅스 가중치 203~205
시냅스 간극 98~99
시냅스 소포 98~100, 124~125
시냅스 전 신경세포 98~100, 202~204
시냅스 후 신경세포 98~100, 202~203
시운동반사 54, 56~57, 318~319
신경경제학 61, 72~74, 79~80
신경계 21, 27, 33, 36, 39~40, 42~43, 4551, 97, 110, 142~147, 152, 155, 174, 181, 303
신경마케팅 73
신경망 144, 237~247, 250
신경삭 146
신경세포의 구조 36~37
신경전달물질 38, 98~99, 202, 214
신경절 47~48, 146
신진대사 127~128, 139
실망 224, 227, 304, 306~308
심적 시뮬레이션 219~224, 304~306, 308

ㅇ

아나톨 레포포트 263
아미 알파 29
아미노산 136~138, 141, 154, 323
안도 224~225, 227, 304
안륜근 52
안와전두피질 222, 225, 227~229, 231~233
알파고 10~11, 89, 91, 102~103, 117, 125, 238, 244, 246~249, 287
암순응 76
애덤 브랜던버거 295
앨프리드 야부스 55
에드거 에이드리언 81
에드워드 손다이크 178, 181~184, 265~266
에드워드 톨만 175~176, 178, 185, 193
에밀 뒤 부아레몽 39
에이지스(AEGIS) 112~113

열수분출공 128
예쁜꼬마선충 43~46, 51, 59, 143, 173~174, 303, 317
예상 행복 75
오스카어 모르겐슈타인 254
오퍼튜니티 호 106, 110~111, 113~114
옥신 35
외부효과 268~269
운동신경세포 38~39, 44, 47~48, 50~52, 147, 202
울프람 슐츠 215
월터 미셸 66~67
윌리엄 206
유식한 강화 학습 219~225, 231~232, 249, 267, 301~304, 306~308
유전 물질 26, 127, 130, 133, 135, 323~324
유전자 17, 21, 40, 86~87, 116, 126, 132~133, 138, 140~142, 148~149, 153, 160~165, 168~169, 174179, 193, 197, 199, 233, 253, 261, 271, 282, 293, 297, 309, 314
유전 정보 133, 135, 138, 154
음적 시간 할인 67
의미 기억 207
의사결정 분지도 254
의인화 288~289
이반 파블로프 178
이발사의 역설 294, 296
이세돌 10, 89, 125, 247~248
이중나선 134
이타성 251, 272
이타적 처벌 273~274
이행성 6, 69~71
인공지능 10~12, 17~20, 30, 89~91, 96~97, 102~104, 107, 111~114, 116~120, 148, 159, 211, 234~235, 237~238, 242~244, 247~250, 311~316
일차적 강화 193, 196
일화 기억 207~208, 228
일회성 죄수의 딜레마 262, 266, 271

ㅈ

자가 촉매 133
자기 복제 116, 120, 123, 126~135, 139~140, 144, 148~149, 151, 154~155, 158, 160, 163, 197, 199, 253, 292~293, 296, 314~315
자기 복제 기계 126, 130
자기 인식 292~293, 296~297, 303
자기 지시 293~295, 304
자율적 행성 이동(APM) 111
잠재적 학습 192, 194, 196
장내기생충 123, 124
장소 학습 176~178, 192, 195, 209~210, 218
재귀적 추론 281, 283~286, 296

재인 299~300
적합성 165
전사 137, 141~142, 147~148, 154, 161
전사인자 141~142, 147~148
전이 RNA(tRNA) 138
전전두피질 85~86, 225, 230
전정기관 54
전정안반사 53~54, 57, 319
전조건화 196
절차 기억 207~208, 210
제로섬 게임 255, 275
제임스 맥고우 209
제임스 올즈 73
조건 반응 180~181, 189~192, 213
조건 자극 187, 190, 192~193, 196, 215
조건적 강화 187~188
조르조 코르첼리 285
조작적 조건화 183
조작적 학습 181
조작적 행동 183
존 내시 257
존 메이너드 케인즈 281
존 버든-샌더슨 40
존 폰 노이만 254~255, 261
죄수의 딜레마 258~2264, 266~268, 270~272
주화성 34~35
중간신경세포 39, 44, 47~48, 54, 202
중격핵 73
지능 지수 14, 27~28, 66, 311~312
진핵생물 137
진화 11, 19~21, 33, 42~43, 54, 87, 108, 112, 120, 123, 126, 128~130, 133, 138~139, 142~143, 145, 147, 149, 151~154, 156~157, 159, 162, 165, 241, 250, 262, 271~274, 282~283, 288~289, 293, 296, 323~235

ㅊ

촉매 132~133, 136, 138, 154, 161, 324
최종 공통 경로 52
추적안구 운동 56~57
축삭 27, 37~38, 94, 98~99, 147, 214, 217
축삭돌기 94, 147, 214, 217
축삭종말 37~38, 98~99
출처 기억 305
측면 전전두피질 302

ㅋ

캄브리아기 143, 145
커넥톰 27, 49, 51
케네스 스펜서 194~195
켈리 브릴랜드 191
코돈 138, 323~324
쾌락계 78
쾌락의 쳇바퀴 77
큐리오시티 호 106, 113~115, 117~118

톡소포자충 124~125
트랜지스터 94~96, 98~101
틀린 믿음 과제 276, 287
파리지옥 40~41
파블로프 전략 264~266, 272~274
패스파인더 108~110
피질 척수로 147~148
피터 밀너 73
하드웨어 95, 101~103, 114, 237, 250
하워드 가드너 30
하측두피질 284~285
해마 205~206, 208~210, 217, 218, 228, 183, 286~287
해즈캠 111~112
행동가치 212~214, 217, 219~221, 223
행복 74~78, 86
헨리 몰레이슨 206~208, 228
혹스 142
혼합 전략 256
활동전압 27, 37~40, 79, 81~83, 86, 93~94, 98~100, 201~203, 215, 231, 238, 323
회상 299
효소 134, 136~138, 140, 162, 324
효용 61~65, 67~76, 78~80, 85~87, 91, 116~117, 163~165, 168~169, 211, 232, 255, 258~259, 268, 274, 315, 319~322
후측 대상피질 286
후회 222~229, 231~233, 304, 306~308
히로시 아베 232

A~Z

DNA 26, 126~127, 130~141, 143, 152, 154, 158, 160~164, 323~324
DNA 세계 135, 154
H. 제롬 카이슬러 295
RNA 126, 130~140, 154, 160~161, 164, 323~324
RNA세계 135, 140, 154
T자 미로 과제 175
Y자 미로 194~195

지능의 탄생

RNA에서 인공지능까지

초판 1쇄 발행 | 2017년 4월 10일
개정증보판 1쇄 발행 | 2021년 4월 23일
개정증보판 3쇄 발행 | 2023년 8월 21일

지은이 이대열
책임편집 박선진, 김은수
디자인 이미지, 김슬기

펴낸곳 (주)바다출판사
주소 서울시 종로구 자하문로 287
전화 322-3885(편집), 322-3575(마케팅)
팩스 322-3858
E-mail badabooks@daum.net
홈페이지 www.badabooks.co.kr

ISBN 979-11-6689-013-0 93470